「十三五」职业教育规划教材
创新课程系列教材

电工测量与安装

DIANGONG CELIANG
YU ANZHUANG

主　编　瞿　红
副主编　熊木兰
编　写　杨菊梅　刘　英　肖贵桥
主　审　王世才

中国电力出版社
CHINA ELECTRIC POWER PRESS

内 容 提 要

本书为“十三五”职业教育规划教材。全书有四个学习项目，十个工作任务，内容包括直流电路、单相交流电路、三相交流电路、线性电路中的过渡过程等，融入了安全用电、实验、实训等实用知识，并针对相应的重点和难点给出了丰富的例题和习题。

本书可作为高职高专院校工科专业电工测量与安装方面的教材，也可作为有关工程技术人员的参考用书。

图书在版编目（CIP）数据

电工测量与安装/瞿红主编．—北京：中国电力出版社，2019.3

“十三五”职业教育规划教材．创新课程系列教材

ISBN 978-7-5198-2887-5

Ⅰ.①电… Ⅱ.①瞿… Ⅲ.①电气测量—职业教育—教材②电工—安装—职业教育—教材 Ⅳ.①TM93②TM05

中国版本图书馆 CIP 数据核字（2019）第 005100 号

出版发行：中国电力出版社
地　　址：北京市东城区北京站西街 19 号（邮政编码 100005）
网　　址：http://www.cepp.sgcc.com.cn
责任编辑：陈　硕（63412532）何佳煜
责任校对：黄　蓓　李　楠
装帧设计：王英磊　郝晓燕
责任印制：钱兴根

印　　刷：北京雁林吉兆印刷有限公司
版　　次：2019 年 3 月第一版
印　　次：2019 年 3 月北京第一次印刷
开　　本：787 毫米×1092 毫米　16 开本
印　　张：11.75
字　　数：283 千字
定　　价：30.00 元

前 言

本教材根据“工学结合”人才培养模式的要求，本着学习领域体系开发和学习领域内容设计能够实现“知识本位”向“能力本位”转变的思路，在深入企业调研并与实践专家广泛研讨，仔细分析后续学习领域知识和技能的实际需要，严格把握与先导、平行、后续学习领域承启关系的基础上，归纳、总结了电类专业学习“电工测量与安装”课程必须掌握的知识、技能，并确定了本教材 4 个学习项目 10 个工作任务。本教材按照“教、学、做”一体化的模式进行学习项目的组织及其工作任务的安排，根据高职高专教育的教学改革要求而编写，论述了电路的基本概念、基本定理和基本分析方法，以及常用电工测量仪表的使用和电工测量的基本方法。

本书的主要特色如下。

(1) 体现工学结合整体思路。针对本书作为电力技术类专业核心基础课程教材的特点，对课程涉及的教学资料、教学环境、教学组织、教学方法和教学手段进行全面系统的设计，重新梳理完成了一套工学结合的教学资料，对每个学习项目进行具体的教学组织设计，并对教学组织各环境设计了相应的教学方法和教学手段，实现了整体思考、整体开发、整体组织和整体实施。

(2) 基于工作过程设置内容。编者秉承基于工作过程的课程开发理念，深入企业调研和经过行业专家研讨后，将高职院校现有的两门理论课“电路与磁路”“电工测量”和一门实践课“电工工艺实训”综合起来设置的。“电路与磁路”“电工测量”两门课程的特点是理论不易掌握、概念和方程较多且不好记忆，对学生高等数学和物理知识及综合分析问题的能力要求较高，实践应用性较强等。进行工作过程导向转化后的教学内容，以生活中真实的电工工作任务为载体，将核心理论融入学习情境中的任务，通过完成任务，领会相应的理论知识，将深奥的理论知识学习简单化。

(3) 采用模块化化繁为简。本书以实际的电工工作任务为载体，根据课程内容和特点将教学内容分成若干模块，设计出相应的任务。工作任务循序渐进地推进，由简到繁，由易到难，梯度明晰。将需要具备的知识和能力嵌入工作任务中，教、学、做结合，理论与实践一体化。

(4) 采用多种教学方法相结合。通过职业特色鲜明的工学结合的教与学，提高教学效果。采用完成工作过程的六步教学方法为主，辅以项目教学、任务教学、现场教学、角色扮演等多种教学方法，实现工学结合的教与学，注重自主学习、合作学习和个性化教学。

(5) 构建全方位、立体化的课程教学资源。通过课程实施的全面管理设计，实现学习场地、学习内容、学习方式、学习时间、学习资源的开放，使学生成为主动完成任务的“准员工”，将封闭的被动学习变为开放的主动学习。

本教材由江西电力职业技术学院瞿红主编，江西电力职业技术学院熊木兰副主编，江西电力职业技术学院杨菊梅、刘英、肖贵桥参编。其中熊木兰编写了项目一，瞿红编写了项目二，杨菊梅编写了项目三，刘英编写了项目四，肖贵桥参与了教材的开发与设计。全书由瞿红统稿。

本书承安徽电气工程职业技术学院王世才老师审稿，提出了宝贵的修改意见，谨致以衷心的感谢。

限于编者的水平及时间仓促，书中难免存在错误和不妥之处，敬请读者提出宝贵意见。

编　者

2018 年 8 月

目　录

项目一　直流电路的测量

引导文

1	项目导学	（1）电路由几部分组成？说出各部分的作用。 （2）电阻并联越多，电源电压不变时总电流如何变化？ （3）说明电阻串联的分压特性。 （4）如何正确使用电压表？ （5）如何正确使用电流表？ （6）万用表有什么用途？在使用万用表时如果转换开关的挡位选错，能否正常测量？ （7）使用直流单臂电桥测量电阻时，应注意哪些事项？ （8）使用双臂电桥测电阻时，刚开始测量灵敏度应置于什么位置？测量时，灵敏度最后应达到什么要求？ （9）如何选择绝缘电阻表？ （10）如何检测绝缘电阻表的好坏？
2	项目计划	（1）画出待安装的电路图。 （2）测量200Ω左右的电阻应选用QJ23型还是QJ44型直流电桥？比例臂应选多少？ （3）根据任务书的要求，检查工作台的仪器仪表等是否齐全，制定设备清单。 （4）简述直流双臂电桥和绝缘电阻表的操作步骤。 （5）制作任务实施情况检查表，包括小组各成员的任务分工、任务准备、任务完成、任务检查情况的记录，以及任务执行过程中出现的困难及应急情况处理等。
3	项目决策	（1）分小组讨论，分析各自计划与测量方案。 （2）每组选派一位成员阐述本组的测量方案及实施过程中的注意事项。 （3）老师指导并确定最终的直流电路测量的实施方案。
4	项目实施	（1）电路安装过程中发现了什么问题？如何解决这些问题？ （2）整个测量过程中出现了什么问题，你是如何解决的？ （3）总结不同阻值的电阻测量方法。 （4）请说明在完成任务时需要注意哪些安全问题？ （5）对整个工作的完成进行记录（包括数据记录）。
5	项目检查	（1）学生填写检查表。 （2）教师记录每组学生任务完成情况。 （3）每组学生将完成的任务结合导学知识进行总结。
6	项目评价	（1）小组讨论，自我评述完成任务情况及操作中发生的问题，并提出整改方案。 （2）小组准备汇报材料，每组选派代表进行PPT汇报。 （3）针对该项目完成情况，老师对每组同学进行综合评价。

任务一　直流电压和电流的测量

工农业生产和日常生活都离不开电，因此研究电路中的电压、电流的规律及其测量、计算的方法有着很重要的意义。直流电路是研究其他电路的基础，本项任务是通过对直流电路的电压、电流的测量，达到以下目标：

(1) 掌握电路的基本概念和基本定律，并学会应用电路基本定律计算电路的电压、电流、电位、功率以及一定时间内消耗的电能。

(2) 掌握直流电路的基本分析方法。

(3) 学会用直流电压表、直流电流表进行直流电压和直流电流的测量。

(4) 牢记操作过程中的安全注意事项。

一、电路的基本概念

（一）电路和电路模型

为了实现一定的目的，将有关的电气设备或器件按一定的方式连接起来而构成的电流通路，称为电路或网络。

无论是简单电路还是复杂电路，都是由电源、负载、中间设备组成。其中电源是提供电能或电信号的设备，如发电机、信号源；负载是将电能或电信号转变成非电形式的能量或信号的设备，如电动机、喇叭；中间设备是指导线、控制设备和保护装置以及监测装置。

电路主要功能可分为两类：一是进行电能的传输、分配和转换，例如手电筒电路的主要功能就是把电能转换成了光能；二是进行电信号的产生、传递和处理，例如扩音机电路中的传声器（话筒）将声音变成电信号，经过放大器的放大，送到扬声器（喇叭）将声音还原出来，从而实现声音的放大。

组成电路的电气器件的电磁性能往往比较复杂，为了便于分析研究，根据实际器件的主要电磁性能，定义一些理想化的电路元件，每个理想电路元件只反映单一的电磁性质，简称为电路元件。基本电路元件有消耗电能的电阻元件、储存电场能量的电容元件、储存磁场能量的电感元件。具有两个端钮的电路元件称为二端元件，电阻、电容、电感均为二端元件。

一个实际电路往往由多个电路元件的组合来模拟，这种由电路元件组合的电路称为实际电路的电路模型。

（二）相关电路名词

1. 串联

几个二端元件依次连成一串，中间没有分支，这样的连接方式称为串联。如图 1 - 1 所示电路中，元件 1、元件 3 为串联。

2. 并联

几个二端元件的端钮分别接在电路的两点之间，这样的连接方式称为并联。如图 1 - 1

所示电路中，元件5、元件6为并联。

3. 支路

组成电路的每个二端元件叫做一条支路。有时为了分析和计算电路方便，常把电路中通过同一电流的每个分支看作一条支路。如图1-1所示电路中，元件1和元件3串联，可看作一条支路，整个电路共有5条支路。

4. 节点

两条或两条以上支路的连接点叫做节点。有时为了分析和计算电路方便，把三条或三条以上支路的连接点称为节点。如图1-1所示电路中的a点若不再作为节点，则电路中只有b、c、d三个节点。

5. 回路

由几条支路所构成的闭合路径称为回路。如图1-1所示电路共有6个回路。

6. 网孔

在平面电路中，内部不存在支路的回路称为网孔。注意，网孔只在平面电路中有意义。所谓平面电路是指可以画在平面上不出现任何支路相互交叉的电路。图1-1所示电路共有三个网孔。

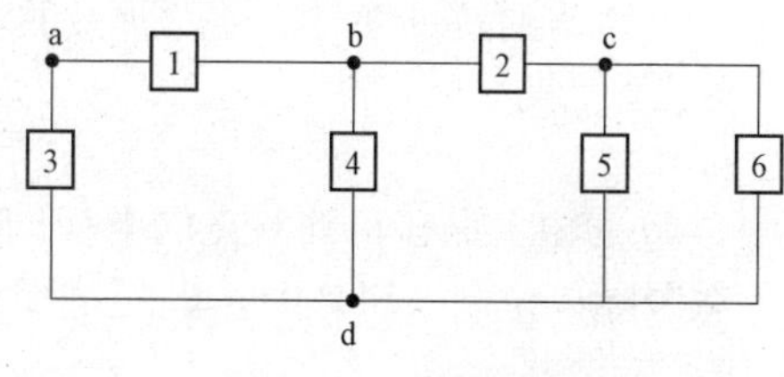

图1-1　电路示例图

二、电路的主要物理量

（一）电流

电荷有规则地定向运动形成电流。电流的大小为单位时间内通过导体横截面的电量。电流用符号i表示，即

$$i=\frac{dq}{dt} \tag{1-1}$$

式中：dq为极短时间dt内通过导体横截面的电量。

在国际单位制（SI）中，电流的单位为A（安培）。常用的单位还有kA（千安）、mA（毫安）、μA（微安）。加在SI单位前面的字母符号叫词头，下面介绍几种电路中常用的SI词头，见表1-1。

表1-1　电路中的常用SI词头

因数	10^6	10^3	10^{-3}	10^{-6}	10^{-9}	10^{-12}
名称	兆	千	毫	微	纳	皮
词头符号	M	k	m	μ	n	p

电流是时间函数，如果电流的大小和方向都不随时间变化而变化，则称为直流电流（DC），常用大写字母I表示。

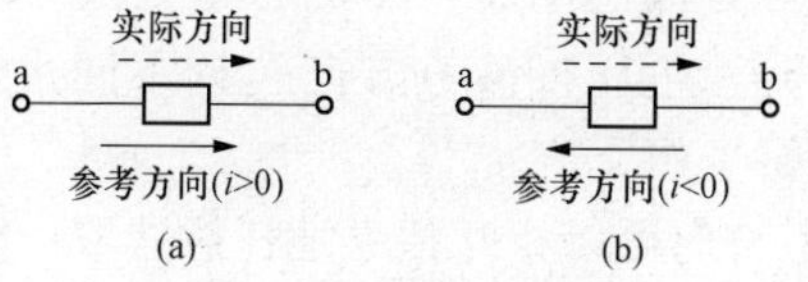

图1-2　电流的参考方向
(a) 参考方向与实际方向相同；
(b) 参考方向与实际方向相反

习惯上规定正电荷定向运动的方向为电流的方向。进行电路分析计算时，有时不能预先判定某些支路电流的实际方向，为了分析和计算的需要，任意选定一个方向作为电流的计算方向，称为参考方向。电流的参考方向常用实线箭头表示，如图1-2所示，实线箭头的指向为电流的参考方向。电流的参考方向除用实

线箭头在电路图上表示外，还常用双下标表示，电流的参考方向为由第一位下标指向第二位下标，如 i_{ab} 表示其参考方向由 a 指向 b。

规定如果参考方向与电流实际方向一致，则电流为 i 正值，如图 1-2（a）所示；如果参考方向与电流实际方向相反，则电流 i 为负值，如图 1-2（b）所示。因此，假定了参考方向后，对电路进行分析和计算，通过得到的电流的正负号，就可以最终确定电流的实际方向。因此，电路中电流的正负号代表的是方向的含义。特别指出：在电路分析计算时，对没有选定参考方向的电流，正负号是没有任何意义的。

对同一电流，参考方向选择不同，得出的电流大小相等、符号相反的，即

$$i_{ab} = -i_{ba}$$

（二）电压

电压是用来衡量电场力对电荷做功能力的物理量。电路中两点之间的电压是指单位正电荷由一点移动到另一点时电场力所做的功，电压用 u 表示，即

$$u = \frac{dw}{dq} \tag{1-2}$$

式中：dq 为由 a 点移动到 b 点的电荷的电量；dw 为移动过程中电荷所减少的电位能。

在国际单位制（SI）中，电压的单位为 V（伏特）。常用的单位还有 kV（千伏）、mV（毫伏）等。

规定电压的实际方向为正电荷所具有的电位能减小的方向。如正电荷在 a 点时所具有的电位能大于在 b 点时所具有的电位能，则电压的实际方向为由 a 指向 b。

电压也是时间函数，如果电压的大小和方向都不随时间变化而变化，则称为直流电压，用大写字母 U 表示。

与电流一样，在电路的分析计算中，电压的实际方向有时也很难预先确定，为了分析电路方便，也可以任意选定一个方向作为电压的参考方向。

电压的参考方向常用实线箭头、双下标或“＋”“－”极性表示。电压的参考方向用实线箭头表示时，如图 1-3（a）所示，实线箭头的指向为电压的参考方向；电压的参考方向用“＋”、“－”极性表示时，如图 1-3（b）所示，电压的参考方向为由“＋”极指向“－”极；电压的参考方向用用双下标表示时，电压的参考方向为由第一位下标指向第二位下标，如 u_{ab} 表示其参考方向由 a 指向 b。

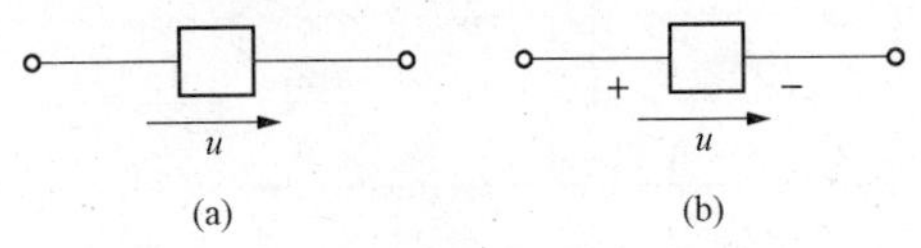

图 1-3 电压的参考方向
（a）用实线箭头表示；
（b）用“＋”“－”参考极性表示

指定了某电压的参考方向后，若该电压的参考方向与实际方向一致，则电压为正值；若电压的参考方向与实际方向相反，则电压为负值。因此，电路中电压的正负号代表的是方向的含义。对没有选定参考方向的电压，正负号也是没有任何意义的。对同一电压，参考方向选择不同，则其大小相等，符号相反。

对于同一元件或同一支路，电流参考方向和电压参考方向可以相互独立地任意选取。对同一个元件或同一支路，选取电流的参考方向与电压的参考方向一致，称为关联参考方向；选取电流参考方向与电压参考方向相反，称为非关联参考方向。

（三）电位

在电路中任取一点作为参考点，电路中的某一点到参考点的电压称为该点的电位。电位常用有单下标的符号 φ 或 V 表示，如在电路中选择 o 点为参考点，则 a 点的电位为

$$\varphi_a = u_{ao} \tag{1-3}$$

在一个电路中只能选择一个参考点，参考点的电位为零，所以参考点又叫零电位点，用符号⊥表示。参考点可以任意选取，通常选择大地、设备外壳或者接地点作为参考点。

电路中任意两点间的电压等于这两点的电位之差，即

$$u_{ab} = \varphi_a - \varphi_b \tag{1-4}$$

若 a 点电位高于 b 点电位，即 $\varphi_a > \varphi_b$，则 $u_{ab} > 0$，这表明电压的实际方向与参考方向一致，是从 a 指向 b；若 a 点电位低于 b 点电位，即 $\varphi_a < \varphi_b$，则 $u_{ab} < 0$，这表明电压的实际方向与参考方向相反，是从 b 指向 a。

从以上分析可知，电压的实际方向是从高电位点指向低电位点，即电位降的方向，所以电压又称为电位降。

【例 1-1】 在图 1-4 所示电路中，(1) 以 d 为参考点；(2) 以 a 为参考点，分别计算 a、c、d 各点的电位以及电压 u_{ac}。

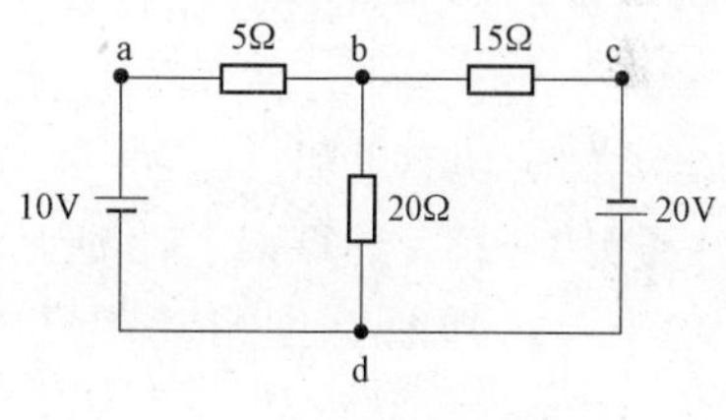

图 1-4　【例 1-1】图

解　(1) 以 d 为参考点

$$\varphi_d = 0$$
$$\varphi_a = u_{ad} = 10\text{V}$$
$$\varphi_c = u_{cd} = -20\text{V}$$
$$u_{ac} = \varphi_a - \varphi_c = [10-(-20)]\text{V} = 30\text{V}$$

(2) 以 a 为参考点

$$\varphi_a = 0$$
$$\varphi_c = u_{ca} = (-20-15)\text{V} = -30\text{V}$$
$$\varphi_d = u_{da} = -10\text{V}$$
$$u_{ac} = \varphi_a - \varphi_c = [0-(-30)]\text{V} = 30\text{V}$$

不论是以 d 为参考点或以 a 为参考点，a、c 两点间的电压 u_{ac} 是不变的，可见任意两点之间的电压不随着参考点改变而改变，即电压的大小与参考点的位置无关。而各点的电位却随着参考点变化而变化，即电位的大小与参考点的位置有关。

（四）电动势

电场力一般总是将正电荷从高电位推向低电位形成电流。为了维持电流的连续性，必须有将正电荷从低电位移动到高电位的电源。电源内部电源力做功，电源力把正电荷从电源的低电位端经电源内部移到高电位端，将其他形式的能转换成电能以维持电路中电流的连续性。单位正电荷从电源的低电位端经电源内部移动到高电位端，电源力所做的功，称为电源的电动势。电动势用符号 e 表示，即

$$e = \frac{\mathrm{d}w_s}{\mathrm{d}q}$$

式中：$\mathrm{d}w_s$ 为电源力所做的功；$\mathrm{d}q$ 为电荷量。

在国际单位制（SI）中，电动势的单位也为 V（伏特）。

电动势的实际方向规定为由低电位指向高电位，即电位升的方向，与电压的方向相反。

在电路的分析计算中，电动势也需要选取参考方向，由其数值的正、负来确定电动势的实际方向。

电压与电动势的关系：如图 1-5（a）中 u 与 e 的参考方向相反，则 $u=e$；如图 1-5（b）中 u 与 e 的参考方向相同，则 $u=-e$。

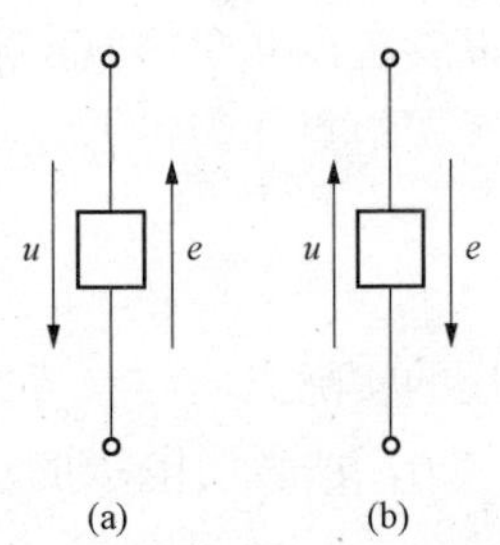

图 1-5 电动势与电压的参考方向
（a）u 与 e 的参考方向相反；
（b）u 与 e 的参考方向相同

（五）电功率

电能转换的速率称为电功率，简称功率，用 p 表示。在关联参考方向下，二端网络吸收的功率为

$$p=\frac{\mathrm{d}w}{\mathrm{d}t}=\frac{\mathrm{d}w}{\mathrm{d}q}\times\frac{\mathrm{d}q}{\mathrm{d}t}=ui \tag{1-5a}$$

在非关联参考方向下，二端网络吸收的功率为

$$p=-ui \tag{1-5b}$$

网络实际是吸收还是发出功率，由功率的正负来确定。若算得的功率为正值，表示网络实际为吸收功率；若算得的功率为负值，表示网络实际为发出功率。功率的单位为 W（瓦特）。常用的单位还有 MW（兆瓦）、kW（千瓦）、mW（毫瓦）等。

在一个电路中，任一瞬间都满足功率平衡，吸收电能的各元件的功率之和等于发出电能的各元件的功率之和。

【例 1-2】 计算图 1-6 所示各元件的功率，并判断是发出功率还是吸收功率。

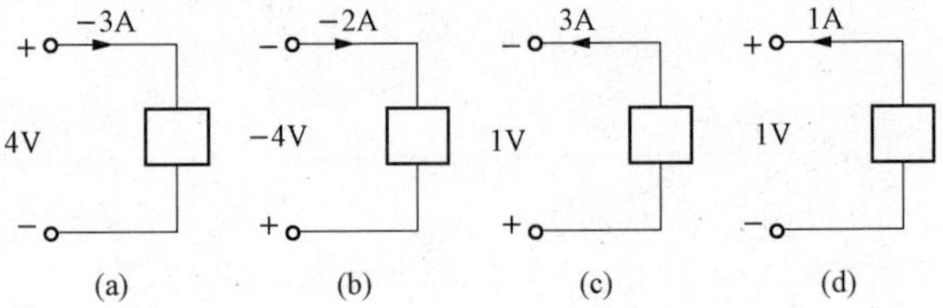

图 1-6 【例 1-2】图

解 图 1-6（a）中电压、电流为关联参考方向，则

$$p=ui=4\times(-3)\mathrm{W}=-12\mathrm{W}$$

元件发出功率

图 1-6（b）中电压、电流为非关联参考方向，则

$$p=-ui=[-(-4)\times(-2)]\mathrm{W}=-8\mathrm{W}$$

元件发出功率

图 1-6（c）中电压、电流为关联参考方向，则

$$p=ui=1\times3\mathrm{W}=3\mathrm{W}$$

元件吸收功率

图 1-6（d）中电压、电流为非关联参考方向

$$p=-ui=-1\times1\mathrm{W}=-1\mathrm{W}$$

元件发出功率

（六）电能

由式（1-5）得到在 $\mathrm{d}t$ 时间内网络吸收或发出电能为 $\mathrm{d}w=p\mathrm{d}t$。从 t_1 到 t_2 时间内网络吸收或发出的电能为

$$W=\int_{t_1}^{t_2}p\mathrm{d}t$$

在直流情况下，从 t_1 到 t_2 时间内，网络吸收或发出的电能为

$$W = P(t_2 - t_1) = UI(t_2 - t_1) = PT = UIT$$

式中：T 为从 t_1 到 t_2 的时间，即 $T=(t_2-t_1)$。

在电力工程中，电能的单位常用 kW·h（度）。它等于功率为 1kW 的用电设备在 1h（小时）内消耗的电能。

【例 1-3】 有一台 2000W 的电冰箱，电冰箱的压缩机每天工作 10h。一个电饭煲，额定功率为 1500W，每天使用 2h，试求每月（按 30 天计）消耗多少电量。

解 $W=(2\times10+1.5\times2)\times30\text{kW·h}=690\text{kW·h}$

三、基尔霍夫定律

（一）基尔霍夫电流定律

电荷既不能被创造也不能被消灭，只能从一个地方转移到另一个地方，电荷有秩序地运动形成电流，因此流进某处多少电流，必然同时从该处流出多少电流。对于电路中的任一节点来说，在任意时刻，流入节点的各支路电流之和 $\sum i_i$ 等于流出该节点的各支路电流之和 $\sum i_o$，即

$$\sum i_i = \sum i_o \tag{1-6}$$

如图 1-7 所示的某电路中的一个节点，与这个节点相连的五条支路电流的关系为

$$i_1 + i_2 + i_3 = i_4 + i_5$$

上式又可写成

$$i_1 + i_2 + i_3 - i_4 - i_5 = 0$$

同样式（1-6）也可写成

$$\sum i = 0 \tag{1-7}$$

式（1-7）表明，在任一瞬间，与电路中任一节点相连的各支路电流的代数和为零。这就是基尔霍夫电流定律。式（1-7）为其数学表达式。应用式（1-7）时，若规定参考方向背离节点的电流取正号，则参考方向指向节点的电流前就取负号。若规定参考方向指向节点的电流取正号，则参考方向背离节点的电流前就取负号。

由基尔霍夫电流定律列写的节点电流的关系式，称为 KCL 方程。该方程的列写仅涉及支路的电流，与元件的性质无关。流入节点或流出节点的电流方向均指参考方向。

基尔霍夫电流定律还可推广应用于电路中的任一假设的闭合面（广义节点）。如图 1-8 所示电路，选择闭合面如图中虚线所示，为一个广义节点，与该节点相连有三条支路，支路电流的参考方向如图 1-8 所示，列写 KCL 方程为

$$i_A + i_B + i_C = 0$$

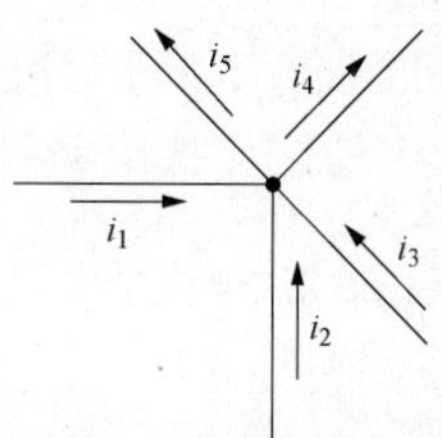

图 1-7 KCL 示例图

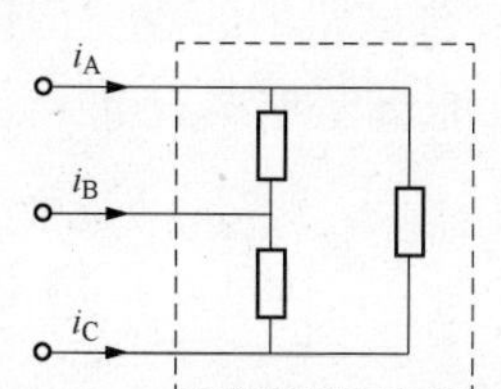

图 1-8 广义节点示例图

如果两个闭合网络之间只有一条导线相连，根据基尔霍夫电流定律，流过该导线的电流

为零，如图1-9（a）所示。同理，如果网络用一根导线与大地相连，那么流过这根导线上的电流也为零，如图1-9（b）所示。这说明在满足基尔霍夫定律的条件的电路中，电流只能在闭合路径中流动。

【例1-4】 在图1-10中，已知 $I_1=-3A$，$I_2=5A$，求 I_3 的值。

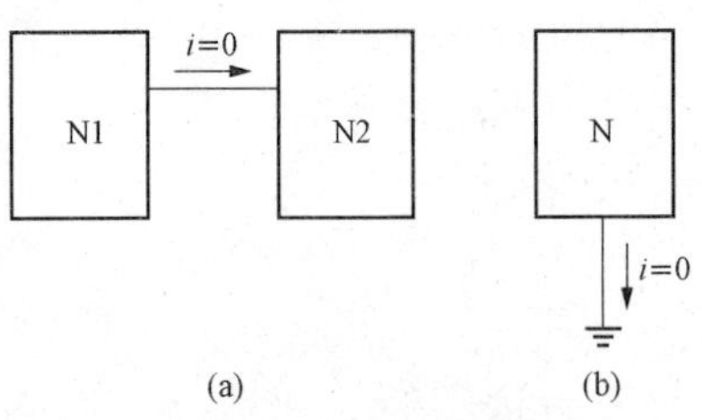

图1-9　两个网络间单线连接示例图

（a）两个闭合网络之间只有一条导线相连；

（b）网络用一根导线与大地相连

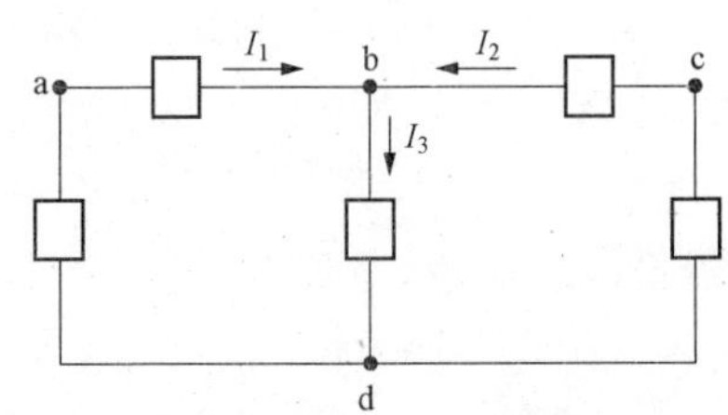

图1-10　【例1-4】图

解　根据KCL得

$$I_1+I_2-I_3=0$$

$$-3+5-I_3=0$$

$$I_3=2A$$

（二）基尔霍夫电压定律

将单位电荷从电路中的某一点出发，沿着一个回路绕行一周又回到出发点，电位能的改变量为零，因此，在一个回路中，所有电位升之和等于所有电位降之和。如图1-11所示电路中的一个回路，如果从a点出发，沿着顺时针方向绕行一周，则回路中各支路电压的关系为

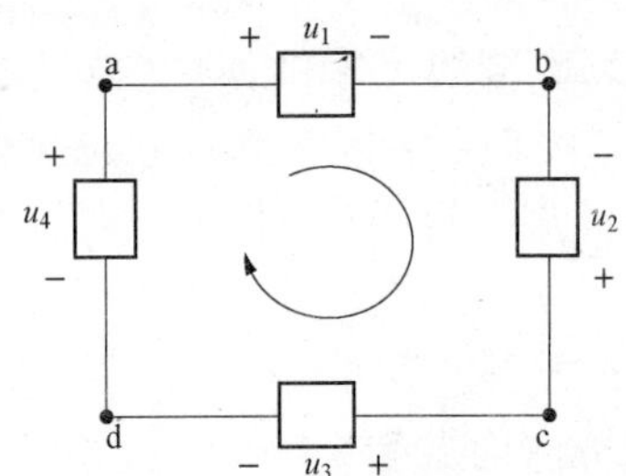

图1-11　KVL示例图

$$u_{ab}+u_{bc}+u_{cd}+u_{da}=u_1-u_2+u_3-u_4=0$$

也就是说，在任一瞬间，电路中任一回路的各支路电压的代数和为零，这就是基尔霍夫电压定律，其数学表达式为

$$\sum u=0 \tag{1-8}$$

应用式（1-8）时，先选定一个绕行方向，参考方向与绕行方向一致的电压取正号，参考方向与绕行方向相反的电压则取负号。

由基尔霍夫电压定律列写的回路电压的关系式，称为KVL方程。该方程的列写仅涉及支路的电压，与元件的性质无关。

KVL也可以推广到电路中的虚拟回路。如图1-12所示，可以假想有回路acba，其实ab段并未画出支路。根据基尔霍夫电压定律，对这个虚拟回路按顺时针绕行方向列写KVL方程

$$u_1-u_2-u_{ab}=0$$

得

$$u_{ab}=u_1-u_2$$

所以电路中任意两点间的电压等于该两点间任一路径上各段电压的代数和。

【例1-5】 如图1-13所示电路中，已知 $u_1=2V$，$u_2=7V$，$u_4=-10V$，求 u_3 和 u_5。

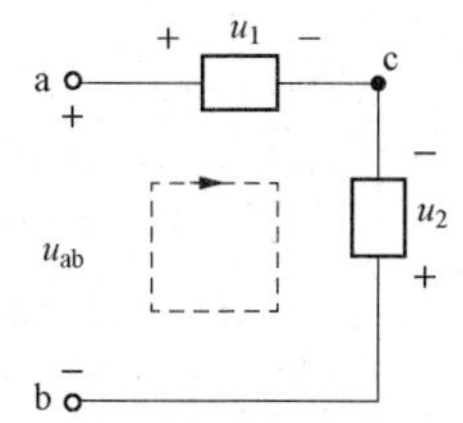

图 1-12　虚拟回路示意图

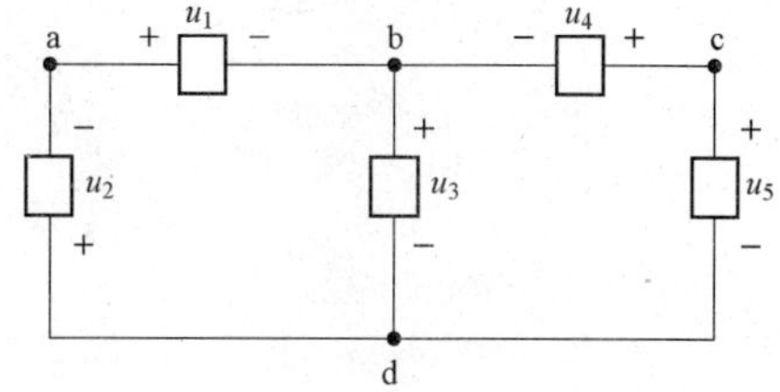

图 1-13　【例 1-5】图

解　对 abda 回路列写 KVL 方程为

$$u_1 + u_3 + u_2 = 0$$

得

$$u_3 = -u_2 - u_1 = (-7-2)\text{V} = -9\text{V}$$

对 bcdb 回路列写 KVL 方程为

$$-u_4 + u_5 - u_3 = 0$$

得

$$u_5 = u_4 + u_3 = (-10-9)\text{V} = -19\text{V}$$

四、电阻元件

（一）电阻元件

电阻元件是模拟实际电气元件消耗电能特性的理想元件。电阻元件是一个二端元件，在任一瞬间，它的电压与电流的实际方向总是相同的，它的电压与电流成代数关系。如图 1-14 所示，伏安特性曲线是一条通过原点的直线的电阻元件称为线性电阻元件，否则称为非线性电阻元件。本课程如不加说明均指线性电阻元件，简称电阻元件。

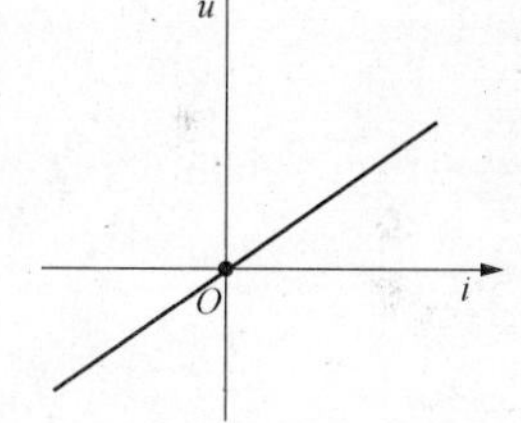

图 1-14　线性电阻元件的伏安特性曲线

线性电阻元件的电阻等于电压与电流比值，即

$$R = \frac{u}{i} \tag{1-9}$$

R 称为电阻元件的电阻，它是反映电路中电能损耗的电路参数，是一个与电压、电流无关的常数。电阻的单位为 Ω（欧姆，简称欧）。常用的单位还有 kΩ（千欧），MΩ（兆欧）等。

电导是电阻的倒数，用 G 表示，即

$$G = \frac{1}{R} \tag{1-10}$$

电导的单位为 S（西门子，简称西）。

电阻元件的参数用电阻 R 或电导 G 表示，线性电阻元件的图形符号如图 1-15 所示。

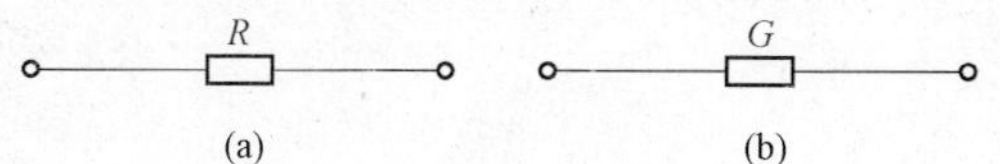

图 1-15　线性电阻元件的图形符号

（a）用电阻表示；（b）用电导表示

（二）欧姆定律

如果电阻元件的电压、电流选择关联参考方向，如图 1-16（a）所示，由于消耗电能的电阻元件的电压与电流的实际方向总是相同的，当电流为正值时，电流的实际方向与参考方向相同，则电压的实际方向也与参考方向相同，也为正值；当电流为负值时，电流的实际

方向与参考方向相反，则电压的实际方向也与参考方向相反，也为负值。所以在任一瞬间电阻元件的电压、电流总是同号的。因此，在关联参考方向下，电阻元件的电压与电流的关系为

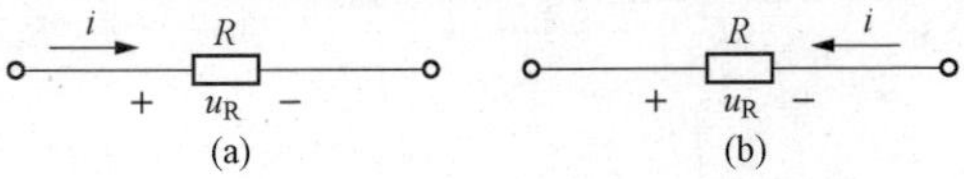

$$u = Ri \quad 或 \quad i = Gu \tag{1-11}$$

这就是欧姆定理。

图 1-16 电阻的电压、电流的参考方向

（a）关联参考方向；（b）非关联参考方向

式（1-11）只在关联参考方向下才能成立。当电阻元件的电阻元件的电压、电流选择非关联参考方向时，如图 1-16（b）所示，由于电阻元件的电压与电流的实际方向总是相同的，所以在任一瞬间电阻元件的电压、电流总是异号的。因此，在非关联参考方向下，欧姆定律为

$$u = -Ri \quad 或 \quad i = -Gu \tag{1-12}$$

（三）开路与短路

1. 短路

当电阻元件的电阻值为零，即 $R=0(G=\infty)$ 时，无论电流为何有限值，电压总为零，称这种状态为短路。

2. 开路

当电阻元件的电阻值为无穷大，即 $R=\infty(G=0)$ 时，无论电压为何有限值，电流总为零，称这种状态为开路。

（四）电阻元件的功率

在关联参考方向下，电阻元件 R 吸收的功率为

$$p = ui = i^2R = \frac{u^2}{R} = u^2G \tag{1-13}$$

可见电阻元件吸收的功率总为非负值，电阻元件总是吸收功率，为耗能元件。

从 t_1 到 t_2 时间内，电阻元件吸收的电能 w 为

$$w = \int_{t_1}^{t_2} p(t)\mathrm{d}t = \int_{t_1}^{t_2} ui\,\mathrm{d}t = \int_{t_1}^{t_2} Ri^2\,\mathrm{d}t = \int_{t_1}^{t_2} \frac{u^2}{R}\mathrm{d}t$$

在直流情况下，电阻元件吸收的电能为

$$W = UIT = RI^2T = \frac{U^2}{R}T$$

式中：T 为电流通过电阻的总时间，即 $T=t_2-t_1$。

【例 1-6】 试求 1kW，220V 的电饭锅在额定工作状态下的电流以及该电饭锅的电阻值。

解 由式（1-13），得

$$i = \frac{p}{u} = \frac{1000}{220}\text{A} = 4.54\text{A}$$

$$R = \frac{u^2}{p} = \frac{220^2}{1000}\Omega = 48.4\Omega$$

五、有源元件

（一）独立电源

能够独立向外电路提供电能或电信号的电源称为独立电源，简称独立源。它有电压源和电流源两种。

1. 电压源

理想电压源是一个理想二端元件，简称为电压源，图形符号如图 1 - 17 所示。它有两个基本性质：①理想电压源的电压是给定的时间函数，不随外电路的改变而改变。②理想电压源的电流随外电路的改变而改变。

向外提供大小和方向都不变的恒定电压的理想电压源称为直流理想电压源，直流理想电压源用大写字母 U_S 表示。直流理想电压源伏安特性曲线如图 1 - 18 所示，是一条平行于电流轴的直线。可见理想电压源的电压是由它本身决定的，与电流无关。不管电流是什么值，电压总是 U_S，电流由与之相连的外电路共同决定。

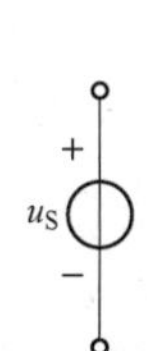

图 1 - 17　理想电压源的图形符号

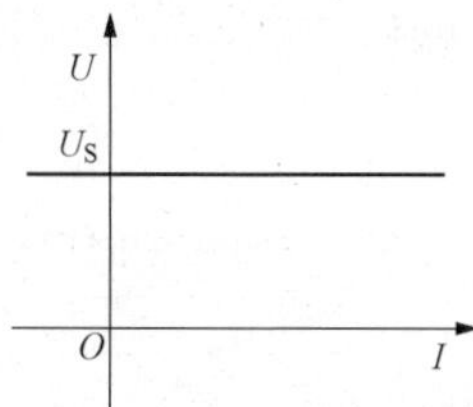

图 1 - 18　直流理想电压源的伏安特性曲线

当理想电压源的电压等于零（$u_S=0$）时，理想电压源的伏安特性曲线为与电流轴重合的直线，相当于短路。

实际电压源工作时，由于内部有能量损耗，输出的电压与电流都会随外电路的改变而改变，实际直流电压源可用理想直流电压源与电阻的串联组合来模拟。

实际直流电压源的模型，如图 1 - 19（a）所示，其伏安特性为

$$U = U_S - R_S I \tag{1 - 14}$$

实际直流电压源的伏安特性曲线近似是一条斜线，如图 1 - 19（b）所示。

图 1 - 19（a）中的 R_S 为电源内阻。实际电压源的内阻越小，就越接近理想电压源。一般实际电压源的内阻都很小，如发生短路，其短路电流将很大，很容易损坏电源，这种情况叫做电压源短路。电压源短路是一种严重的事故状态，在用电操作中应注意避免。

2. 电流源

理想电流源是一个理想二端元件，简称为电流源，图形符号如图 1 - 20 所示。它有两个基本性质：①理想电流源的电流是给定的时间函数，不随外电路的改变而改变。②理想电流源的电压随外电路的改变而改变。

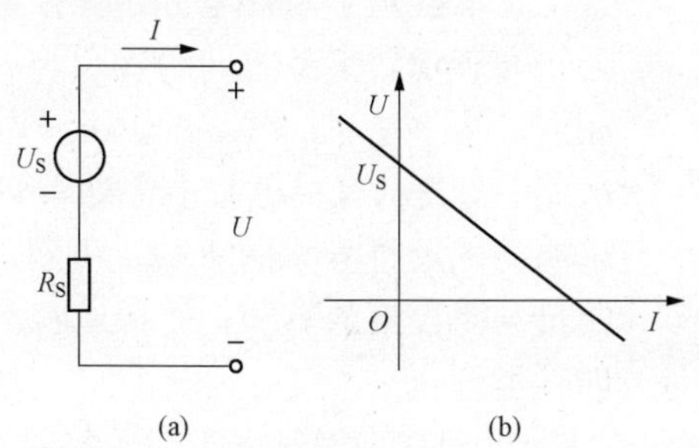

图 1 - 19　实际直流电压源的电路模型及其伏安特性曲线

（a）实际直流电压源的电路模型；（b）实际直流电压源的伏安特性曲线

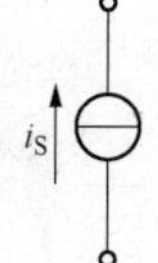

图 1 - 20　理想电流源的图形符号

向外提供大小和方向都不变的恒定电流的理想电流源称为直流理想电流源，直流理想电流源用大写字母 I_S 表示。直流理想电流源伏安特性曲线如图 1-21 所示，是一条平行于电压轴的直线。可见理想电流源的电流是由它本身决定的，与电压无关。不管电压是什么值，电流总是 I_S，电压由与之相连的外电路共同决定。

当理想电流源的电流等于零（$i_S=0$）时，理想电流源的伏安特性曲线为与电压轴重合的直线，相当于开路。

实际电流源工作时，由于内部有能量损耗，输出的电压与电流都会随外电路的改变而改变，实际直流电流源可用理想直流电流源与电阻的并联组合来模拟。

实际直流电流源的模型，如图 1-22（a）所示，其伏安特性为

$$I = I_S - \frac{U}{R_S} \tag{1-15}$$

实际直流电流源的伏安特性曲线近似是一条斜线，如图 1-22（b）所示。

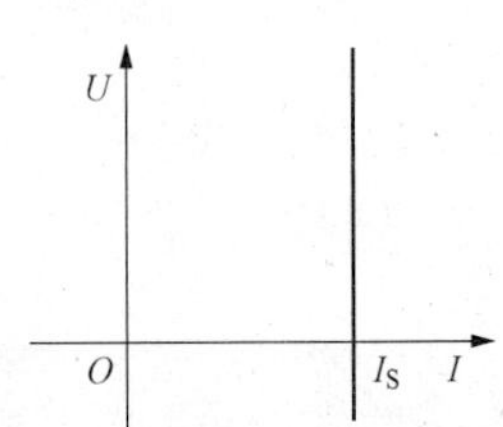

图 1-21 直流理想电流源的伏安特性曲线

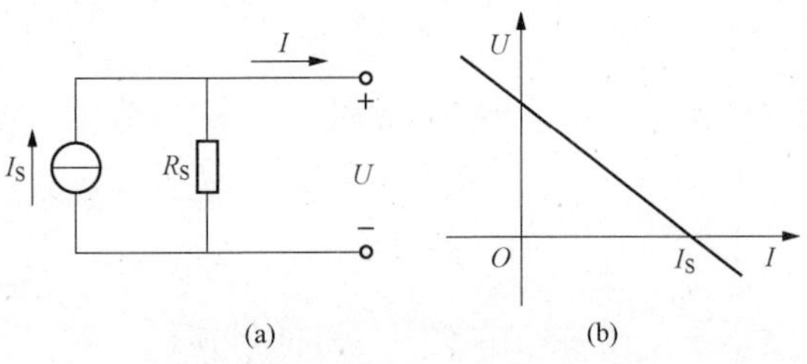

图 1-22 实际直流电流源的电路模型及其伏安特性曲线
（a）实际直流电流源的电路模型；（b）实际直流电流源的伏安特性曲线

图 1-22（a）中的 R_S为电源内阻。实际电流源的内阻越大，就越接近理想电流源。一般实际电压源的内阻都很大，如发生开路，其开路电压将很大，很容易损坏电源，这种情况叫做电流源开路。电流源开路是一种严重的事故状态，在用电操作中应注意避免。

（二）受控电源

除了独立电源外，还有一种电源称为受控电源。和独立电源相比，受控电源不能独立地提供能量或电信号，受控电压源的电压或受控电流源的电流要受到其他的电压或电流的控制。

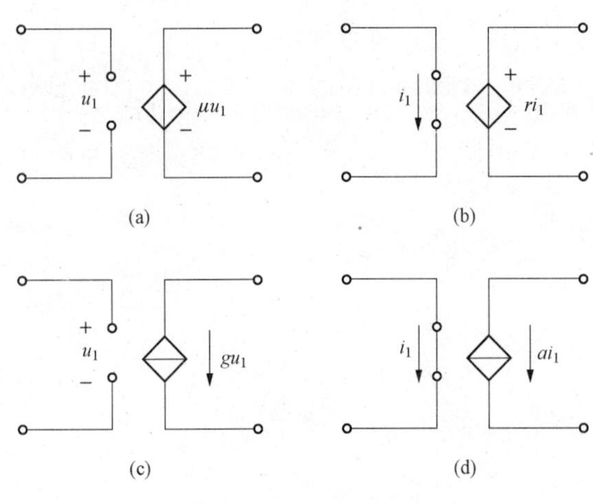

图 1-23 受控电源
（a）VCVS；（b）CCVS；（c）VCCS；（d）CCCS

为了区别于独立电源，受控电源用菱形符号表示，参考方向的表示与独立电源相同。u_1、i_1 表示控制电压、电流，μ、r、g、α 表示有关的控制系数，四种受控电源的图形符号如图 1-23 所示。根据控制量与受控量的不同，受控电源分为以下四种类型：

（1）电压控制的电压源，简称为 VCVS，如图 1-23（a）所示。

（2）电流控制的电压源，简称为 CCVS，

如图 1-23（b）所示。

（3）电压控制的电流源，简称为 VCCS，如图 1-23（c）所示。

（4）电流控制的电流源，简称为 CCCS，如图 1-23（d）所示。

在含有受控电源的电路中，通常受控电源的控制支路并不在图中明显标出，但控制量一定要明确标出，如图 1-24 所示的电路中，含有一个受电流控制的电压源（CCVS），控制量电流 I 是电压源所在支路的电流，一定要在电路图中明显标出。

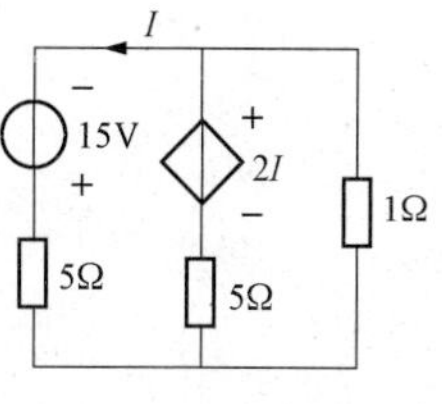

图 1-24　含受控电源的电路

六、等效变换法

（一）无源二端网络的等效变换

只有两个端钮与外电路相连的网络称为二端网络或单口网络（一端口网络）。如果二端网络内部不含独立源，则称为无源二端网络；如果二端网络内部含有独立源，则称为有源二端网络。

二端网络的特性可用其端口电压 u 和端口电流 i 之间的关系来反映。如果两个二端网络的伏安关系相同，则这两个网络分别接上任意相同的外电路时，则外电路中任意电压、电流都分别相等，称这两个网络为等效网络或等效电路，对外部电路而言，它们可以等效互换。

运用等效的概念可以用一个结构简单的网络去代替一个结构复杂的网络，或用一个结构已知的网络去代替结构未知的网络，从而简化电路的分析计算，这种分析计算电路的方法称为等效变换法。

1. 电阻的串联与并联

（1）电阻的串联。几个电阻元件依次连成一串，中间没有分支，这样的连接方式称为电阻的串联。如图 1-25（a）所示，电阻 R_1、R_2、R_3 串联。由 KCL 可知，各串联电阻的电流相等，都等于 I。由 KVL 得

$$U = U_1 + U_2 + U_3$$

在关联参考方向下，根据欧姆定律，各个电阻的电压分别为 $U_1 = R_1 I$、$U_2 = R_2 I$、$U_3 = R_3 I$，代入上式得

$$U = U_1 + U_2 + U_3 = R_1 I + R_2 I + R_3 I = (R_1 + R_2 + R_3)I$$

令 $R = R_1 + R_2 + R_3$，则 $U = RI$。根据 $U = RI$ 画出图 1-25（b）所示电路，该电路与图 1-25（a）所示电路的伏安关系相同，所以图 1-22（a）电路与图 1-22（b）电路是等效电路。

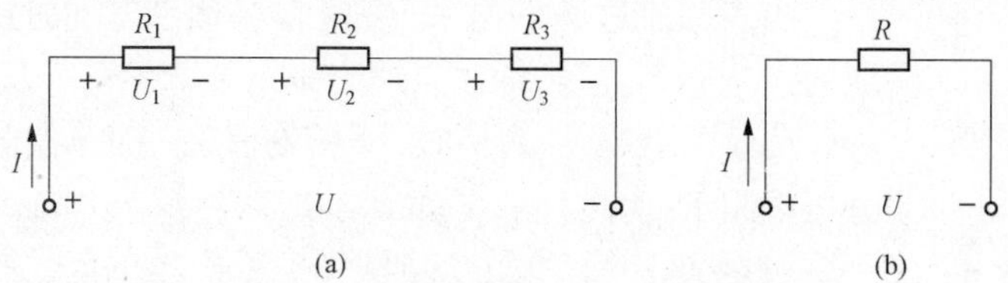

图 1-25　电阻的串联及其等效电路

（a）电阻串联电路；（b）等效电路

三个电阻串联可以用一个电阻等效替代，其电阻值等于三个串联电阻的电阻值之和，即 $R = R_1 + R_2 + R_3$，称之为等效电阻。同理，n 个电阻串联也可以用一个等效电阻替换，等效

电阻的大小等于各个串联电阻的电阻之和，即

$$R = R_1 + R_2 + R_3 + \cdots + R_n = \sum_{k=1}^{n} R_k \tag{1-16}$$

电阻串联时，等效电阻等于各电阻之和。等效电阻的大小还等于关联参考方向下端口电压与端口电流的比值。

图 1-25（a）所示电路中，电阻 R_1、R_2、R_3 串联，各电阻的电压为

$$U_1 = R_1 I = R_1 \times \frac{U}{R} = \frac{R_1}{R_1 + R_2 + R_3} \times U$$

$$U_2 = R_2 I = R_2 \times \frac{U}{R} = \frac{R_2}{R_1 + R_2 + R_3} \times U$$

$$U_3 = R_3 I = R_3 \times \frac{U}{R} = \frac{R_3}{R_1 + R_2 + R_3} \times U$$

n 个电阻串联时，等效电阻若为 R，则其中任一电阻 R_k 的电压为

$$U_k = R_k I = \frac{R_k}{R} U \tag{1-17}$$

电阻串联时电流相等，各串联电阻上的电压与电阻成正比，电阻越大，分得的电压也越大。

图 1-25（a）所示电路中，各电阻的功率为

$$P_1 = U_1 I = R_1 I^2$$

$$P_2 = U_2 I = R_2 I^2$$

$$P_3 = U_3 I = R_3 I^2$$

n 个电阻串联时，其中任一电阻 R_k 的电功率为

$$P_k = U_k I = R_k I^2$$

可见，各电阻吸收的功率与电阻也是成正比关系，电阻越大，吸收的功率也越大。

【例 1-7】 一个满偏电流 $I_0 = 100\mu A$，内阻 $R_0 = 8000\Omega$ 的磁电系表头，要制成 50V 量程的电压表，应串联多大的分压电阻？

解 当表头流过满偏电流 I_0 时，表头的电压为

$$U_0 = I_0 R_0 = 100 \times 10^{-6} \times 8000\text{V} = 0.8\text{V}$$

由于表头能够承受的电压较小，为了扩大它的电压测量范围，通常采用串联电阻的方法，让分压电阻 R_f 承受大部分电压，如图 1-26 所示。

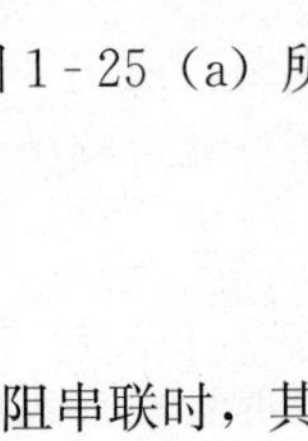

当表头流过满偏电流 I_0 时，与表头串联的分压电阻 R_f 的电压为

$$U_f = U - U_0 = (50 - 0.8)\text{V} = 49.2\text{V}$$

分压电阻 R_f 为

$$R_f = \frac{U_f}{I_0} = \frac{49.2}{100 \times 10^{-6}} \text{k}\Omega = 492\text{k}\Omega$$

图 1-26　【例 1-7】图

（2）电阻的并联。几个电阻元件接在同一对点之间，这样的连接方式称为电阻的并联。如图 1-27（a）所示，电阻 R_1、R_2、R_3 并联，由 KVL 可知各并联电阻的电压相等，都等于 U。由 KCL 得

$$I = I_1 + I_2 + I_2$$

在关联参考方向下，根据欧姆定律，各个电阻的电流分别为 $I_1=\frac{U}{R_1}$、$I_2=\frac{U}{R_2}$、$I_3=\frac{U}{R_3}$，代入上式得

$$I=I_1+I_2+I_3=\frac{U}{R_1}+\frac{U}{R_2}+\frac{U}{R_3}=\left(\frac{1}{R_1}+\frac{1}{R_2}+\frac{1}{R_3}\right)\times U$$

令$\frac{1}{R}=\frac{1}{R_1}+\frac{1}{R_2}+\frac{1}{R_3}$，则 $I=\frac{U}{R}$。根据 $I=\frac{U}{R}$画出图 1-27（b）所示电路，该电路与图 1-27（a）所示电路的伏安关系相同，所以图 1-27（a）电路与图 1-27（b）电路是等效电路。

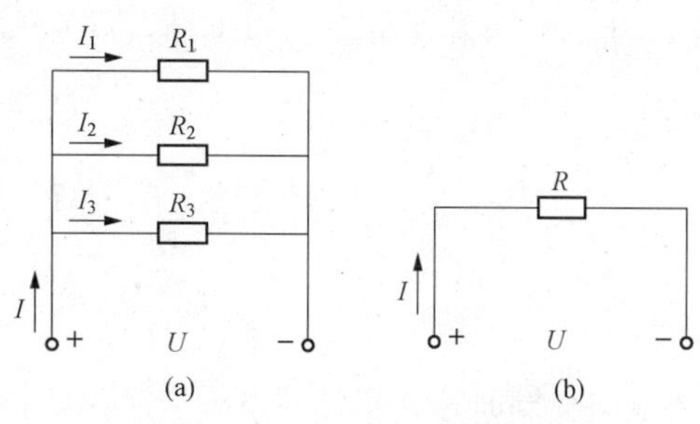

图 1-27 电阻的并联及其等效电路

（a）电阻并联电路；（b）等效电路

三个电阻并联可以用一个电阻等效替代，其电阻的倒数等于三个并联电阻的倒数之和，即

$$\frac{1}{R}=\frac{1}{R_1}+\frac{1}{R_2}+\frac{1}{R_3}$$

式中：R 称为等效电阻。

同理，n 个电阻并联也可以用一个等效电阻替换，等效电阻的倒数等于各个并联电阻的倒数之和，即

$$\frac{1}{R}=\frac{1}{R_1}+\frac{1}{R_2}+\cdots+\frac{1}{R_n}=\sum_{k=1}^{n}\frac{1}{R_k} \tag{1-18}$$

由式（1-18）得到

$$G=G_1+G_2+\cdots+G_n=\sum_{k=1}^{n}G_k \tag{1-19}$$

式中：G 称为等效电导，电阻并联时，等效电导等于各电导之和。等效电导的大小还等于关联参考方向下端口电流与端口电压的比值。

图 1-27（a）所示电路中，电阻 R_1、R_2、R_3并联，各电阻的电流为

$$I_1=\frac{U}{R_1}=G_1U=G_1\frac{I}{G}=\frac{G_1}{G_1+G_2+G_3}I$$

$$I_2=\frac{U}{R_2}=G_2U=G_2\frac{I}{G}=\frac{G_2}{G_1+G_2+G_3}I$$

$$I_3=\frac{U}{R_3}=G_3U=G_3\frac{I}{G}=\frac{G_3}{G_1+G_2+G_3}I$$

n 个电阻并联时，其中任一电阻 R_k的电流为

$$I_k=\frac{U}{R_k}=G_kU=\frac{G_k}{G}I \tag{1-20}$$

电阻并联时电压相等，各并联电阻上的电流与电阻成反比，电阻越大，分得的电流越小。

在分析计算电路时常遇到两个电阻并联，如图 1-28 所示，由式（1-18）可计算其等效电阻为

$$R=\frac{R_1R_2}{R_1+R_2} \tag{1-21}$$

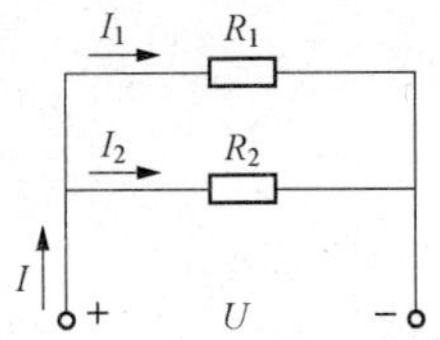

由式（1-20）可得两个电阻并联的分流公式为

$$\left.\begin{aligned} I_1 &= \frac{R_2}{R_1+R_2}I \\ I_2 &= \frac{R_1}{R_1+R_2}I \end{aligned}\right\} \tag{1-22}$$

图 1-28　两个电阻并联

图 1-27（a）所示电路中，各电阻的功率为

$$P_1 = UI_1 = \frac{U^2}{R_1}$$

$$P_2 = UI_2 = \frac{U^2}{R_2}$$

$$P_3 = UI_3 = \frac{U^2}{R_3}$$

n 个电阻并联时，其中任一电阻 R_k 的电功率为

$$P_k = UI_k = \frac{U^2}{R_k}$$

可见，各电阻吸收的功率与电阻值也是成反比关系，电阻越大，吸收的功率越小。

【例 1-8】 一个满偏电流 $I_0=100\mu A$，内阻 $R_0=8000\Omega$ 的磁电系表头，要制成 200mA 量程的电流表，应并联多大的分流电阻？

解 由于表头能够承受的电流较小，为了扩大它的电流测量范围，通常采用并联电阻的方法，让分流电阻 R_s 承受大部分电流，如图 1-29 所示。

当表头流过满偏电流 I_0 时，表头的电压为

$$U = I_0R_0 = 100\times10^{-6}\times8000\text{V} = 0.8\text{V}$$

当表头流过满偏电流 I_0 时，与表头并联的分流电阻 R_s 的电流为

$$I_s = I - I_0 = 200\times10^{-3} - 100\times10^{-6}\text{mA} = 199.9\text{mA}$$

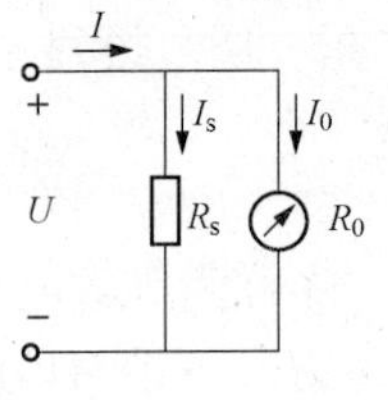

图 1-29　【例 1-8】图

分流电阻 R_s 为

$$R_s = \frac{U}{I_s} = \frac{0.8}{199.9\times10^{-3}}\Omega \approx 4\Omega$$

【例 1-9】 如图 1-30 所示电路，$R_1=20\Omega$，$R_2=6\Omega$，$R_3=4\Omega$，试分析计算等效电阻 R。

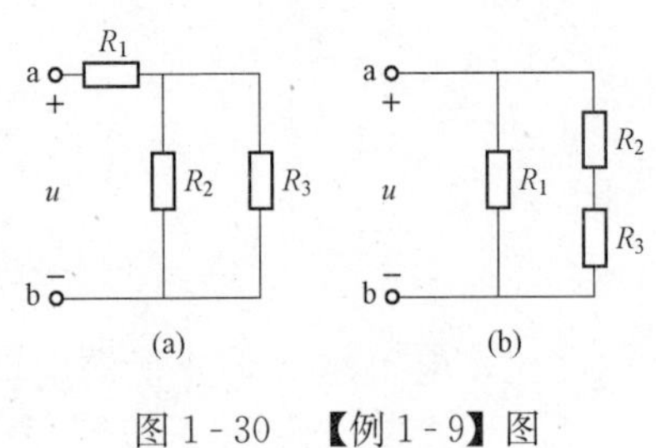

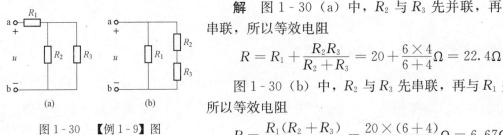

图 1-30　【例 1-9】图

解 图 1-30（a）中，R_2 与 R_3 先并联，再与 R_1 串联，所以等效电阻

$$R = R_1 + \frac{R_2R_3}{R_2+R_3} = 20 + \frac{6\times4}{6+4}\Omega = 22.4\Omega$$

图 1-30（b）中，R_2 与 R_3 先串联，再与 R_1 并联，所以等效电阻

$$R = \frac{R_1(R_2+R_3)}{R_1+R_2+R_3} = \frac{20\times(6+4)}{20+6+4}\Omega = 6.67\Omega$$

2. 电阻的星形联结与三角形联结的等效变换

电阻元件除了串联、并联以外还有两种常见的连接方式，一种是星形联结，另一种是三角形联结。电阻的星形联结和三角形联结都有三个端钮与外电路连接，是三端网络。

如图 1 - 31（a）所示电路中，三个电阻元件的一端连接在一起，另一端分别为网络的三个引出端钮，与外电路相连接，这种连接方式称为星形联结，称为 Y 形联结。

在 Y 形联结的网络中，若各电阻相等，称为对称 Y 形联结，即

$$R_a = R_b = R_c = R_Y$$

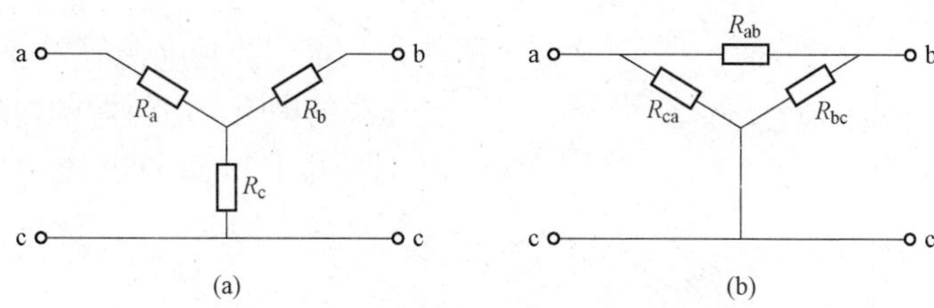

图 1 - 31　电阻星形和三角形联结

（a）电阻星形联结；（b）电阻的三角形联结

如图 1 - 31（b）所示，三个电阻元件首尾相连，构成一个闭合回路，三个连接点为网络的三个端钮，这种连接方式称为三角形联结，简称为△形联结。

在△形联结的网络中，若各电阻相等，称为对称△形联结，即

$$R_{ab} = R_{bc} = R_{ca} = R_\triangle$$

根据网络等效的概念，满足对应端钮间的电压与对应端钮上的电流之间的关系相同时，这两个网络即为等效网络，就可以进行等效变换。

将△形联结电阻等效变换为 Y 形联结电阻，如图 1 - 31 所示，已知△形联结电阻 R_{ab}、R_{bc}、R_{ca}，求等效的 Y 形联结电阻 R_a、R_b、R_c，公式为

$$R_a = \frac{R_{ab}R_{ca}}{R_{ab} + R_{bc} + R_{ca}}$$

$$R_b = \frac{R_{ab}R_{bc}}{R_{ab} + R_{bc} + R_{ca}}$$

$$R_c = \frac{R_{bc}R_{ca}}{R_{ab} + R_{bc} + R_{ca}} \tag{1 - 23}$$

将 Y 形联结电阻等效变换为△形联结电阻，如图 1 - 31 所示，已知 Y 形联结电阻 R_a、R_b、R_c，求等效的△形联结电阻 R_{ab}、R_{bc}、R_{ca}，公式为

$$R_{ab} = \frac{R_aR_b + R_bR_c + R_cR_a}{R_c}$$

$$R_{bc} = \frac{R_aR_b + R_bR_c + R_cR_a}{R_a} \tag{1 - 24}$$

$$R_{ca} = \frac{R_aR_b + R_bR_c + R_cR_a}{R_b}$$

由式（1 - 23）或式（1 - 24）可得对称△形联结与对称 Y 形联结的等效变换公式为

$$R_Y = \frac{1}{3}R_\triangle \tag{1 - 25}$$

（二）有源二端网络的等效变换

两种实际电源模型如果端口的伏安关系相同，则它们对外电路是等效的，它们就可以等效变换。在如图 1 - 32（a）所示的参考方向下，实际电压源的端口伏安关系为

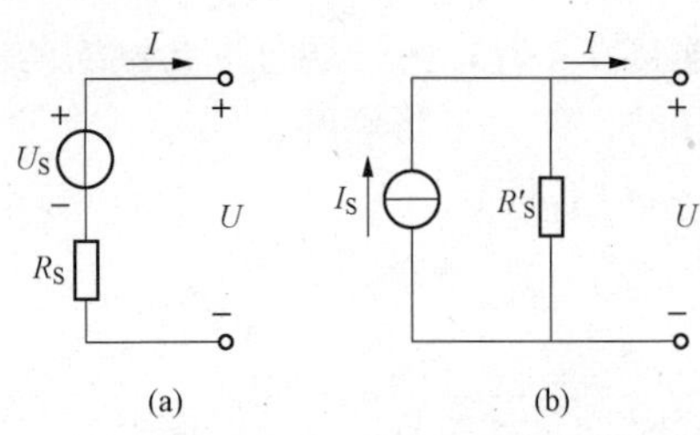

图 1-32 两种电源模型的等效变换
(a) 电压源模型；(b) 电流源模型

$$U = U_S - R_S I$$

在如图 1-32（b）所示的参考方向下，实际电流源的端口伏安关系为

$$I = I_S - \frac{U}{R'_S} \text{ 或 } U = I_S R'_S - R'_S I$$

比较上面两式，得到两种电源等效变换的条件如下：

（1）电压源的内阻与电流源的内阻相同，$R'_S = R_S$；

（2）电压源的电压值与电流源电流值的关系为 $U_S = I_S R'_S$ 或 $I_S = \frac{U_S}{R_S}$；

（3）电压源的电压参考方向与电流源电流参考方向的关系为：I_S 的参考方向是由 U_S 的参考极性的负极指向正极。

【例 1-10】 如图 1-33（a）所示电路，用电源等效变换法求 4Ω 电阻的电流 I。

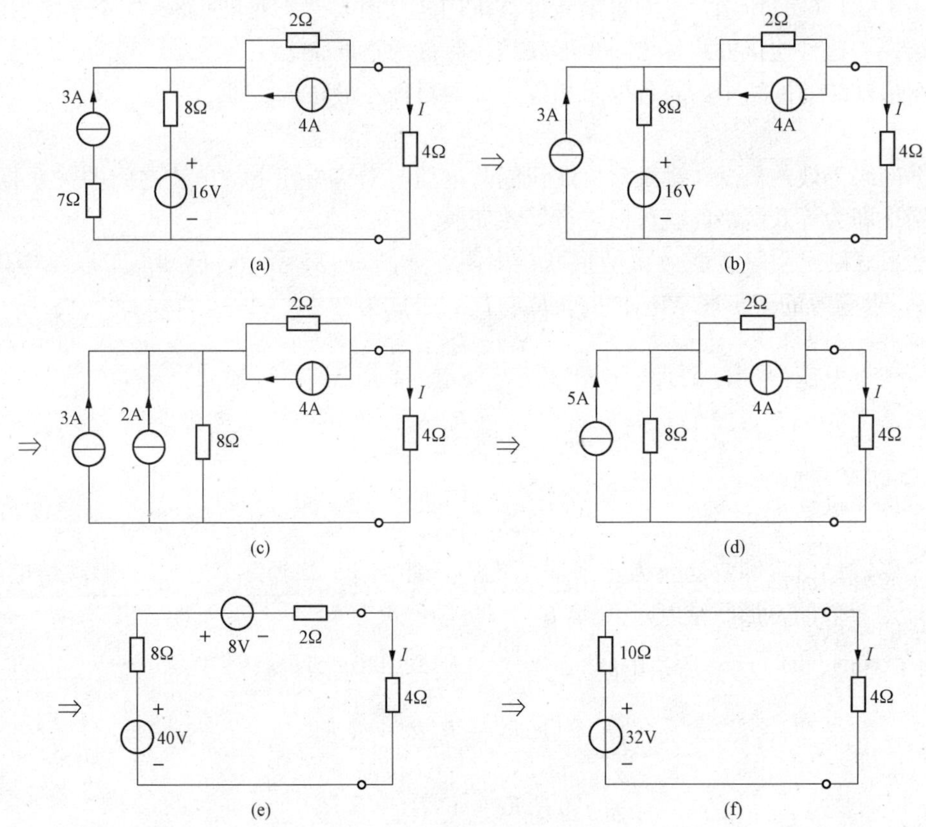

图 1-33 【例 1-10】图

解 图 1-33（a）电路中，7Ω 电阻与 3A 电流源串联，串联电阻的阻值为任何有限值时，本支路电流恒为 3A，因此，将 7Ω 电阻短路处理，这样使得分析更简便了，对分析计算电流 I 的值都没有影响，如图 1-33（b）。

如图 1-33（c），几个电源并联时，先将它们等效变换为电流源，再化简为一个等效的电流源，如图 1-33（d）。几个电源串联时，先将它们等效变换为电压源，再化简为一个等效的电压源。如图 1-33（e），由图 1-33（f）得到

$$I=\frac{32}{10+4}\text{A}\approx 2.29\text{A}$$

用等效变换法化简电路时，应注意的几个问题是：

（1）理想电压源与理想电流源之间不能等效变换，因为它们端钮的电压、电流没有等效的条件。

（2）理想电压源与二端元件并联，对外电路而言，等效电路为这个理想电压源。如图 1-34 所示，理想电压源 u_S 与电阻元件 R 或与电流源 i_S 并联的电路，由于其端口电压为 u_S，等效电路为一个理想电压源 u_S。

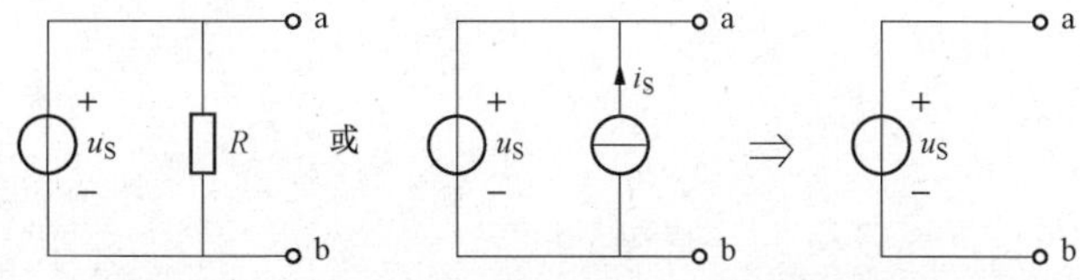

图 1-34　理想电压源与二端元件并联的等效电路

（3）理想电流源与二端元件串联，对外电路而言，等效电路为这个理想电流源。如图 1-35 所示，理想电流源 i_S 与电阻元件 R 或电压源 u_S 串联的电路，由于其端口电流为 i_S，等效电路为一个理想电流源 i_S。

（4）两个电流值不同的理想电流源不允许串联。

（5）两个电压值不同的理想电压源不允许并联。

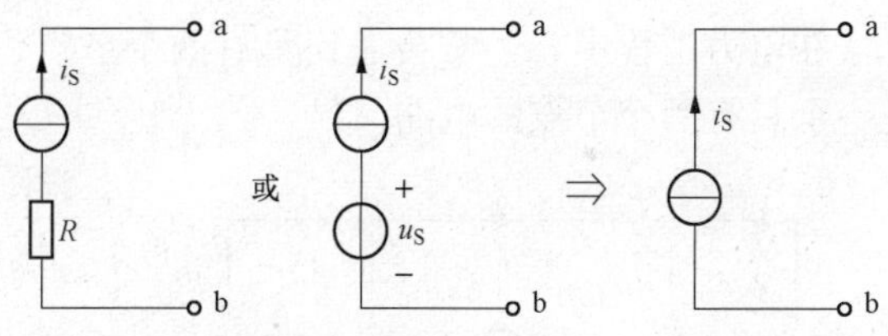

图 1-35　理想电流源与二端元件串联的等效电路

七、支路法

支路法是以支路电流为变量来列写方程，电路中有 b 条支路，就设 b 个支路电流为未知变量，列写 b 个独立方程，求解该方程组，得到个 b 支路电流值。以下例来简单说明支路法的特点。

【例 1-11】 图 1-36 所示电路，已知：$U_{S1}=12\text{V}$、$U_{S2}=6\text{V}$、$R_1=6\Omega$、$R_2=3\Omega$、$R_3=2\Omega$。用支路法求各支路电流。

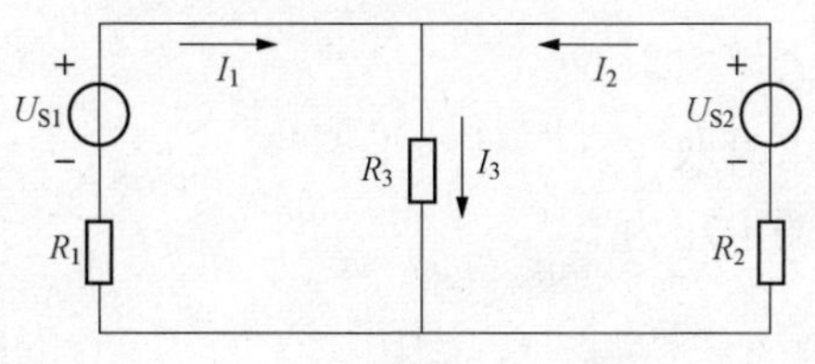

图 1-36　【例 1-11】图

解　图 1-36 所示电路有三条支路，设三个支路电流变量 I_1、I_2、I_3，参考方向如图所示。

电路有两个节点，KCL 方程为

节点 a　　$I_1+I_2-I_3=0$

节点 b　　$-I_1-I_2+I_3=0$

这两个节点方程相同，所以，两个节点只能列写 1 个独立的 KCL 方程，同样，n 个节点只能列写（$n-1$）个独立的 KCL 方程，与这些独立方程对应的节点称为独立节点，余下的一个节点则为非独立节点，至于哪个节点是非独立节点，可以随意选择。

电路中每一个回路都可以列出KVL方程，这些方程也不都独立。一个具有b条支路，n个节点的电路，应用KVL可以列出$b-(n-1)$个独立的回路电压方程。独立回路电压方程对应的回路称为独立回路。在平面电路中，每一个网孔都是一个独立回路，网孔数等于独立回路数，因此按网孔选取独立回路比较方便。图1-36所示电路有两个网孔，可以列写2个独立的KVL方程，绕行方向选择顺时针如图所示，方程为

$$R_3I_3+R_1I_1-U_{S1}=0$$

$$U_{S2}-R_2I_2-R_3I_3=0$$

代入已知数据得

$$\begin{cases}2I_3+6I_1-12=0\\6-3I_2-2I_3=0\\I_1+I_2-I_3=0\end{cases}$$

求解结果为

$$I_1=\frac{4}{3}\text{A}$$

$$I_2=\frac{2}{3}\text{A}$$

$$I_3=2\text{A}$$

从上面分析可以看出，对于支路数多的电路，方程的列写与求解就比较烦杂，此时支路法的缺点就明显了。

八、弥尔曼定律

在电力工程中，经常会遇到具有两个节点、多条支路的电路。如图1-37所示电路，就是一个具有两个节点的电路。

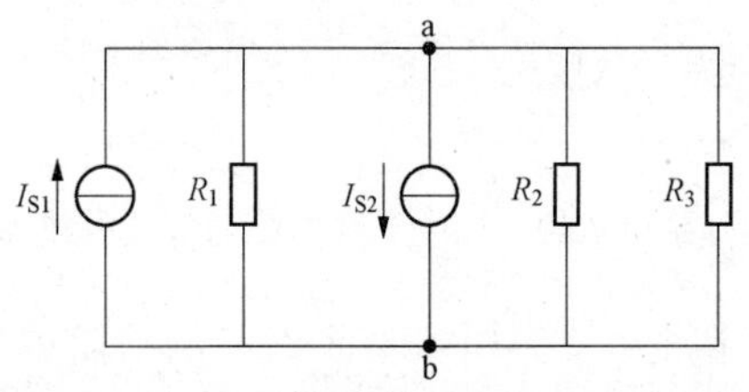

图1-37 具有两个节点的电路

设图1-37电路的两个节点a与b间的电压为U_{ab}，由KCL、欧姆定律可得

$$-I_{S1}+\frac{U_{ab}}{R_1}+I_{S2}+\frac{U_{ab}}{R_2}+\frac{U_{ab}}{R_3}=0$$

整理得

$$U_{ab}=\frac{I_{S1}-I_{S2}}{\frac{1}{R_1}+\frac{1}{R_2}+\frac{1}{R_3}}$$

即

$$U_{ab}=\frac{I_{S1}-I_{S2}}{G_1+G_2+G_3}$$

上式中，各电流源电流流入节点a时取“+”号，流出时取“−”号。

推广到一般形式，具有两个节点的电路，节点间的电压为

$$U_{ab}=\frac{\sum I_S}{\sum G} \tag{1-26}$$

上述结论称为弥尔曼定理。式(1-26)中，分母为两节点间各支路电导之和，分子为所有电源电流代数和，电流源(或电压源等效变换来的电流源)的电流流入节点a时取“+”号，流出时取“−”号。

【例 1 - 12】 如图 1 - 38 所示电路，用弥尔曼定理求电流 I_1、I_2、I_3。

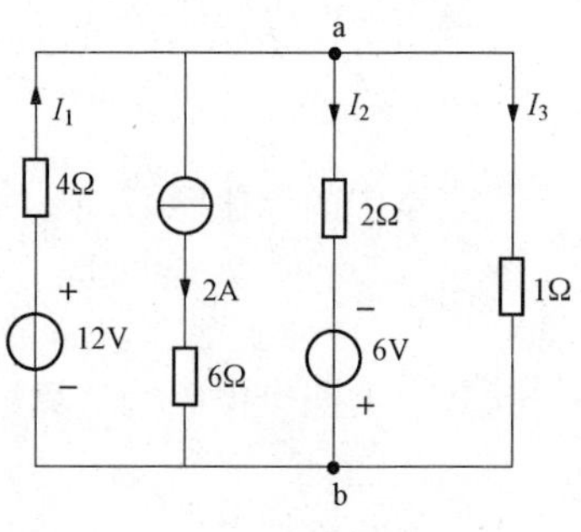

图 1 - 38　【例 1 - 12】图

解　图 1 - 38 所示电路中，因为与 2A 理想电流源串联的 6Ω 电阻不影响该支路的电流，所以将 6Ω 短路，对计算节点电压 U_{ab} 没有影响。由式（1 - 26）得

$$U_{ab}=\frac{\frac{12}{4}-2-\frac{6}{2}}{\frac{1}{4}+\frac{1}{2}+\frac{1}{1}}\text{V}=-\frac{8}{7}\text{V}$$

各支路电流为

$$I_1=\frac{12-U_{ab}}{4}=\frac{12+\frac{8}{7}}{4}\text{A}=\frac{23}{7}\text{A}$$

$$I_2=\frac{6+U_{ab}}{2}=\frac{6-\frac{8}{7}}{2}\text{A}=\frac{17}{7}\text{A}$$

$$I_3=\frac{U_{ab}}{1}=\frac{-\frac{8}{7}}{1}\text{A}=-\frac{8}{7}\text{A}$$

九、叠加定律

叠加定理：在有多个独立源共同作用的线性电路中，任一支路中的电压（或电流）等于各个独立源分别单独作用时在该支路中产生的电压（或电流）的代数和。

下面以如图 1 - 39（a）所示电路为例来说明叠加定律。图 1 - 39（a）所示电路是一个含有两个独立源的电路，根据弥尔曼定理求得

$$U_{ab}=\frac{I_S+\frac{U_S}{R_2}}{\frac{1}{R_1}+\frac{1}{R_2}}$$

则电阻 R_1 的电流为

$$I=\frac{I_S+\frac{U_S}{R_2}}{\frac{1}{R_1}+\frac{1}{R_2}}\times\frac{1}{R_1}=\frac{R_2I_S+U_S}{R_1+R_2}=\frac{R_2I_S}{R_1+R_2}+\frac{U_S}{R_1+R_2}$$

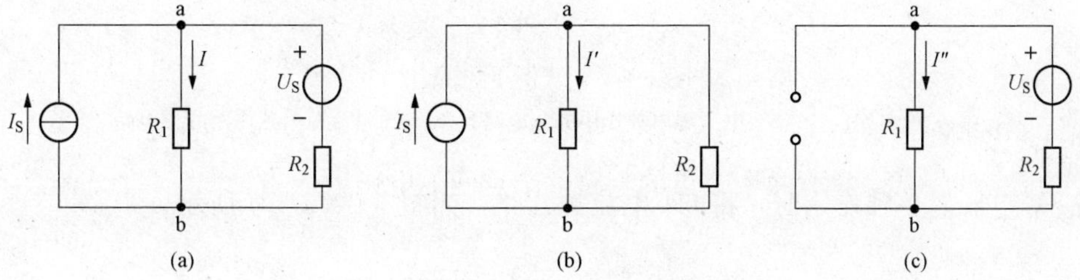

(a)　(b)　(c)

图 1 - 39　叠加定理示例电路

（a）两个电源共同作用的电路；（b）电流源 I_S 单独作用的电路；（c）电压源 U_S 单独作用的电路

当电路中的电流源I_S单独作用时，如图 1-39（b）所示，电阻R_1的电流为

$$I' = \frac{R_2 I_S}{R_1 + R_2}$$

当电路中的电压源U_S单独作用时，如图 1-39（c）所示，电阻R_1的电流为

$$I' = \frac{U_S}{R_1 + R_2}$$

比较以上三个电路的计算结果，得到

$$I = I' + I''$$

这个有两个独立源共同作用的电路，在支路中产生的电流等于每个独立源分别单独作用时在该支路产生的电流的代数和。

应用叠加定理分析线性电路的一般步骤如下：

(1) 将电路中的独立源进行分组。根据具体情况和需要，每组由一个或几个独立源组成，即把含有多个独立源的电路分解成若干个仅含有一组独立源的分电路。在某一组独立源单独作用时，其余的独立源应置零（理想电压源短路、理想电流源开路）。若电路中含有受控源，由于受控源不具备独立供电的能力，所以受控源保留在电路中，不用进行短路或开路处理。

(2) 对每一个分电路进行分析计算。设定每个分电路的电压、电流的参考方向。求出各相应支路的分电流、分电压。

(3) 计算各支路分电压、电流的代数和，即为原电路的电压、电源。当分电路的电压（或电流）与原电路的电压（或电流）参考方向一致时取正号，参考方向相反时取负号。

叠加定理只适用于线性电路，而且只适用于计算电压、电流，不能直接用来计算功率，即任一支路的功率不等于各个独立源分别单独作用时在该支路产生的功率的代数和。

【例 1-13】 如图 1-40（a）所示电路，应用叠加定理计算图中电流 I。

解 根据叠加定理的解题步骤，先将原电路图 1-40（a）进行分解为各独立源单独作用的分电路，设定各电流的参考方向，并在电路图上标明。

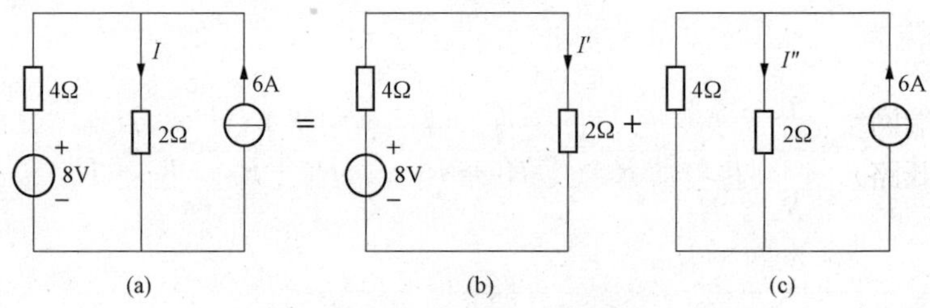

图 1-40 【例 1-13】图

(a) 原电路；(b) 8V 电压源单独作用的分电路；(c) 6A 电流源单独作用的分电路

当 8V 电压源单独作用时，将 6A 电流源开路，如图 1-40（b）所示，得

$$I' = \frac{8}{4+2}\text{A} = \frac{4}{3}\text{A}$$

当 6A 电流源单独作用时，将 8V 电压源短路，如图 1-40（c）所示，得

$$I'' = \frac{4}{4+2}\text{A} \times 6 = 4\text{A}$$

由于各分电路的电流参考方向与原电路的电流参考方向一致，所以，叠加后的总电流为各分电流之和。即

$$I = I' + I'' = \left(\frac{4}{3} + 4\right)\mathrm{A} \approx 5.33\mathrm{A}$$

十、戴维南定律

（一）戴维南定理

戴维南定理：含独立源的线性二端电阻网络，对外电路而言，可等效为一个理想电压源与电阻串联的二端网络。理想电压源的电压等于有源二端网络的开路电压 U_{oc}，电阻等于二端网络内部所有独立源置零时的入端电阻 R_0。

如图 1-41（a）所示有源二端电阻网络 N，对外电路而言，可以等效为的一个理想电压源与电阻的串联组合，如图 1-41（b）所示。理想电压源的电压等于外电路断开后，网络的开路电压 U_{oc}，如图 1-41（c）所示；电阻等于二端网络内部所有独立源置零后，化为相应的无源二端网络 N0 的入端电阻 R_0，如图 1-41（d）所示。

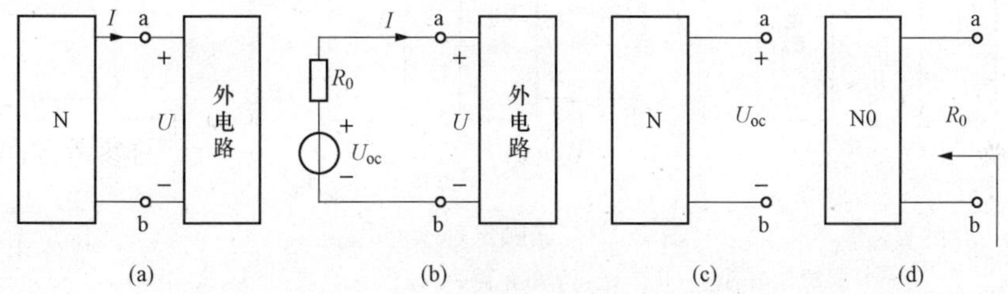

图 1-41　戴维南定理示例电路

（a）有源二端网络；（b）戴维南等效电路；（c）开路电压；（d）入端电阻

理想电压源 U_{oc} 与电阻 R_0 串联的等效电路，称为戴维南等效电路。求一个有源二端网络的戴维南等效电路，就是计算该有源二端网络的开路电压 U_{oc} 和入端电阻 R_0。

求开路电压 U_{oc} 的方法是将有源二端网络的端口开路，用电路分析的方法求得，也可以通过实验的方法测量得到。

求入端电阻 R_0 常采用以下三种方法如下：

（1）无源二端网络的等效变换法。将有源二端网络中所有独立电源置零（理想电压源短路、理想电流源开路），得到相应的无源二端网络，用无源二端网络的等效变换方法计算出其等效电阻 R_0。

（2）伏安关系法。如图 1-42 所示，将有源二端网络中所有独立电源置零后，在无源二端网络端口外加电压 U（或电流 I），计算或测量端口电流 I（或端口电压 U），则入端电阻 $R_0 = \dfrac{U}{I}$。

（3）开路、短路法。如图 1-43 所示，先分别计算或测量出有源二端网络的开路电压 U_{oc} 和短路电流 I_{sc}，则入端电阻 $R_0 = \dfrac{U_{oc}}{I_{sc}}$。

既然有源二端网络可以等效为一个电压源与电阻串联的戴维南等效电路，那么根据前面学过的两种实际电源可以等效变换，有源二端网络也就可以等效为一个电流源与电阻的并联形式，这就是诺顿定理，如图 1-44 所示，由电流源 I_{sc} 与电阻 R_0 并联的等效电路，称为诺

顿等效电路。求一个有源二端网络的诺顿等效电路，就是计算其端口的短路电流 I_{sc} 和入端电阻 R_0。

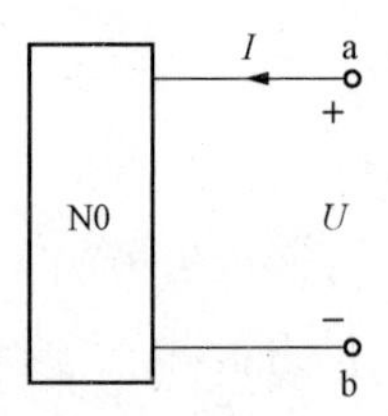

图 1-42　用伏安关系法求入端电阻

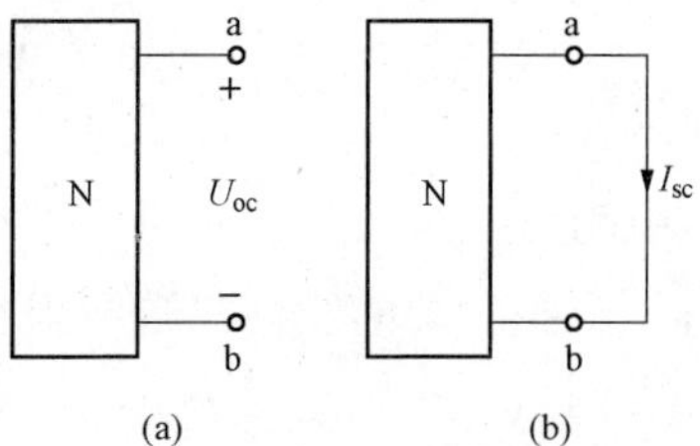

图 1-43　用开路、短路法求入端电阻

（a）开路电压；（b）短路电流

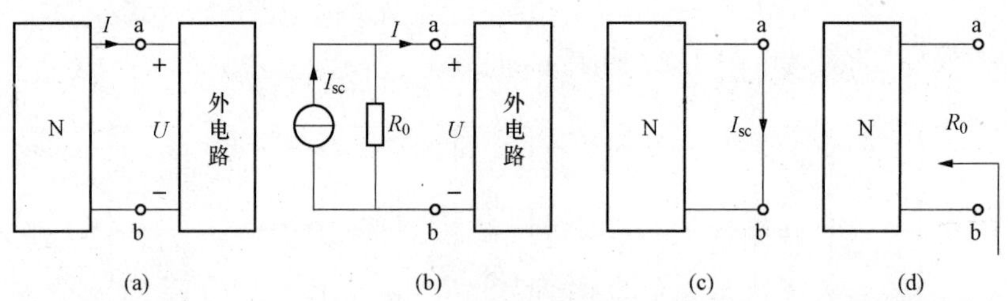

图 1-44　诺顿定理示例电路

（a）有源二端网络；（b）诺顿等效电路；（c）短路电流；（d）入端电阻

【例 1-14】　用戴维南定理计算如图 1-45（a）所示电路中 6Ω 电阻的电流 I。

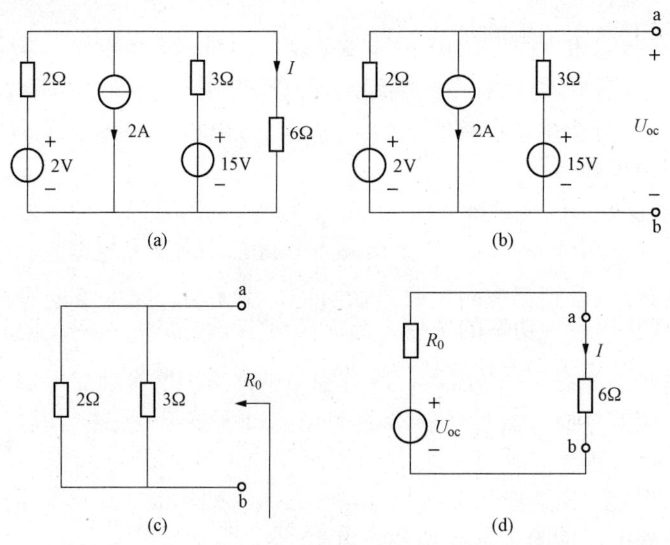

图 1-45　【例 1-14】图

（a）原电路；（b）开路电压；（c）入端电阻；（d）戴维南等效电路

解　（1）将所求支路（6Ω 支路）作为外电路从网络中分离出来，网络的剩余部分就是一个有源二端网络，如图 1-45（b）所示，计算该部分电路的戴维南等效电路。

（2）求开路电压 U_{oc}。选择开路电压 U_{oc} 的参考方向如图 1-45（b）所示。

$$U_{oc}=\frac{\frac{2}{2}-2+\frac{15}{3}}{\frac{1}{2}+\frac{1}{3}}\text{V}=4.8\text{V}$$

（3）求入端电阻 R_0。将独立源置零（理想电压源短路，理想电流源开路）后，如图 1-45（c）所示，计算二端网络端钮 a、b 间的等效电阻即为入端电阻 R_0 为

$$R_0=R_{ab}=\frac{2\times3}{2+3}\Omega=1.2\Omega$$

（4）作戴维南等效电路并将外电路（6Ω 支路）接入到端钮 a、b 之间，如图 1-45（d）所示，它就是原电路图 1-45（a）的等效电路，求出支路电流为

$$I=\frac{U_{oc}}{R_0+R}=\frac{4.8}{6+1.2}\text{A}=\frac{2}{3}\text{A}$$

作戴维南等效电路时，要注意电压源的极性，应与步骤（2）中 U_{oc} 的参考方向相符合。故图 1-45（d）中电源的极性是 a 点为"+"，b 点为"−"。

（二）最大功率传输

一个线性有源二端电阻网络，如果接在它两端的负载电阻不同，从有源二端网络供给负载的功率也不同。在什么条件下，负载获得最大功率？

根据戴维南定理，任何一个线性有源二端网络都可以等效为一个理想电压源与电阻的串联组合，如图 1-46 所示，负载获得功率为

$$P=I^2R=\left(\frac{U_{oc}}{R_0+R_L}\right)^2R_L$$

R_L 变化，要使 P 最大，应满足 $\frac{dP}{dR_L}=0$，即

$$\frac{dP}{dR_L}=\frac{R_0-R_L}{(R_0+R_L)^2}U_{oc}^2=0$$

$$R_L=R_0$$

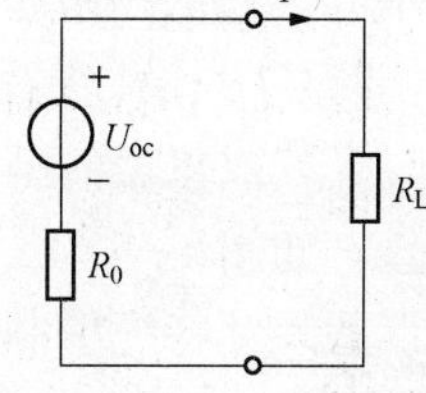

图 1-46　最大功率传输

由此得出，当负载电阻 $R_L=R_0$ 时，负载获得最大功率，此时最大功率为

$$P_{max}=I^2R=\frac{U_{oc}^2}{4R_0}$$

$R_L=R_0$ 为负载获得最大功率的条件，此时负载获得了最大功率，同时也意味着电源发出了最大功率，所以又称为最大功率传输定理。

$R_L=R_0$ 时的工作状态，称为负载与电源匹配。匹配状态时，负载电阻与电源内阻相等，说明内阻消耗的功率与负载一样大，电源的传输效率只有 50%，其中一半的功率被电源内阻消耗。在电力工程中，由于电力系统输送功率很大，传输效率显得非常重要，就必须避免匹配现象产生，应使电源内阻远远小于负载电阻。

十一、电工测量的基本知识

（一）电工仪表的分类和表面标记

1. 电工仪表的分类

电工仪表的种类很多，根据测量时得到被测量数值方式的不同，电工仪表可分为指示仪表、比较式仪表和数字式仪表三大类。

(1) 指示仪表。电测量指示仪表是先将被测量转换为可动部分的偏转角，然后通过可动部分的指示器在标度尺上的位置直接读出被测量的数值。电测量指示仪表按测量对象分，有电流表、电压表、功率表、电能表、功率因数表、频率表、绝缘电阻表以及万用表等；按仪表的工作原理分，有磁电系仪表、电磁系仪表、电动系仪表、感应系仪表以及整流系仪表等；按使用方法分，有可携式仪表和安装式仪表（盘表）两种。

(2) 比较式仪表。用比较法进行测量时常用比较式仪表。如直流电桥、标准电阻、电位差计。这类仪表准确度高，但操作过程复杂，测量速度慢。

(3) 数字式仪表。数字式仪表是指在显示器上能用数字直接显示被测量值的仪表。这类仪表测量速度快、准确度高、读数方便、容易实现自动测量。

不同种类的电工仪表具有不同的技术特性。为了使用方便和易于选择各种仪表，通常把这些技术特性用不同的符号标示在仪表的标度盘（面板上）上，叫做仪表标志。根据国家标准，每块仪表标度盘上应标明测量对象的单位、准确度等级、工作原理系列、使用条件、绝缘强度、仪表型号、工作位置、防外磁场能力及各种额定值等。

2. 电工仪表的型号

电测仪表的产品型号可以很直观地反映出仪表的工作原理和用途。产品型号是按规定的标准编制的。对可携式和安装式指示仪表的型号各有不同的编制规定。

可携式仪表型号及其含义如图 1 - 47 所示，系列代号按测量机构的系列编制，如磁电系代号为“C”，电磁系代号为“T”，电动系代号为“D”，感应系代号为“G”等等；设计序号用数字表示；用途号用国际的通用符号表示。如 T51 - V 型电压表，“T”表示是电磁系仪表，“51”为设计序号，“V”表示该表用于测量电压。

安装式仪表的型号编制与可携式基本相同，仅在系列代号前多了两个用数字表示的形状代号，如图 1 - 48 所示，形状第一代号按仪表面板形状最大尺寸编制；形状第二位代号按外壳形状尺寸特征编制，如为 0 则可省略。如 16T9 - A 型号交流电流表，按形状代号“16”可从有关生产厂家标准中查出仪表的外形和尺寸，“T”表示电磁系仪表，“9”为设计序号，“A”表示该表用于测量电流。

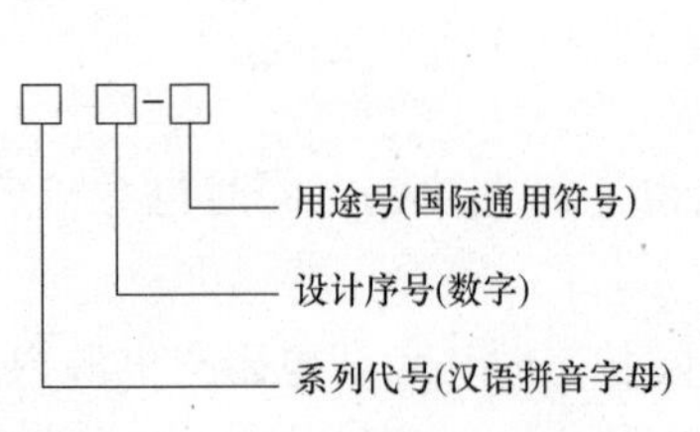

图 1 - 47 可携式仪表型号编制规定

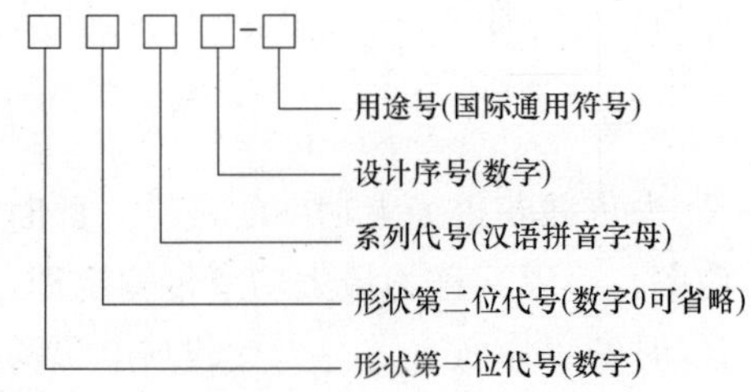

图 1 - 48 安装式仪表型号编制规定

3. 电工仪表的表面标记

电工仪表的各种技术特性都用符号标在仪表的表面上，供使用者识别和选择。根据国家规定，每一只仪表应有测量对象的电流种类、测量单位、工作原理的系别、准确度等级、工作位置、外界条件、绝缘强度、仪表型号以及额定值等的标志。常见的表面标记见表 1 - 2。

表 1-2　**电工仪表常见的表面标记**

分类	符号	名称
工作原理		磁电系仪表
		磁电系比率仪表
		电磁系仪表
		电动系仪表
		铁磁电动系仪表
		感应系仪表
测量单位	A	安培
	V	伏特
	W	瓦特
	var	乏
	Hz	赫兹
	Ω	欧姆
电流种类	—	直流
	~	交流
	≂	直流和交流
准确度等级	1.0	以标尺量限的百分数表示
	(1.0)	以指示值的百分数表示
工作位置	⊥	标尺位置垂直
	⊓	标尺位置水平
	∠60°	标尺位置与水平面成 60°角
绝缘强度试验	☆ 0	不进行绝缘强度试验
	☆ 2	绝缘强度试验电压为 2kV
外界条件	△ A	A 组仪表
	△ B	B 组仪表
	△ C	C 组仪表
	[Ⅱ]	Ⅱ级防外磁场
	[Ⅱ]	Ⅱ级防外电场
端钮	+	正端钮
	−	负端钮
	*	公共端钮

（二）测量方法

电工测量方法有直接测量、间接测量、组合测量三种。

1. 直接测量

直接测量是将被测量与标准量进行比较，从仪表上直接读出被测量的数值的方法。

2. 间接测量

间接测量是指通过对被测量有函数关系的其他量的测量，得到被测量值的测量方法。如：测量电阻的电压 U 和电流 I，然后计算 $R=U/I$，求得电阻 R 的大小。

3. 组合测量

组合测量是通过测量与被测量具有一定函数关系的其他量，根据直接测量和间接测量所得的数据，解一组联立方程而求出各未知量值来确定被测量的大小。

（三）测量误差的分类

测量误差按性质和特点可分为系统误差、随机误差、粗大误差三类。

1. 系统误差

系统误差是指在相同的测试条件下，多次测量同一被测量时，大小和符号都保持恒定或按一定规律变化的误差，称为系统误差。

系统误差产生的原因有：工具误差、方法误差、影响误差、人员误差。

2. 随机误差（偶然误差）

随机误差是指在相同条件下，对同一被测量进行多次测量时误差值的大小和符号均发生变化，时大时小，没有任何确定的规律。

随机误差产生的原因：是随机因素，是由于实验中许多独立因素的微小变化而引起的。

3. 粗大误差（疏忽误差）

粗大误差是指在规定条件下，测量结果显著的偏离实际值时所对应的误差。

粗大误差的产生原因：测量人员的疏忽，如操作者操作不当，读取数据有误或是计算有误等。

（四）数据处理

1. 有效数字

一个数据，从左边第一个非零数字算起到最末一位数字为止，其间所有数字均为有效数字。有效数字的位数称为有效位数。

测量值一般都包含有误差，所以测量值是近似值。近似值的数字应取多少位，以举例说明有效数字概念。例如，一个量限为 100V 的电压表，满刻度为 100 格，每格为 1V。电压表指针指在 7.5 格处的读数为 7.5V，其中小数点后的 5 是估读的（欠准确）；指针在 84 格处的读数为 84V，应记为 84.0V。指针在 90 格处的读数为 90V，应记为 90.0V。如果该表量限为 10V，则各量应记为 0.75V、8.40V 和 9.00V。这种仪表的测量值，最后一位是估读的数字（欠准数字），过多的位数是没有意义的，但位数少了，又会增加测量的误差。

有效位数表征着近似值的准确程度。在数学中，8.4 和 8.40 是相等而没有区别的，但作为测量数据，二者是有区别的。前者表示误差出现在小数点后第一位，而后者表示误差出现在小数点后第二位，因此，后者要比前者更准确。

2. 数据的修约规则

通常要对测量或计算所得数据要进行舍入处理，以使它具有所需的位数，这个处理工作叫修约。如取 n 位有效数字，则第 n 位后面多余的数字的修约规则为：

（1）若第 $n+1$ 位数字小于 5，则舍去。如 12.34567 取三位效数字，修约结果为 12.3。

（2）若第 $n+1$ 位数字大于 5，则进 1。如 12.34567 取六位效数字，修约结果为 12.3457。

（3）若第 $n+1$ 位数字等于 5，则采用偶数原则：如果第 n 位为奇数，则进 1，如 12.31567 取四位效数字，修约结果为 12.32；如果第 n 位为偶数，则舍去，如 12.34567 取四位效数字，修约结果为 12.34。总之，要使末位凑成偶数。这与四舍五入的一般规则不同，逢 5 就入会在大量的数字运算中造成累计，而根据末位的奇偶数来决定入或舍，可使入与舍的机会相等，提高了数据的准确度。

（4）若需要舍去的尾数为两位以上数字时，不得进行连续修约，而是应该根据准备舍去的数字中左边第一个数字的大小，按上述规则一次修约出结果。如 12.346，需要修约成三位数时，应为 12.3，而不是先修约成 12.35，再修约成 12.4。

3. 数据的运算规则

（1）加减运算。加减运算的一般步骤如下：

1）对小数位数多的数据进行修约，使它比小数位数最少的数据只多一位小数。

2）进行加减运算。

3）对计算结果进行修约，使计算结果的小数位数与原数据中小数位数最少的数据的小数位数相同。

【例 1 - 15】 计算 $45.6769+3.4-7.425$。

解　1）对小数位数较多的数据先进行修约，使它们比小数位数最少的只多一位。参加计算的三个数中，小数位数最少的数是 3.4，因而将另外两个数修约到小数点后二位：

$45.6769\approx45.68$

$7.425\approx7.42$

2）进行加减运算。

$45.68+3.4-7.42=41.66$

3）对计算结果进行修约，将计算结果修约到小数点后一位，结果为 41.7。

（2）乘除运算。乘除运算的一般步骤如下：

1）先对有效数字位数多的数据进行修约，使它比有效数字位数最少的数据只多一位有效数字。

2）进行乘除运算。

3）对计算结果进行修约，使计算结果的有效数字位数与原数据中有效数字位数最少的数据的有效数字位数相同。

（五）测量误差的计算

误差的表示方式有绝对误差、相对误差、引用误差三种。

1. 绝对误差

绝对误差用符号 Δ 表示，是指被测量的测量值 X 与被测量的实际值 X_0 之差，即

$$\Delta = X - X_0 \tag{1 - 27}$$

【例 1 - 16】 某电路的电流为 10A，用 A 电流表测量时的读数为 9.8A，用 B 电流表测量时读数为 10.1A。试求两次测量的绝对误差，并由此判断哪只表更准确。

解　A 表的绝对误差为

$$\Delta_A = X_A - X_0 = (9.8-10)\text{A} = -0.2\text{A}$$

B表的绝对误差为

$$\Delta_B = X_B - X_0 = (10.1-10)\text{A} = 0.1\text{A}$$

在测量同一个量时，我们可以用绝对误差Δ的绝对值来说明测量的准确程度，|Δ|愈小，测量结果愈准确。因此，B表比A表的测量结果更准确。

2. 相对误差

相对误差用符号γ表示，是指绝对误差Δ与实际值X_0的比值，是一个无单位的数值，在电工测量中，通常用百分数表示相对误差，即

$$\gamma = \frac{\Delta}{X_0} \times 100\% \tag{1-28}$$

当被测量不是同一个值时，应该用相对误差γ的大小来判断测量的准确度。工程上通常采用相对误差来比较测量结果的准确程度。在工程上当不能确定实际值时通常用测量值X代替实际值X_0来计算相对误差，则

$$\gamma = \frac{\Delta}{X} \times 100\%$$

【例1-17】 用甲表测量10V电压时，读数为11V，用乙表测量100V电压时，读数为102V。试求它们的相对误差。

解 甲表的相对误差为

$$\gamma_1 = \frac{\Delta_1}{X_{01}} \times 100\% = \frac{11-10}{10} \times 100\% = 10\%$$

乙表的相对误差为

$$\gamma_2 = \frac{\Delta_2}{X_{02}} \times 100\% = \frac{102-100}{100} \times 100\% = 2\%$$

3. 引用误差

相对误差可以表示测量结果的准确程度，但不能说明仪表本身的准确度，例如，一只测量范围为0～300mA的电流表，在测量250mA电流时，绝对误差$\Delta_1=2\text{mA}$，其相对误差$\gamma_1=\frac{2}{250}\times100\%=0.8\%$，用同一只电流表来测量10mA电流时，绝对误差$\Delta_2=1.9\text{mA}$，其相对误差$\gamma_2=\frac{1.9}{10}\times100\%=19\%$。由此可以看出，在仪表标度尺的不同部位，相对误差变化很大，相对误差反映不了仪表的准确度。

由于同一只仪表的绝对误差在量程范围内的变化不大，如将式（1-28）中的分母换为仪表测量上限，则其比值接近一个常数。绝对误差Δ与仪表的测量上限（量程）X_m比值的百分数，称为引用误差，用γ_n来表示，即

$$\gamma_n = \frac{\Delta}{X_m} \times 100\% \tag{1-29}$$

仪表的最大绝对误差Δ_m与仪表的测量上限X_m比值的百分数，称为最大引用误差，用γ_{nm}来表示，即

$$\gamma_{nm} = \frac{\Delta_m}{X_m} \times 100\% \tag{1-30}$$

4. 仪表的准确度

国家标准把仪表的最大引用误差划分为若干个级别，称为仪表的准确度等级，用 K 表示。国家标准规定，在规定的工作条件下使用仪表时，仪表的实际误差应小于或等于该表准确度等级（在仪表标度盘上注明）所允许的基本误差范围。各等级的基本误差见表 1-3。

表 1-3　各级仪表的允许基本误差

仪表的准确度等级	0.1	0.2	0.5	1.0	1.5	2.5	5.0
基本误差范围（%）	±0.1	±0.2	±0.5	±1.0	±1.5	±2.5	±5.0

准确度等级为 K 的仪表，在规定的工作条件下，K 与最大引用误差的关系为

$$K\% \geqslant \frac{|\Delta_m|}{X_m} \times 100\% \tag{1-31}$$

例如，准确度等级为 1.5 的仪表，在规定工作条件下，其最大引用误差不允许超过±1.5%。K 的值越小，允许的最大引用误差就越小，仪表的准确度越高。由式（1-31）可知，仪表在规定条件下测量时，可能出现的最大绝对误差为

$$\Delta_m = \pm K\% \times X_m \tag{1-32}$$

【例 1-18】 用准确度为 1.0 级，量程为 30V 的电压表测量 15V 电压时，其最大可能的相对误差是多少？

解　用准确度为 1.0 级，量程为 30V 的电压表测量电压时，可能出现的最大绝对误差为

$$\Delta_m = \pm K\% \times X_m = \pm 1.0\% \times 30\text{V} = \pm 0.3\text{V}$$

测 15V 电压时，最大可能的相对误差为

$$\gamma = \frac{\Delta_m}{X_0} \times 100\% = \frac{\pm 0.3}{15} \times 100 = \pm 2\%$$

由此可见，测量结果的准确度即其最大相对误差，并不等于仪表准确度所表示的允许基本误差。因此，在选用仪表时不仅要考虑适当的仪表准确度，还要根据被测量的大小，选择相应的仪表量程，才能保证测量结果具有足够的准确性。

任务实施

一、直流电压表的正确使用

（1）根据测量的要求及被测量的大小选择合适量程、准确度的电压表。尽量选择高内阻的电压表测电压。

（2）将仪表按面板要求的位置放置。在开始测量时，要注意指针是否在指零的位置，如果不指零，应先调零，使指针指零。

（3）测量电路的电压时，要将电压表并联接入被测电路。

（4）使用直流电压表测量电压时，要注意仪表的极性。将电压表的“+”接线端钮接在电路中的高电位端，“—”接线端钮接低电位端，若接反，指针反偏。

（5）正确读数。

二、直流电流表的正确使用

（1）根据测量的要求及被测量的大小选择合适量程、准确度的电流表。尽量选择低内阻的电流表测电流。

(2) 将仪表按面板要求的位置放置。在开始测量时，要注意指针是否在指零的位置，如果不指零，应先调零，使指针指零。

(3) 在测量直流电路电流时，一定要将电流表串联在被测电路中。严禁将电流表与被测电路并联。

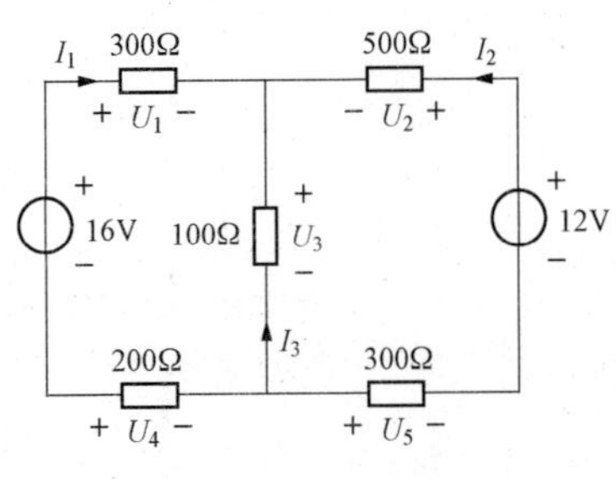

图 1-49 直流电路图

(4) 用于测量直流电流的仪表，要注意电流表的极性，使被测电流从仪表的"+"端流入，"−"端流出，以避免指针反偏而损坏仪表。

(5) 正确读数。

三、直流电流电压的测量

(1) 按图 1-49 接线。经教师检查后，合上电源，然后进行电流、电压的测量。

(2) 分别测量电路的电流、电压，记于表 1-4 中。

(3) 对测量结果进行分析、总结。

表 1-4 **测 试 数 据**

测量项	U_1(V)	U_2(V)	U_3(V)	U_4(V)	U_5(V)	I_1(A)	I_2(A)	I_3(A)
测量值								
计算值								
误差 (%)								

任务二 电阻的测量

电阻是基本的电测量之一。各种电器设备的导电部分都有电阻，称为导电电阻，绝缘部分也有电阻，称为绝缘电阻。不同大小的电阻，其测量方法和使用的仪器也不相同，或者说同一电阻因测量结果准确度要求的不同，所选用的仪器不同。

本项任务是通过对电阻的测量，达到以下目标：

(1) 学会使用伏安法测量电阻。

(2) 学会使用万用表测量电阻。

(3) 学会使用直流单臂电桥测量电阻。

(4) 学会使用直流双臂电桥测量电阻。

(5) 学会使用绝缘电阻表检测电气设备的绝缘电阻。

一、电阻测量概述

电阻是基本的电测量之一。各种电路元件、电气设备及绝缘材料都存在一定的电阻，其中导电部分的电阻，称为导电电阻，绝缘部分也有电阻，称为绝缘电阻。

电阻的阻值范围很宽，根据电阻值的大小，电阻通常分为三类：低值电阻（1Ω以下），中值电阻（1～0.1MΩ）和高值电阻（0.1MΩ以上）。根据被测电阻的阻值大小及性质，应选择不同的测量方法及相应的测量用仪器设备。

二、电阻的伏安法测量

用电流表和电压表测量出电阻 R_x 的电流 I_x 和电压 U_x，则被测电阻 R_x 的大小等于电压表读数与电流表读数之比，即

$$R_x = \frac{U_x}{I_x}$$

这种测量电阻的方法，称为伏安法。伏安法是一种间接测量电阻的方法，由于电流表的内阻 R_A 不可能等于零，电压表的内阻 R_V 不可能等于无穷大，所以接入电流表和电压表后会产生测量误差。

伏安法的接线有电压表前接和电压表后接两种。图1-50（a）所示电路为电压表前接电路，电流表的读数即为 R_x 的电流，而电压表的读数包含了电流表内阻 R_A 的压降 U_A，计算所得电阻为

$$R'_x = \frac{U}{I_x} = \frac{U_A + U_x}{I_x} = \frac{I_x R_A + I_x R_x}{I_x} = R_A + R_x$$

计算结果 R'_x 中包含了电流表的内阻 R_A，测量结果偏大，这种测量方法所引起的相对误差为

$$\gamma_1 = \frac{R'_x - R_x}{R_x} \times 100\% = \frac{R_A}{R_x} \times 100\%$$

图1-50（a）所示的这种电压表前接的方法适合于被测电阻 $R_x \gg R_A$ 的情况，即适用于测量阻值较大的电阻。

图1-50（b）所示电路为电压表后接电路，电压表的读数为电阻 R_x 的电压，电流表的读数包含了并联电压表内阻 R_V 的电流 I_V，计算所得电阻为

$$R''_x = \frac{U_x}{I} = \frac{U_x}{I_V + I_x} = \frac{1}{\frac{I_x}{U_x} + \frac{I_V}{U_x}} = \frac{R_V R_x}{R_V + R_x}$$

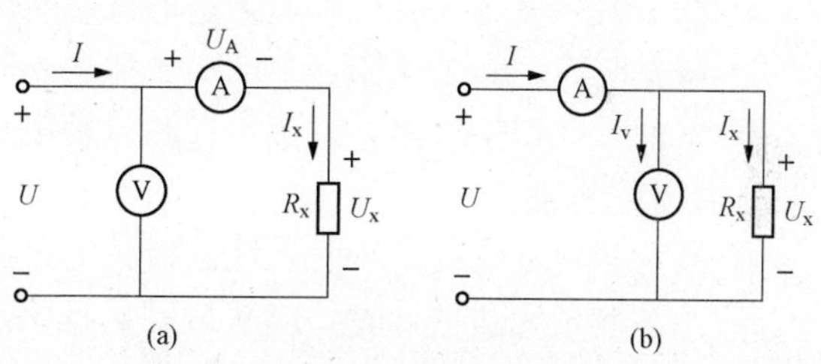

图1-50 用伏安法测量电阻

（a）电压表前接测量电路；（b）电压表后接测量电路

计算结果 R''_x 为被测电阻 R_x 与电压表内阻 R_V 并联后的等效电阻，这种测量方法引起的相对误差为

$$\gamma_2 = \frac{R''_x - R_x}{R_x} \times 100\% = -\frac{R_x}{R_x + R_V} \times 100\%$$

图1-50（b）所示的这种电压表后接的方法适合于被测电阻 $R_x \ll R_V$ 的情况，即适用于测量阻值较小的电阻。

被测电阻 R_x 较大或较小，以与 $\sqrt{R_V R_A}$ 相比为准。电流表的内阻 R_A 和电压表的内阻 R_V，由仪表的表面和产品说明书查找。由于仪表的内阻与所选量程有关，而量程的选择又与所加电压有关，所以测量电路的选择要与给定的电压一起考虑。

伏安法的优点在于被测电阻能在工作状态下进行，这对非线性电阻的测量有实际的意义，另一个优点是适合于对大容量变压器一类具有大电感的线圈电阻的测量。

三、万用表

万用表又称万能表，是电工经常使用的多用途、多量限的直读式仪表。它有携带方便，使用灵活等优点。万用表的类型很多，但根据其显示方式的不同，一般可分为指针式万用表和数字万用表。

（一）万用表的结构

通常万用表由表头、测量线路和转换开关三大部分组成。

指针式万用表的表头多采用满刻度偏转电流为几十微安、灵敏度很高的磁电系测量机构，它是万用表的主要部件，其作用是用来显示被测量的数值。表头的满偏电流越小，灵敏度越高，测量电压时的内阻就越大。数字万用表的表头多采用直流数字电压表。

万用表仅用一只表头就能测量多种不同量程的电量，靠的是不同测量线路的变换。测量线路是万用表的主要环节。

转换开关一般都采用多刀多掷的转换开关（刀是可动触点，掷是固定触点），当转换开关置于不同位置时，就接通了不同的测量线路，所以转换开关起着切换不同测量电量与量程的作用。

（二）万用表的使用方法

使用万用表时应做到正确及熟练，要了解各个旋钮的用途和使用方法，熟知各刻度标尺的用途，准确读出各被测量的数据。

（1）用万用表测量电流或电压。

测量时，要注意量限的选择，并且还要根据被测对象，将转换开关旋到所需要的位置。还应注意以下事项：

1）测量时，要有人监护，监护人的技术等级要高于测量人。

2）测量时注意安全操作，不能用手触摸表笔的金属部分。

3）不能带电切换量程，尤其是在测量高电压或大电流时，更应避免转换开关的触头产生电弧而损坏开关。

4）测量直流电流或电压时，注意极性的正确连接，红表笔接正极，黑表笔接负极。

5）当被测量无法估计时，应从最高量程挡起，然后再向低量程挡转换。数字万用表当显示屏左端显示“1”或“－1”时，说明已超出量限，须调高一挡。

（2）用万用表的欧姆挡测电阻。

用万用表测量电阻前，首先应检查表内电池电压是否足够。指针式万用表检查的方法是：将转换开关旋到电阻挡，将倍率转换开关置于 $R\times1$ 挡，检查 1.5V 电池；将倍率转换开关置于 $R\times10$k 挡，检查较高电压电池（如 9V 方块电池）。将正、负表笔相碰后，观察指针是否在零位，如指针不指零位，则调整欧姆挡零位调整旋钮，使指针指向电阻刻度线右端的零位。若无法将指针调到零位，则说明表内电池电压不足，应更换电池。数字式的万用表在使用前，将电源开关键按下，如果电池不足，一般会在显示屏上显示出 符号。

测电阻时，将转换开关旋到欧姆挡，选择适当的倍率。应注意以下事项：

1）禁止带电测量电阻。需确定被测电阻已经断开电源，同时电容已被放完电，方能进行测量。绝不可用万用表的欧姆挡去测量电源的内阻。

2）不能用手握住表笔的金属部分，否则会引起测量不准确。

3）不能用万用表的欧姆挡直接测量微安表表头和检流计的内阻。

4）数字万用表，如果被测电阻超出所用量程，将显示过量程“1”，需换用高量程。当输入端开路时，会显示过量程“1”。当被测电阻在 1MΩ 以上时，需数秒时间稳定读数。

5）指针式万用表，每换一次倍率挡，都要进行一次电气调零。

6）测量完毕后，应将转换开关掷于交流电压挡最大量程处或“OFF”位置。若长时间不用，应将电池取出。

四、直流单臂电桥

直流电桥是根据电桥平衡的原理制作的，通过被测电阻与标准电阻进行比较获得测量结果，具有较高的准确度。

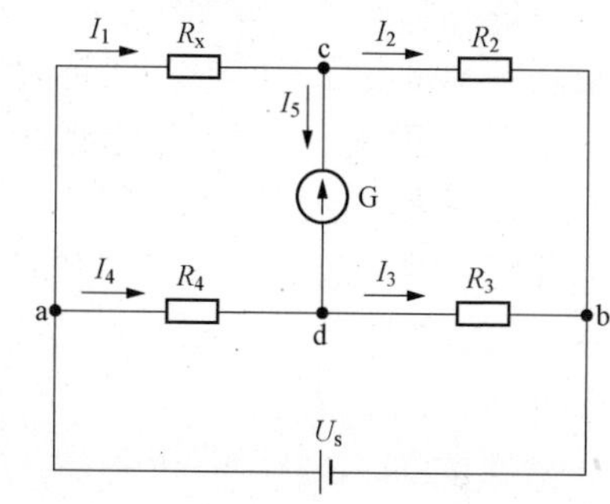

图 1-51 直流单臂电桥原理图

单臂电桥又称惠斯通电桥，适用于测量中值电阻。直流单臂电桥的工作原理如图 1-51 所示，图中电阻 R_x、R_2、R_3 和 R_4 接成四边形，通常把这四个电阻支路称为电桥的四个臂，中间 cd 支路称为桥，在桥 cd 支路上接入检流计 G，在四边形的另两节点 ab 之间接入直流电压源 U_S。

调节桥臂电阻 R_2、R_3 和 R_4，使检流计电流 $I_5=0$，这种情况称为电桥平衡。电桥平衡时，c 和 d 两点电位相等，有

$$I_1R_x = I_4R_4$$

$$I_2R_2 = I_3R_3$$

则

$$\frac{I_1R_x}{I_2R_2} = \frac{I_4R_4}{I_3R_3}$$

因为电桥平衡时流计电流 $I_5=0$，根据 KCL 可知 $I_1=I_2$，$I_3=I_4$，所以

$$\frac{R_x}{R_2} = \frac{R_4}{R_3}$$

即

$$R_x = \frac{R_2}{R_3}R_4$$

为了操作方便，通常将 R_2 与 R_3 的比值做成可调的十进制倍率，如 0.1、1、10、100 等。电阻 R_2、R_3 称为比例臂，电阻 R_4 称为比较臂。使用时将比例臂调到一定的比例，然后调节比较臂的电阻，使电桥平衡，则被测电阻 R_x 就等于比例臂和比较臂的两个读数相乘。

从上面的分析可知，电桥平衡与电源电压 U_S 的大小无关，但为了保证电桥足够灵敏，电源电压不能过低或不稳。

下面以 QJ23 型直流单臂电桥为例，介绍直流单臂电桥的使用。图 1-52 为 QJ23 型直流单臂电桥的结构原理图和面板示意图。

QJ23 型直流单臂电桥的使用方法与注意事项：

（1）仔细阅读使用说明书。

（2）打开检流计锁扣，并调节调零器，使检流计指针位于机械零点。如图 1-52（b）所示，在面板左下方有三个接线柱，使用内部检流计时，用接线柱上的金属片将下面的两个接线柱短接（即将外接接线柱短接）。如果需要外接检流计，则用接线柱上的金属片将上面的

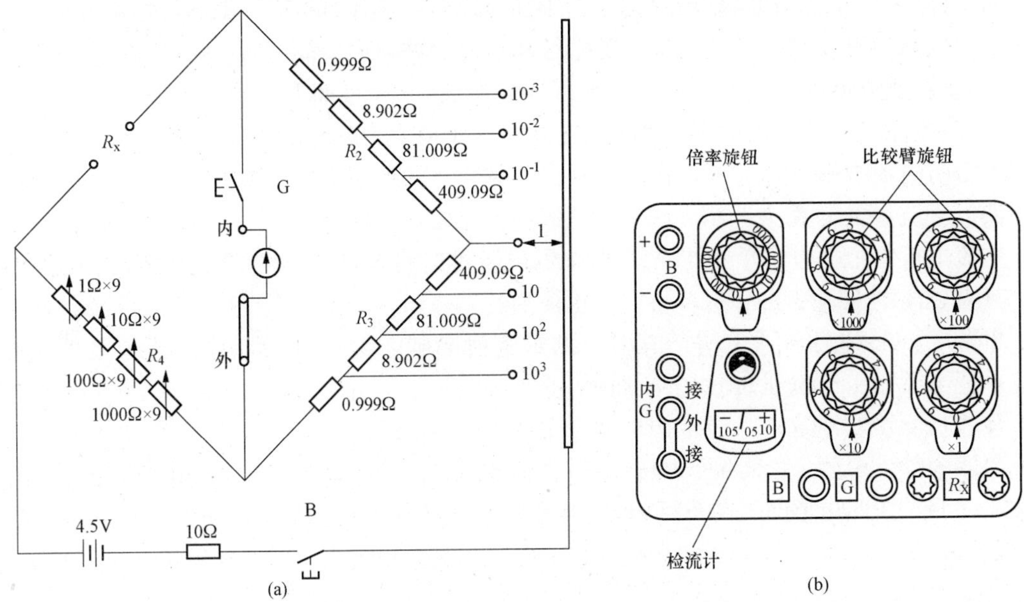

图 1-52　QJ23 型直流单臂电桥结构原理图和面板示意图

(a) 结构原理图；(b) 面板图

两个接线柱短接（即将内部检流计短接），将外接的检流计接在下面的两个接线柱上。

(3) 将被测电阻接在面板右下方标有“R_x”的两个接线柱上。接线时，应选择较粗较短的导线，并将接线柱拧紧，以减少连接线的电阻与接触电阻。

(4) 根据被测电阻的大小（可先用万用表测得近似值），选择合适的倍率（比例臂比率）。被测电阻的范围与倍率位置选择按表 1-5 选取，应使四个比较臂的电阻都加以利用，以提高测量的准确度。

表 1-5　　被测电阻与倍率的对照表

序号	倍率	被测电阻的范围（Ω）	序号	倍率	被测电阻的范围（Ω）
1	×0.001	0.1～9.999	5	×10	10000～99990
2	×0.01	10～99.99	6	×100	100000～999900
3	×0.1	100～999.9	7	×1000	1000000～9999000
4	×1	1000～9999			

(5) 测量时，先按电源按钮“B”，再按检流计按钮“G”。如果检流计指针向“＋”方向偏转，则应加大比较臂电阻；如果指针向“－”方向偏转，则应减少比较臂电阻。反复调节，使检流计指针指零，电桥平衡。开始测量时，电桥可能极不平衡，流过检流计的电流可能很大，所以先不能锁住检流计按钮，只能点接。待调到电桥接近平衡时，才可锁住检流计按钮进行细调。

(6) 读取数据，被测电阻＝倍率×比较臂读数。

(7) 测量结束，应先松开检流计按钮“G”，再松开电源按钮“B”。以免断开电源时绕组的感应电动势损坏检流计。

(8) 电桥不用时，应将检流计的锁扣锁住，以防止搬移过程中震断悬丝。

(9) 电桥使用完毕，应先切断电源，然后拆除被测电阻。

(10) 电池电压不足会影响电桥的灵敏度，若电池电压太低，应及时更换电池。

(11) 如图 1-52 (b) 所示，面板左上方有一对中间标有“B”的接线柱，，可用来接外接电源，用于测量较大电阻时，产生足够的灵敏度（一般情况使用内附电源)。外接电源时，应注意极性，并在电源电路中串联一个可调保护电阻，以便降压。

(12) 单臂电桥不宜用来测 0.1Ω 以下的电阻，当用以测量 1Ω 以下的电阻时，应相应地降低电压和缩短测量时间，以免桥臂过热而损坏。

(13) 如果电桥由外接检流计端钮，最好通过 5000～10000Ω 的保护电阻接入外接检流计，且此时应先将内接检流计用短路片短路。

五、直流双臂电桥

在测量低值电阻时，若使用单臂电桥，则接线电阻和接触电阻与被测电阻相比，已不能忽略，会给测量结果带来很大的误差，直流双臂电桥是在单臂电桥的基础上增加了特殊结构，以消除测量时连接线和接线柱的接触电阻对测量结果的影响而设计的，因此在测量低值电阻时，应使用直流双臂电桥。

常用的直流双臂电桥型号有：QJ28、QJ44、QJ101 等。其中 QJ44 型为实验室和工矿企业常用的直流双臂电桥，可用来测量金属导体的电阻，接触电阻，电动机、发电机绕组的电阻值，以及其他各类直流低值电阻。

下面以 QJ44 型直流双臂电桥为例，说明直流双臂电桥的使用。QJ44 型直流双臂电桥的面板示意图如图 1-53 所示。

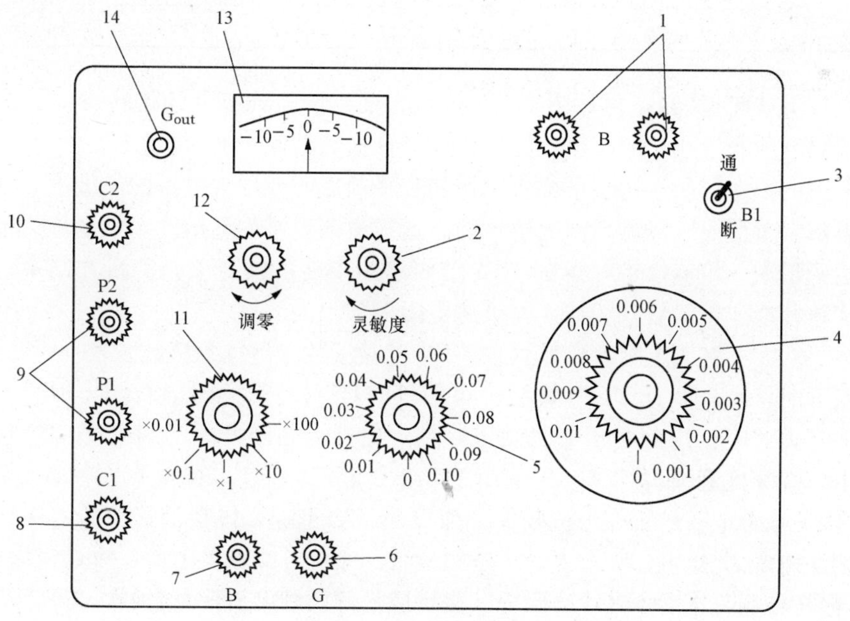

图 1-53 QJ44 型直流双臂电桥面板示意图

1—外接电源接线柱；2—检流计灵敏度调节旋钮；3—内附检流计电源开关；4—滑线读数盘；5—步进读数盘；6—检流计按钮；7—电源按钮；8、10—被测电阻电流端接线柱；9—被测电阻电位端接线柱；11—倍率旋钮；12—检流计调零旋钮；13—检流计；14—外接检流计插座

QJ44 型直流双臂电桥的使用方法与注意事项：

(1) 仔细阅读使用说明书。

(2) 将电桥放置于平整位置，放入电池。

(3) 将 B_1 开关接到“通”位置，晶体管放大，电源接通，等待 5min 后，调节检流计指针指在零位上。

(4) 检查灵敏度旋钮，使其放在最低位置。

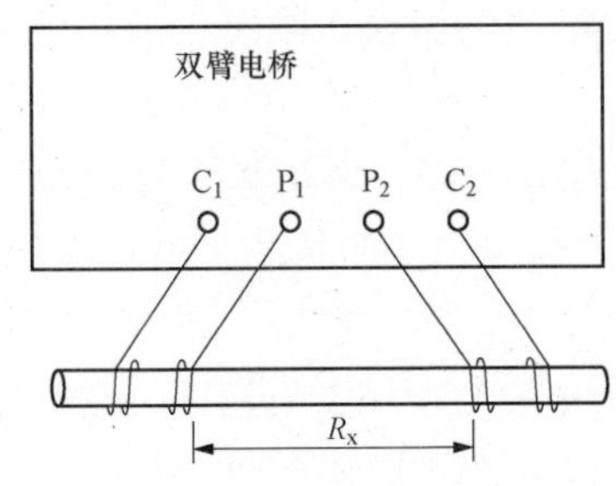

图 1-54 被测电阻的连接方法

(5) 应使用四根接线连接被测电阻，不得将电位触头与电流触头接于同一点，否则测量结果会产生误差。当被测电阻没有专门的电位端钮和电流端钮时，也应设法引出四根导线与双臂电桥连接，连接方法如图 1-54 所示，C1、C2 接在被测电阻的外侧，P1、P2 接在被测电阻的内侧。连接导线应较粗较短，接头要接牢。

(6) 估计被测电阻的大小，选择适当的倍率，被测电阻的范围与倍率位置选择按表 1-6 选取。

表 1-6　被测电阻与倍率的对照表

序号	倍率	被测电阻的范围 (Ω)
1	×100	1.1～11
2	×10	0.11～1.1
3	×1	0.011～0.11
4	×0.1	0.0011～0.011
5	×0.01	0.00011～0.0011

(7) 先按下“B”按钮，再按下“G”按钮。根据检流计指针的偏转方向，逐渐增大或减少步进读数开关和滑线盘的电阻数值，使检流计指针指向“0”位置。

(8) 上述的平衡，称为初步平衡，电桥初步平衡后，要加大电桥的灵敏度，并调节检流计零位，再次调节滑线读数盘，使电桥平衡。这样逐渐地增加灵敏度，不断地调节平衡，直至灵敏度达到最大，检流计指针指在“0”位置稳定不变的情况下，测量才结束。这时，读取步进盘读数和滑线盘读数并相加，则被测电阻的大小为

$$被测电阻=倍率读数\times(步进盘读数+滑线盘读数)$$

(9) 断开时，应先断开“G”按钮，再断开“B”按钮。严禁检流计“G”没断开时，先断开电池开关“B”。以免由于被测设备存在大电感，在断开电源瞬间感应的感应电动势对电桥反击，烧坏检流计。

(10) 由于双臂电桥的工作电流较大，所以测量要迅速，以免消耗电能过多，测量结束后应立即切断电源。

(11) 电桥使用完毕后，“G”与“B”按钮应松开。“B_1”开关应放在“断”位置，避免浪费检流计放大器工作电源。

(12) 如电桥长期不用，应将电池取出。

六、绝缘电阻表

电力线路和电气设备的绝缘是否良好，直接关系到这些设备能否安全运行。绝缘材料由

于受热、受潮、污染、老化等原因使其绝缘电阻下降，所以必须定期对绝缘电阻进行检测。

绝缘电阻表是用来测量高值电阻（主要是电气设备的绝缘电阻）的直读式仪表。

（一）绝缘电阻表的选择

（1）额定电压的选择：绝缘电阻表的额定电压应与被测电气设备或线路的工作电压相适应。绝缘电阻表的电压选择过低，测量结果不能正确反映被测设备在工作电压下的绝缘电阻；选用电压过高的绝缘电阻表来测量低压电气设备的绝缘电阻，容易使设备的绝缘受到损坏。通常电压在500V以下的设备应选用500V或1000v的绝缘电阻表；额定电压在500V以上的设备应选用1000V或2500V的绝缘电阻表。

（2）测量范围的选择：绝缘电阻表的测量范围（量程）应与测量对象的绝缘电阻相吻合，以免读数产生较大误差。有些绝缘电阻表的标尺不是从0开始，而是从1MΩ或2MΩ开始，这种绝缘电阻表不宜用来测量低绝缘电阻的设备。还有些绝缘电阻表的表头刻度线上有2个小黑点，小黑点之间的区域为准确测量区。所以，测量时，应使设备的测量值在准确测量范围内。

（二）绝缘电阻表的检查

测量前应对绝缘电阻表进行检查，判定绝缘电阻表的好坏。

（1）绝缘电阻表开路时，即将绝缘电阻表平放，使LE两个端钮开路，摇动手柄至额定转速，看指针是否在“∞”处。

（2）绝缘电阻表短路时，即停止摇动后，用导线短接LE接线柱，再缓慢摇动手柄（以免太快电流过大而烧坏线圈），看指针是否在“0”处。注意在摇动手柄时不得让L和E短接时间过长，否则将损坏绝缘电阻表。

如果开路时指针不在“∞”处，或短路时指针不在“0”处，都表明绝缘电阻表已经损坏，不能使用。

（三）绝缘电阻表的接线

绝缘电阻表一般有三个接线柱，分别标有“L”（线）、“E”（地）、“G”（屏）。一般情况下，被测绝缘电阻 R_x 接于L和E端之间，L端接被测设备的导体，E端接设备外壳或其他导体部分。如在测量电缆芯线和外皮之间的绝缘电阻时，L端接电缆芯线，E端接外皮，如图1-55所示。

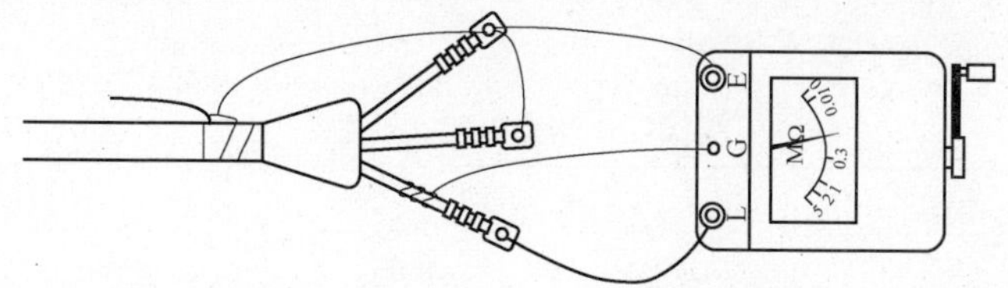

图1-55　绝缘电阻表测量10kV电力电缆相对地绝缘电阻的接线图

有时在测量时，由于所测设备的外壳不干净或表面已受潮，即在线与地之间存在漏电现象，而这一漏电电流的大小直接影响到测量结果。消除表面泄漏电流影响的具体做法是：将一只金属遮护环（保护环）包在绝缘体表面，并用导线将金属环与绝缘电阻表的屏蔽端子（G）相连，使绝缘体表面的泄漏电流不流过测量线圈，从而消除了泄漏电流的影响，所测量到的绝缘电阻就是设备本身的实际电阻。如测量电缆芯线和外皮的绝缘电阻时，应连接屏蔽端G，如图1-55所示。

（四）使用绝缘电阻表注意事项

（1）测量前，应切断被测设备的电源，对于容量较大的设备（如大型变压器、电容器、电缆等），必须将其充分放电，以消除设备残存负荷。

（2）测量前，被测电气设备表面应擦拭干净，不得有污物，以免漏电影响测量的准确度。

（3）当用绝缘电阻表摇测电器设备的绝缘电阻时，一定要注意L和E两端不能接反，正确的接法是：L端接被测设备的导体，E端接的设备外壳，G屏蔽端接被测设备的绝缘部分。如果将L和E接反了，流过绝缘体内及表面的漏电流经外壳汇集到地，由地经L流进测量线圈，使G失去屏蔽作用而给测量带来很大误差。另外，因为E端的内部引线同外壳的绝缘程度比L端与外壳的绝缘程度要低，当绝缘电阻表放在地上使用时，采用正确接线方式时，E端对仪表外壳和外壳对地的绝缘电阻，相当于短路，不会造成误差，而当L与E接反时，E对地的绝缘电阻同被测绝缘电阻并联，而使测量结果偏小，给测量带来较大误差。

（4）L、E两端子引线应分开，两根连接线不得绞缠在一起，最好不使连线与地面接触，以免因连接线绝缘不良而引起误差。

（5）测绝缘电阻时，应由慢到快摇动手柄，若发现指针指零，表明被测绝缘电阻存在短路现象，此时不得继续摇动手柄，以防表内动圈发热而损坏，摇手柄时，不得忽快忽慢，以免指针晃动过大而引起误差，摇动速度一般在120r/min，但可在±20%范围内变动，最多不超过±25%。

（6）等指针稳定时才能读数。对有电容的被测设备更应注意这一点。

（7）测量电容性电气设备的绝缘电阻，测完后立即将被测设备进行放电。

（8）测量工作一般有2人完成，在绝缘电阻表未停止转动和被测设备未放电前，不能用手触摸测量部分和绝缘电阻表的接线柱或进行拆除导线等工作，以免发生触电等事故。

（9）禁止在雷电天气或在邻近有带高压导体的设备处使用绝缘电阻表测量。

任务实施

一、用伏安法测量电阻

（1）用两种测量方法分别测量空芯电感线圈和滑线电阻器的电阻，选择好电压表与电流表的量程，将测量数据填于表1-7中。

表1-7　　用伏安法测量电阻实验数据

被测元件 R_x	空芯电感线圈		滑线变阻器	
电压表接法	前接	后接	前接	后接
电压 U(V)				
电流 I(mA)				
电阻 $R'_x=\frac{U}{I}$ (Ω)				
误差 $\gamma=\frac{R'_x-R_x}{R_x}\times100\%$				
分析结果	应采取________法		应采取________法	

(2) 将测量结果与标示值进行比较，验证用伏安法测量电阻的两种电路的适用情况。

二、用万用表测量电阻

(1) 用万用表测量电阻箱的阻值，改变电阻箱的阻值进行测量，并记录相关测试数据。自行设计数据记录表格。仪表使用方法要正确，改变相关阻值，小组每位同学测试一遍，并做好记录。

(2) 用万用表的电阻挡查找简单电路故障。

三、用直流单臂电桥测量电阻

用 QJ23 型直流单臂电桥测量可变电阻箱的阻值。单臂电桥的使用方法要正确，改变相关阻值，小组每位同学测试一遍，并做好记录。

四、用直流双臂电桥测量电阻

用 QJ44 型直流双臂电桥测量小型电流互感器一次侧或二次侧的电阻。

(1) 被测电阻接入电桥时，一定要将电位端钮连接在被测物体之内，电流端钮连接到被测物体之外，且连接导线一定要用粗而短的导线。

(2) 开始测量时，检查电桥的灵敏度是否在最低位置，电桥平衡后要逐步加大灵敏度，加大灵敏度时，一定要记得检流计再次调零。这样多次反复调节电桥平衡，直至检流计的灵敏度达到最大，测量才算结束。双臂电桥检流计按钮与电源按钮的操作顺序与单臂电桥相同。小组每位同学测试一遍，并做好记录。

五、用绝缘电阻表测量绝缘电阻

用绝缘电阻表测量实验室自耦调压器的线圈与外壳之间的绝缘。

(1) 首先根据被测设备的电压等级选取绝缘电阻表，一般情况下，测量低压电气设备绝缘电阻时，可选用测量电阻范围为 0～200MΩ、电压为 500V 的绝缘电阻表。

(2) 检查绝缘电阻表的好坏情况，即将绝缘电阻表做开路检查和短路检查，如果开路时指针指向“∞”，短路时指针指向“0”，则说明绝缘电阻表完好，否则要送检修后方可使用。

(3) 接线。将自耦调压器的线圈的导体连接到绝缘电阻表的 L 端，外壳接 E 端。

(4) 测量。均匀地摇动绝缘电阻表的手柄，使其最终速度达到 120r/min，等指针稳定进行读数。

(5) 绝缘电阻表未停止转动和被测设备未放电前，不能用手触摸测量部分和绝缘电阻表的接线柱或进行拆除导线等工作，以免发生触电等事故。

习　题

1-1　已知电路中 A、B 两点间的电压 $U_{ab}=-30V$，A 点的电位 $\varphi_A=5V$，那么 B 点的电位为多少？若以 B 点为参考点，那么 A 点的电位又是多少？

1-2　如图 1-56 所示电路中，各元件电压电流的参考方向如图所示，通过试验测得各电压、电流的值为：$I_1=-7A$，$I_2=6A$，$I_3=1A$，$U_1=14V$，$U_2=-9V$，$U_3=39V$，$U_4=23V$，$U_5=-30V$。试标出各电压、电流的实际方向。

1-3　如图 1-57 所示电路中，求开关 S 断开时 U_{ab} 以及开关 S 闭合时 I_{ab}。

1-4　求图 1-58 所示各电路的等效电阻 R_{ab}。

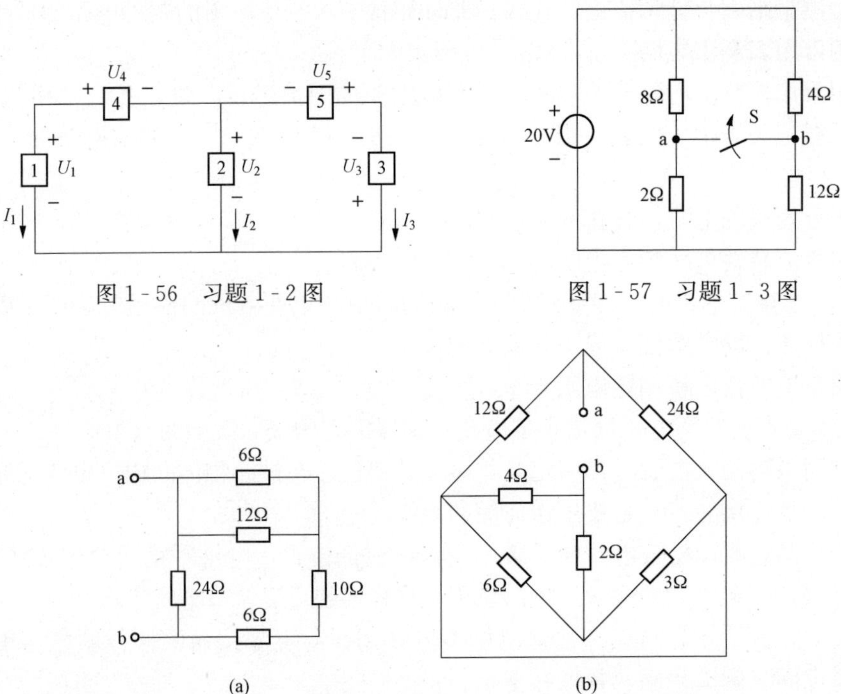

图 1-56 习题 1-2 图

图 1-57 习题 1-3 图

图 1-58 习题 1-4 图

1-5 对如图 1-59 所示各电路进行等效变换，将电路化成最简电路。

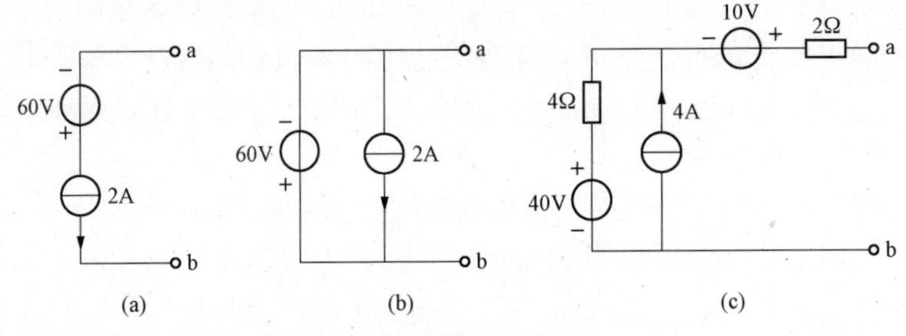

图 1-59 习题 1-5 图

1-6 用电源等效法计算图 1-60 电路中的电流 I。

1-7 用弥尔曼定理求图 1-61 所示电路中的电流 I。

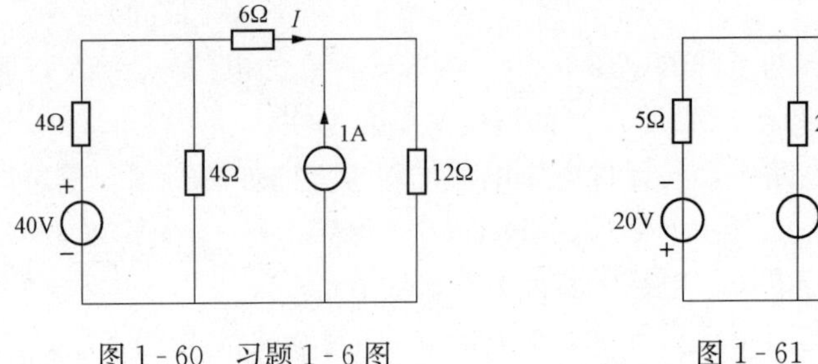

图 1-60 习题 1-6 图

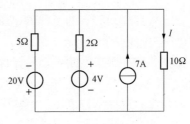

图 1-61 习题 1-7 图

1-8　用叠加定理求图 1-62 所示电路中的电压 U。

1-9　用戴维南定理求图 1-63 所示电路中的电流 I。

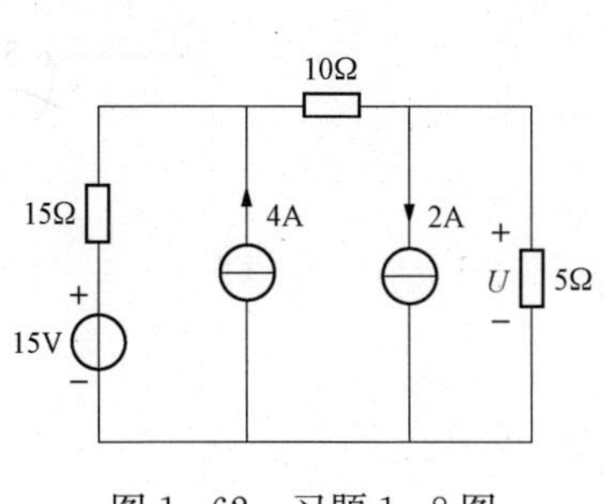

图 1-62　习题 1-8 图

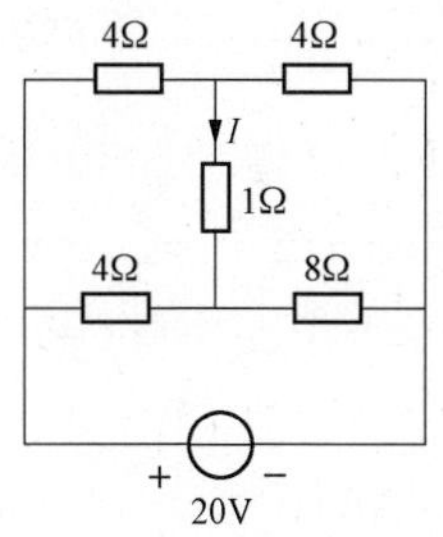

图 1-63　习题 1-9 图

评价表

项目：直流电路的测量

评价内容		分值	评分
目标认知程度	工作目标明确，工作计划具体，结合实际，具有可操作性	10	
学习态度	工作态度端正，注意力集中，能使用网络资源进行相关资料搜集	10	
团队协作	积极与他人合作，共同完成工作任务	10	
专业能力要求	掌握电路的基本概念和基本定律，并学会应用电路基本定律计算电路的电压、电流、电位、功率和电能；掌握直流电路的基本分析方法；学会用直流电压表、直流电流表进行直流电压和直流电流的测量；学会使用伏安法测量电阻；学会使用万用表、直流电桥测量电阻；学会使用绝缘电阻表检测电气设备的绝缘电阻；了解操作过程中的安全注意事项	70	
总分			

学生自我总结：

指导老师评语：

项目完成人签字： 日期： 年 月 日

指导老师签字： 日期： 年 月 日

项目二　单相交流电路的测量与安装

引导文

<table>
<tr><td>1</td><td>项目导学</td><td>

(1) 中国大陆电力系统的交流标准频率（简称工频）是多少？

(2) $i_1=3\sin(100\pi t-56.8°)$mA，$i_2=7\sqrt{2}\cos100\pi t$mA，$u=220\sqrt{2}\sin\left(300\pi t+\frac{\pi}{4}\right)$V，把以上正弦量表示成相量。$\dot{U}$ 能与 $\dot{I}_1$、$\dot{I}_2$ 作在同一个相量图上吗？为什么？

(3) ①写出正弦电路中电阻元件的电压与电流的相量关系式。②写出正弦电路中电感元件的电压与电流的相量关系式。③写出正弦电路中电容元件的电压与电流的相量关系式。

(4) 已知 $i_1=\sqrt{2}I_1\sin(100\pi t+\psi_1)A$，$i_2=\sqrt{2}I_2\sin(100\pi t+\psi_2)$A，问：①什么时候它们和的有效值最大？等于多少？②什么时候它们和的有效值最小？等于多少？③什么时候它们和的有效值等于 $\sqrt{I_1^2+I_2^2}$？

(5) 在电阻串联电路中，端电压一定大于其中任何一个电阻的电压。那么，在 RLC 串联正弦稳态电路中，端电压也一定大于其中任何一个元件的电压吗？为什么？

(6) 在 R、L、C 三个元件并联的正弦稳态电路中，每个元件的电流的有效值一定小于总电流的有效值吗？为什么？

(7) 什么是谐振？串联谐振有哪些特点？并联谐振有哪些特点？

(8) 提高功率因数有什么意义？

(9) 能否采用电容器和负载串联的方法来提高功率因数？

(10) 与感性负载并联的电容量 C 越大，功率因数就越高吗？在图 2-1 中，改变电容 C，功率表读数 P 将如何变化？

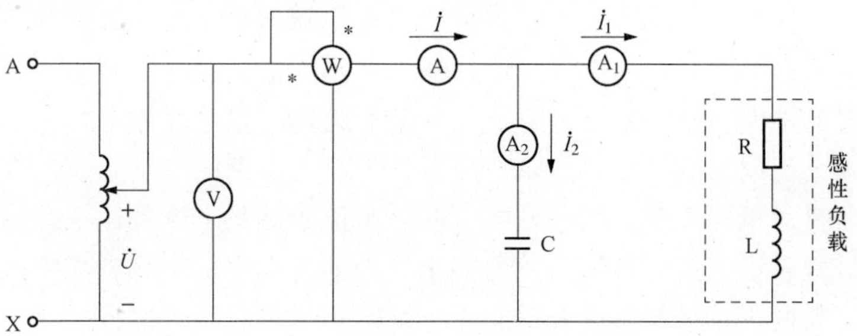

图 2-1　与感性负载并联的电容器

(11) 请写出所需要使用的电工工具的名称、功能及使用方法。

(12) 照明电路的安装有哪些技术要求？

</td></tr>
<tr><td>2</td><td>项目计划</td><td>

(1) 画出实验电路图。

(2) 选择相关仪器、仪表，制定设备清单。

(3) 制作任务实施情况检查表，包括小组各成员的任务分工、任务准备、任务完成、任务检查情况的记录、以及任务执行过程中出现的困难及应急情况处理等。

</td></tr>
</table>

续表

3	项目决策	(1) 分小组讨论，分析各自计划，确定单相交流电路的测量与安装的实施方案。 (2) 每组选派一位成员阐述本组单相交流电路的测量与安装的实施方案。 (3) 老师指导并确定最终的单相交流电路的测量与安装的实施方案。
4	项目实施	(1) 在交流电路中，各元件电压的有效值是否满足 KVL 定律？ (2) 电容和电感元件是否消耗有功功率？ (3) 并联电容器前后，感性负载电流 I_1 有无变化？总电流 I 有无变化？ (4) 完成过程中发现了什么问题？如何解决这些问题？ (5) 用表格记录测试的数据，对整个工作的完成进行记录。
5	项目检查	(1) 学生填写检查表。 (2) 教师记录每组学生任务完成情况。 (3) 每组学生将完成的任务结合导学知识进行总结。
6	项目评价	(1) 小组讨论，自我评述完成任务情况及操作中发生的问题，并提出整改方案。 (2) 小组准备汇报材料，每组选派代表进行 PPT 汇报。 (3) 针对该项目完成情况，老师对每组同学进行综合评价。

任务一　交流电压和电流的测量

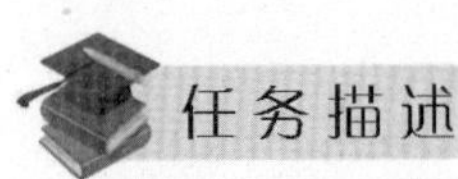

交流电在工农业生产和日常生活中应用极为广泛。交流电之所以得到广泛应用，是由于它具有良好的性能。例如，交流发电机和交流电动机比直流电机的结构简单，造价更低，运行可靠，维护方便；交流电可以直接通过变压器得到不同等级的电压，以满足高压输电和低压用电的要求。因此，不论是发电、输电还是用电，交流电都得到了普遍应用。即使某些应用直流电的地方，也多是通过整流设备把交流电变换为直流电。

因为交流电的应用极为普遍，所以掌握交流电路的基本知识，有着很重要的意义。本项任务是通过对单相正弦交流电路的电压、电流的测量，达到以下目标：

(1) 理解正弦量的有效值、角频率、周期、频率、初相、相位差、超前、滞后的概念。

(2) 掌握正弦量的相量表示法。

(3) 掌握基尔霍夫定律的相量形式。

(4) 掌握正弦电路中的电阻、电感和电容元件的伏安关系。

(5) 能够分析计算简单正弦交流电路的电压、电流。

(6) 能够根据电路图进行电气设备的安装与连接。

(7) 熟练掌握交流电压表、电流表的使用方法。

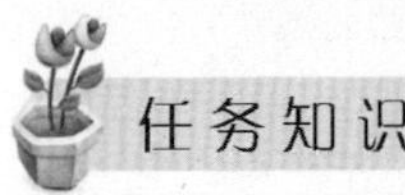

一、正弦量的基本概念

随时间按正弦规律变化的电流、电压，分别称为正弦交流电流、正弦交流电压，统称为正弦量。

电流、电压在任一时刻的数值称为瞬时值。瞬时值用小写字母表示，如 i、u、e 分别表示电流、电压、电动势的瞬时值。

一个正弦交流电压，在选择了参考方向后，其瞬时值解析式为

$$u(t)=U_{\mathrm{m}}\sin(\omega t+\psi) \tag{2-1}$$

瞬时值为正，表示实际方向与参考方向一致；瞬时值为负，表示实际方向与参考方向相反。图 2-2 为该正弦电压随时间 t 变化的波形。

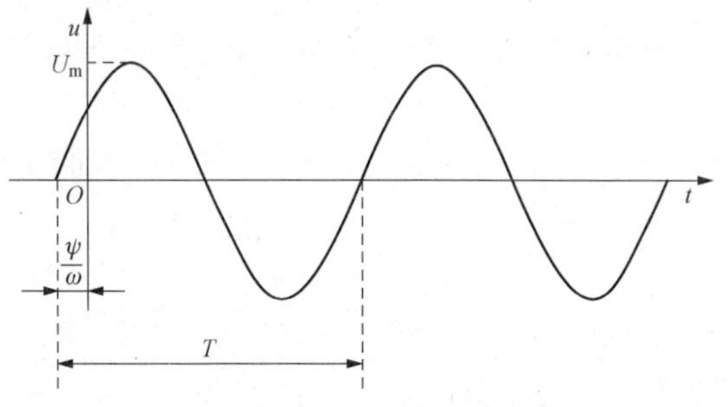

图 2-2　正弦电压的波形

（一）正弦量的三要素

1. 最大值

正弦量在整个变化过程中所能达到的最大数值，称为最大值，也叫做振幅或幅值。从图 2-2 所示的正弦电压波形可以看出，该正弦电压在整个变化过程中所能达到的最大数值为 U_{m}，故 U_{m} 为该正弦电压的最大值。

最大值用带下标 m 的大写字母表示。如，电压的最大值为 U_{m}，电流的最大值为 I_{m}。

2. 角频率

式（2-1）中的（$\omega t+\psi$）称为正弦量的相位角，简称为相位。正弦量的相位是随时间变化的。相位随时间变化的速率

$$\frac{\mathrm{d}}{\mathrm{d}t}(\omega t+\psi)=\omega$$

式中：ω 称为角频率，角频率的 SI 单位为 rad/s（弧度/秒）。

角频率 ω 是表示正弦量变化快慢的物理量。表示正弦量变化快慢的物理量还有周期 T 和频率 f。

正弦量变化一个循环需要的时间，称为正弦量的周期，用符号 T 表示，其 SI 单位为 s（秒）。

正弦量单位时间内循环变化的次数称为正弦量的频率，用符号 f 表示，其 SI 单位为 Hz（赫兹，简称为赫）。此外，还常用 kHz（千赫兹）和 MHz（兆赫兹）。

世界上有些国家和地区（中国大陆、俄罗斯、英国、法国、德国、新加坡等）工业用电的频率（简称工频）为 50Hz，还有些国家和地区（美国、加拿大、巴西、中国台湾、韩国等）的工频为 60Hz。

频率与周期的关系为

$$f=\frac{1}{T}$$

一个周期 T 的时间，正弦量的相位角变化 2π，所以正弦量的角频率 ω、T、f 三者的关系为

$$\omega=\frac{2\pi}{T}=2\pi f$$

中国大陆和香港的工频为 50Hz，则周期为

$$T=\frac{1}{f}=\frac{1}{50}\text{s}=0.02\text{s}$$

角频率为

$$\omega=2\pi f=2\pi\times 50\text{rad/s}=100\pi\text{rad/s}\approx 314\text{rad/s}$$

3. 初相位

正弦量的相位为（$\omega t+\psi$）。当$t=0$时（即计时起点），正弦量的相位为ψ，称为初相位，简称初相。初相的单位为 rad（弧度）或°（度）。通常规定初相的绝对值不超过 π，即

$$|\psi|\leqslant\pi$$

$t=0$时刻为正弦量的计时起点，$t=0$时正弦量的值称为正弦量的初始值。式（2-1）正弦量的初始值为

$$u(0)=U_m\sin\psi$$

正弦量的初相和初始值均与计时起点的选择有关。同一正弦量，计时起点选择不同，其初相和初始值也将不同。

我们通常把初相为零的正弦量称为参考正弦量。

一个正弦量的最大值、角频率和初相确定了，该正弦量也就确定了。所以，最大值、角频率、初相称为正弦量的三要素。

【例 2-1】 已知工频正弦电压的最大值为 100V，初相为 45°，试写出该正弦电压的解析式。

解 因为是工频正弦电压，所以频率$f=50\text{Hz}$。该正弦电压的三要素分别为

最大值为

$$U_m=100\text{V}$$

角频率为

$$\omega=2\pi f=2\pi\times 50\text{rad/s}=100\pi\text{rad/s}$$

初相为

$$\psi=45°$$

该正弦电压的解析式为

$$u(t)=U_m\sin(\omega t+\psi)\text{V}=100\sin(100\pi t+45°)\text{V}$$

【例 2-2】 已知正弦电流$i_{ab}=20\sin\left(100\pi t-\frac{\pi}{6}\right)\text{mA}$，其参考方向如图 2-3 所示。

（1）试画出i_{ab}的波形，指出其三要素，并求出T和f。

（2）求$t=20\text{ms}$时i_{ab}的瞬时值和实际方向；

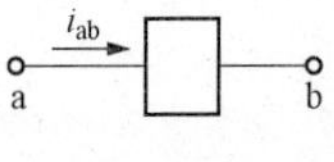

（3）若电流的参考方向与图 2-3 中所示相反，写出i_{ba}的解析式，画出i_{ba}的波形，并求当$t=20\text{ms}$时i_{ba}的瞬时值和实际方向。

图 2-3 【例 2-2】图

解 （1）$i_{ab}=20\sin\left(100\pi t-\frac{\pi}{6}\right)\text{mA}$，其三要素分别为

最大值

$$I_{abm}=20\text{mA}$$

角频率

$$\omega=100\pi\text{rad/s}$$

初相

$$\psi=-\frac{\pi}{6}$$

周期

$$T=\frac{2\pi}{\omega}=\frac{2\pi}{100\pi}\text{s}=0.02\text{s}$$

频率

$$f=\frac{1}{T}=\frac{1}{0.02}\text{Hz}=50\text{Hz}$$

i_{ab}的波形如图 2 - 4 中所示。

(2) 当 t=20ms 时，

$$i_{ab}(0.02)=20\sin\left(100\pi\times0.02-\frac{\pi}{6}\right)=-10(\text{mA})$$

因为 $i_{ab}(0.02)=-10\text{mA}<0$，表明当 t=20ms 时，电流的实际方向与参考方向相反，即实际方向为从 b 到 a。

(3) 同一电流，若参考方向选择不同，则大小相等，符号相反，即 $i_{ba}=-i_{ab}$。i_{ab}和 i_{ba}的波形是关于 ωt 轴对称的，如图 2 - 4 所示，i_{ab}和 i_{ba}的初相相差±π。因为规定初相的绝对值不超过 π，所以 i_{ba}的初相为

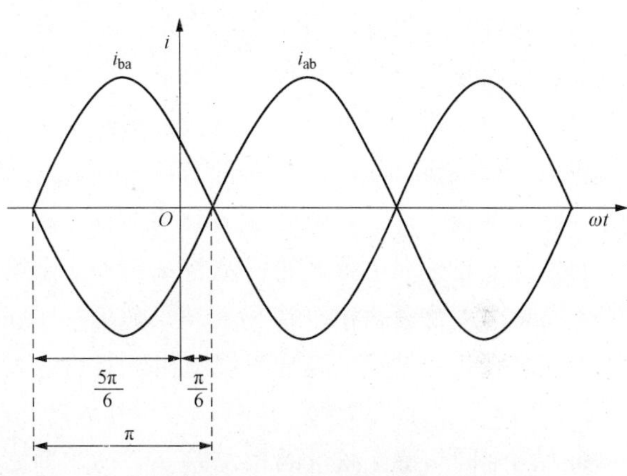

图 2 - 4　i_{ab}和 i_{ba}的波形

$$-\frac{\pi}{6}+\pi$$

i_{ba}的解析式为

$$i_{ba}=-i_{ab}=-20\sin\left(100\pi t-\frac{\pi}{6}\right)\text{mA}=20\sin\left(100\pi t-\frac{\pi}{6}+\pi\right)\text{mA}=20\sin\left(100\pi t+\frac{5\pi}{6}\right)\text{mA}$$

当 t=20ms 时，

$$i_{ba}(0.02)=20\sin\left(100\pi t\times0.02+\frac{5\pi}{6}\right)\text{mA}=10\text{mA}$$

$i_{ba}(0.02)=10\text{mA}>0$，表明当 t=20ms 时，电流的实际方向与其参考方向相同，即实际方向为从 b 到 a。与 (2) 的结果一致。

通过【例 2 - 2】可知，同一正弦量，若参考方向选择不同，瞬时值大小相等，符号相反，正弦量的初相相差±π。如 $u_{ab}=U_m\sin(\omega t+\psi)$，则

$$u_{ba}=-u_{ab}=-U_m\sin(\omega t+\psi)=U_m\sin(\omega t+\psi\pm\pi)$$

由于通常规定初相的绝对值不超过 π，所以当 $\psi>0$ 时，u_{ba}的初相为 $\psi-\pi$，当 $\psi<0$ 时，u_{ba}的初相为 $\psi+\pi$。

正弦量的最大值、角频率、周期、频率与参考方向的选择无关，正弦量的实际方向也与参考方向的选择无关。

(二) 相位差

相位差是两个正弦量的相位之差。设有两个正弦量 $i_1=I_{m1}\sin(\omega_1 t+\psi_1)$ 和 $i_2=I_{m2}\sin(\omega_2 t+\psi_2)$，它们的相位分别为 $(\omega_1 t+\psi_1)$ 和 $(\omega_1 t+\psi_1)$，则它们的相位差为

$$\varphi_{12}=(\omega_1 t+\psi_1)-(\omega_2 t+\psi_2)=(\omega_1-\omega_2)t+(\psi_1-\psi_2)$$

当 $\omega_1\neq\omega_2$ 时，φ_{12}是随时间变化的。不同频率的两个正弦量的相位差是随时间变化的。

当 $\omega_1=\omega_2=\omega$ 时，相位差为

$$\varphi_{12}=(\omega t+\psi_1)-(\omega t+\psi_2)=(\omega-\omega)t+(\psi_1-\psi_2)=\psi_1-\psi_2$$

同频率两个正弦量的相位差是不随时间变化的常数，等于初相之差，即

$$\varphi_{12}=\psi_1-\psi_2 \tag{2-2}$$

一般所说的相位差，都是指同频率正弦量的相位差。

两个同频率正弦量之间存在相位差，表明它们在变化过程中，在不同的时间到达零值或最大值，到达零值或最大值有先后顺序。先到达零值或最大值的叫超前，后到达零值或最大值的叫滞后。如图 2-5 所示，$\psi_1>\psi_2$，则 i_1 比 i_2先到达对应的零值或最大值，$\varphi_{12}=\psi_1-\psi_2>0$，表明 i_1 比 i_2超前 φ_{12}，或者说 i_2 比 i_1滞后 φ_{12}。如果 $\varphi_{12}=\psi_1-\psi_2<0$，则与上述情况相反，表明 i_1 比 i_2滞后 $|\varphi_{12}|$，或者说 i_2 比 i_1 超前 $|\varphi_{12}|$。

如果两个同频率正弦量的相位差 $\varphi_{12}>0$，则第一个正弦量比第二个正弦量超前 φ_{12}；如果两个同频率正弦量的相位差 $\varphi_{12}<0$，则第一个正弦量比第二个正弦量滞后 $|\varphi_{12}|$。为了使超前或滞后关系不发生混乱，规定相位差的绝对值也不能超过 π，即相位差的取值范围为

$$|\varphi|\leqslant\pi$$

如果两个同频率正弦量的相位差 $\varphi_{12}=0$，即 $\varphi_{12}=\psi_1-\psi_2=0$，$\psi_1=\psi_2$，两个正弦量的初相相等，相位差为零，这两个正弦量同时到达零值，同时到达最大值，这种情况称为同相。如图 2-6 所示，i_1 与 i_2 同相。

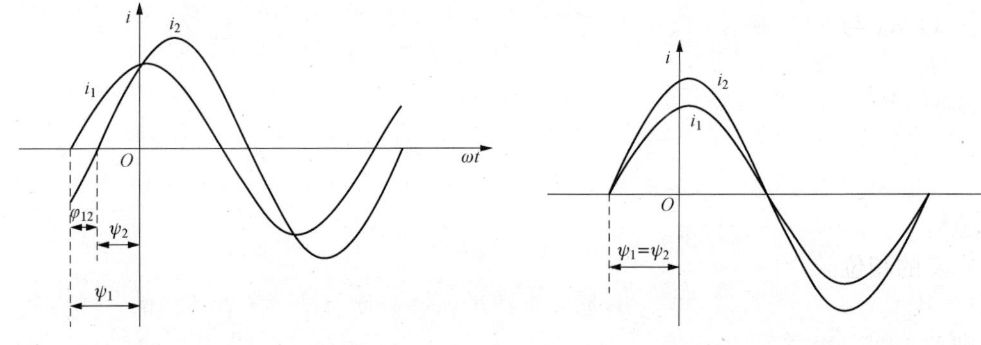

图 2-5　i_1 比 i_2 超前 φ_{12}　　　图 2-6　i_1 与 i_2 同相

如果两个同频率正弦量的相位差 $\varphi_{12}=\pm\pi$，即 $\varphi_{12}=\psi_1-\psi_2=\pm\pi$，$\psi_1=\psi_2\pm\pi$，两个正弦量的初相相差为 π，当一个正弦量到达正的最大值时，另一个正弦量到达负的最大值。一个正弦量为正时另一个为负，它们在任一瞬间的值总是异号的，这种情况称为反相。如图 2-7 所示，i_1 与 i_2 反相。同一正弦量，若参考方向选择不同，u_{ab} 与 u_{ba} 反相。

如果两个同频率正弦量的相位差 $\varphi_{12}=\pm\frac{\pi}{2}$，即 $\varphi_{12}=\psi_1-\psi_2=\pm\frac{\pi}{2}$，$\psi_1=\psi_2\pm\frac{\pi}{2}$，两个正弦量的初相相差为 π/2，当一个正弦量到达最大值时，另一个正弦量到达零值，这种情况称为正交。如图 2-8 所示，i_1与 i_2正交。

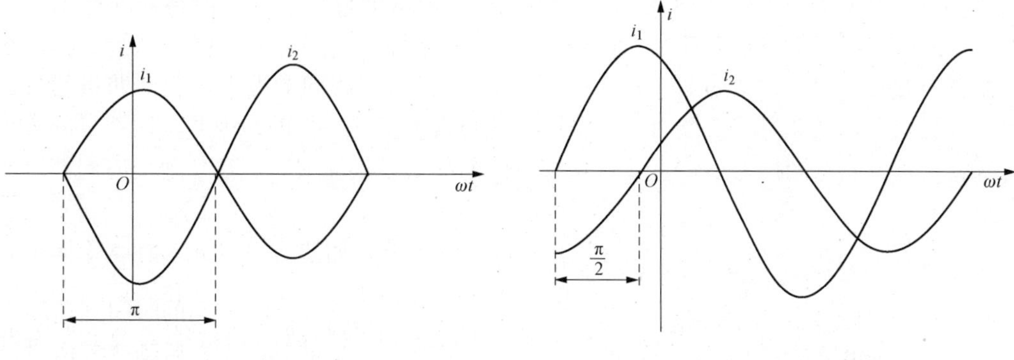

图 2-7　i_1 与 i_2 反相　　　图 2-8　i_1 与 i_2 正交

同频率正弦量的相位差是不随时间变化的常数，与计时起点的选择无关。在线性定常电路中，若所有激励都是同频率的正弦量，则在稳定状态下的响应也都是与激励同频率的正弦量。为了分析计算方便，常在同一个电路中选择一个正弦量为参考正弦量，设其初相为零，则其他正弦量的初相就等于它们与参考正弦量的相位差。

【例 2-3】 已知三个正弦电压分别为

$$u_A = 220\sqrt{2}\sin(100\pi t + 30°)\text{V}$$

$$u_B = 220\sqrt{2}\sin(100\pi t - 90°)\text{V}$$

$$u_C = 220\sqrt{2}\sin(100\pi t + 150°)\text{V}$$

(1) 求每两个电压间的相位差，并指出哪个超前哪个滞后；

(2) 已知电压 u_A 比一个同频率的正弦电流 i 滞后 60°相位角，求 i 的初相。

解　(1) u_A 与 u_B 的相位差为

$$\varphi_{AB} = \psi_A - \psi_B = 30° - (-90°) = 120°$$

u_A 比 u_B 超前 120°。

u_B 与 u_C 的相位差为

$$\varphi_{BC} = 360° + (\psi_B - \psi_C) = 360° - 240° = 120°$$

u_B 比 u_C 超前 120°。

u_C 与 u_A 的相位差为

$$\varphi_{CA} = \psi_C - \psi_A = 150° - 30° = 120°$$

u_C 比 u_A 超前 120°。

(2) 因为电压 u_A 比电流 i 滞后 60°相位角，所以

$$\varphi = \psi_A - \psi_i = -60°$$

$$\psi_i = \psi_A + 60° = 30° + 60° = 90°$$

即 i 的初相为 90°。

(三) 有效值

电路的主要功能之一是进行能量转换。由于交流电压、电流的大小随时间变化，无法直观的由瞬时值或最大值看出交流电压、电流在能量转换方面的能力大小，为此，引入有效值的概念。

1. 周期量的有效值

有效值的定义：一个周期量和一个直流量，分别作用于相同的电阻，若在一个周期（或

一个周期的任意整数倍）时间内消耗的电能相等，则这个直流量的数值称为周期量的有效值。有效值用大写字母表示，如U、I等。

在相同的时间内（一个周期或其任意整数倍），作用于相同的电阻，若周期量与直流量消耗的电能相等，就能量转换能力来说，周期量与直流量是等效的。因此，周期量的大小用有效值表示时，它与同样大小的直流量具有相同的能量转换能力，能清楚地反应周期量的实际作用。

图 2-9 直流电流和交流电流

以电流为例，如图 2-9 所示，在两个阻值相同的电阻上，分别通入直流电流I和周期性交流电流i，比较两者在相同时间内的消耗的电能。若两者消耗的电能相同，则称直流电流I的数值为周期性交流电流i的有效值。

周期性交流电流在一个周期T消耗的电能为

$$W_1 = \int_0^T i^2 R \mathrm{d}t$$

直流电流在同一时间T内消耗的电能为

$$W_2 = I^2 RT$$

若两者消耗的电能相同，即

$$I^2 RT = \int_0^T i^2 R \mathrm{d}t$$

整理得

$$I = \sqrt{\frac{1}{T}\int_0^T i^2 \mathrm{d}t} \tag{2-3}$$

周期量的有效值等于该周期量瞬时值的二次方的平均值的算术平方根，简称为方均根值。这个结论也适用于周期性交流电压。

2. 正弦量的有效值

将正弦电流$i=I_\mathrm{m}\sin(\omega t+\psi_i)$代入式（2-3），得

$$I = \sqrt{\frac{1}{T}\int_0^T i^2(t)\mathrm{d}t} = \sqrt{\frac{1}{T}\int_0^T I_\mathrm{m}^2 \sin^2(\omega t+\psi_i)\mathrm{d}t} = \frac{I_\mathrm{m}}{\sqrt{2}}$$

即

$$I = \frac{I_\mathrm{m}}{\sqrt{2}} \tag{2-4}$$

式（2-4）表明正弦量的有效值等于最大值的$1/\sqrt{2}$。

日常所说的交流电压、电流的大小一般都是指有效值。交流电气设备的额定电压、额定电流都是有效值，如 220V、1000W 的电饭锅，是指该电饭锅的额定电压的有效值为 220V。交流电压表、电流表指示的数值一般情况下都是被测正弦量的有效值。

【例 2-4】 已知$u=220\sqrt{2}\sin\left(314t-\frac{2\pi}{3}\right)\mathrm{V}$，$i=-20\sin(314t+54.6°)\mathrm{mA}$。写出电压、电流的有效值。

解 $u=220\sqrt{2}\sin\left(314t-\frac{2\pi}{3}\right)\mathrm{V}$的最大值为$U_\mathrm{m}=220\sqrt{2}\mathrm{V}$，有效值为

$$U=\frac{U_m}{\sqrt{2}}=\frac{220\sqrt{2}}{\sqrt{2}}\text{V}=220\text{V}$$

$i=-20\sin(314t+54.6°)\text{mA}=20\sin(314t+54.6°-180°)\text{mA}=20\sin(314t-125.4°)\text{mA}$

电流 i 的最大值 $I_m=20\text{mA}$，有效值为

$$I=\frac{I_m}{\sqrt{2}}=\frac{20}{\sqrt{2}}\text{mA}=10\sqrt{2}\text{mA}$$

二、正弦量的相量表示法

在分析计算正弦交流电路时，必然会遇到正弦量的运算问题。如图 2-10 所示正弦交流电路中，已知 $u_1=30\sqrt{2}\sin(100\pi t+30°)\text{V}$，$u_2=40\sqrt{2}\sin(100\pi t-60°)\text{V}$，求电压 u。

由基尔霍夫电流定律可知 $u=u_1+u_2$，即

$$u=u_1+u_2=30\sqrt{2}\sin(100\pi t+30°)+40\sqrt{2}\sin(100\pi t-60°)$$

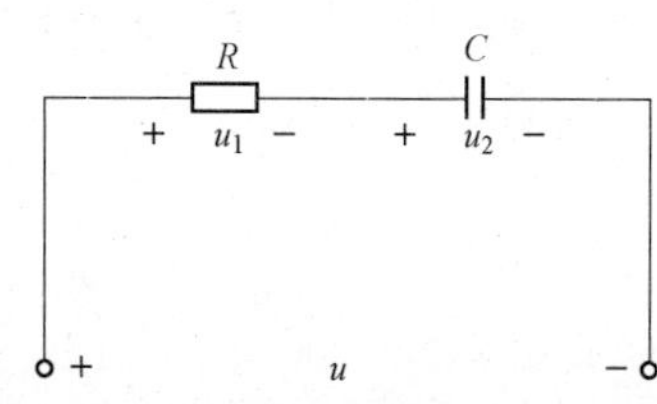

图 2-10　RC 串联正弦交流电路

在分析计算电路时，经常要进行各种运算。在正弦交流电路中，电压、电流都是正弦量，正弦量既可以用解析式表示，也可以用正弦曲线表示，但是直接用正弦量的解析式和波形图进行运算比较烦琐。

一个正弦量的三要素确定了，该正弦量也就确定了。正弦量的三要素是最大值、角频率和初相，因此我们只要求出正弦量的最大值、角频率和初相，便可确定这个正弦量。

在线性电路中，若激励是同频率的正弦量，则全部稳态响应都是与激励同频率的正弦量。也就是说，在一个线性正弦交流电路中，各电压、电流的频率等于电源的频率。如果电源的频率是已知的，那么该电路所有电压、电流的频率都与电源的频率相同，也是已知的。这样每个正弦响应的三要素中，只有最大值和初相两个要素是待求的。

（一）正弦量的相量表示

频率已知的正弦量只有最大值和初相两个要素是待求的未知量。而复数也有模和辐角两个要素，所以，频率已知的正弦量与复数之间存在着对应的可能性。

表示正弦量的复数称为相量。用复数来表示正弦量，其对应关系是：复数的模对应正弦量的有效值（或最大值），复数的辐角对应正弦量的初相。相量用上面加一个圆点的大写字母表示。字母上的圆点，表明它是表示于某个正弦量的复数，而不是一般的复数。

模等于正弦量的有效值，辐角等于正弦量的初相的相量，称为有效值相量，用 $\dot{U}$、$\dot{I}$ 等表示。模等于正弦量的最大值，辐角等于正弦量的初相的相量，称为最大值相量，用 $\dot{U}_m$、$\dot{I}_m$ 等表示。如正弦电流 $i=I_m\sin(\omega t+\psi)=\sqrt{2}I\sin(\omega t+\psi)$，其有效值相量为 $\dot{I}=I\underline{/\psi}$，最大值相量为 $\dot{I}_m=I_m\underline{/\psi}$。图 2-10 所示正弦交流电路中的电压 $u_1=30\sqrt{2}\sin(100\pi t+30°)\text{V}$ 对应的有效值相量为 $\dot{U}_1=30\underline{/30°}\text{V}$，最大值相量为 $\dot{U}_{m1}=30\sqrt{2}\underline{/30°}\text{V}$。电压 $u_2=40\sqrt{2}\sin(100\pi t-60°)\text{V}$ 对应的有效值相量为 $\dot{U}_2=40\underline{/-60°}\text{V}$，最大值相量为 $\dot{U}_{m2}=40\sqrt{2}\underline{/-60°}\text{V}$。

正弦量的有效值等于最大值的 $1/\sqrt{2}$，正弦量的有效值确定了，最大值也就确定了。因为平常所涉及的一般都是正弦量的有效值，所以经常使用的是有效值相量。

（二）相量形式的基尔霍夫定律

基尔霍夫电流定律的内容是：在任一瞬间，与电路中任一节点相连接的各支路电流的代

数和为零，即 $\sum i=0$。因为在同一正弦交流电路中，各电流均为与电源同频率的正弦量，可以用相量表示，因而可以表述为相量形式的 KCL：与正弦交流电路的任一节点相连接的各支路电流相量的代数和为零，即

$$\sum \dot{I}=0 \tag{2-5}$$

应用上式时，若规定参考方向背离节点的电流相量取正号，则参考方向指向节点的电流相量取负号。

基尔霍夫电压定律的内容是：在任一瞬间，电路中任一回路的各元件电压的代数和为零，即 $\sum u=0$。因为在同一正弦交流电路中，各电压均为与电源同频率的正弦量，可以用相量表示，因而可以表述为相量形式的 KVL：正弦交流电路的任一回路的各元件电压相量的代数和为零，即

$$\sum \dot{U}=0 \tag{2-6}$$

应用上式时，先选定一个绕行方向，参考方向与回路的绕行方向相同的电压相量取正号，参考方向与回路的绕行方向相反的电压相量取负号。

（三）复数的基本知识

1. 复数的表示形式

（1）代数形式为

$$\mathbf{A}=a+\mathrm{j}b$$

式中：a 称为复数的实部；b 称为复数的虚部；$\mathrm{j}=\sqrt{-1}$称为虚数单位。在数学中常用 i 表示。在电路分析中，为了避免与电流 i 混淆，虚数单位用 j 表示。a 是实数，jb 是虚数，复数是由实数与虚数之和构成的。

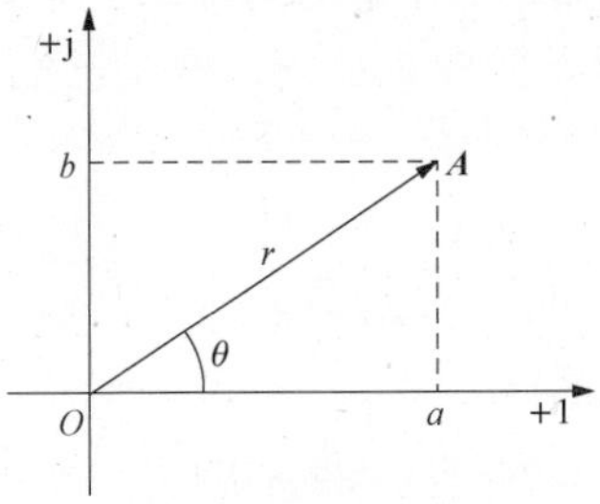

（2）矢量形式。复数 $\mathbf{A}=a+\mathrm{j}b$，可以用复平面上的一个矢量表示。如图 2-11 所示，矢量在实轴上的投影是复数的实部 a，矢量在虚轴上的投影是复数的虚部 b。矢量的长度 r 称为复数的模，矢量与正实轴的夹角 θ 称为复数的辐角。

图 2-11　复数的矢量表示

（3）三角形式。矢量在实轴上的投影是实部 a，矢量在虚轴上的投影是虚部 b，由图 2-11 可知

$$\left.\begin{aligned}a&=r\cos\theta\\ b&=r\sin\theta\end{aligned}\right\} \tag{2-7}$$

复数 $\mathbf{A}=a+\mathrm{j}b$ 可写成

$$\mathbf{A}=r(\cos\theta+\mathrm{j}\sin\theta)$$

复数的这种表示方式称为三角形式。

（4）指数形式。根据欧拉公式 $\mathrm{e}^{\mathrm{j}\theta}=(\cos\theta+\mathrm{j}\sin\theta)$，复数 $\mathbf{A}=r(\cos\theta+\mathrm{j}\sin\theta)$ 可写成

$$\mathbf{A}=r\mathrm{e}^{\mathrm{j}\theta}$$

复数的这种表示方式称为指数形式。

（5）极坐标形式。还常把复数 $\mathbf{A}=r\mathrm{e}^{\mathrm{j}\theta}$简写成

$$\mathbf{A}=r\angle\theta$$

复数的这种表示方式称为极坐标形式。

由图 2-11 可知，复数的模 r、辐角 θ 与实部 a、虚部 b 的关系是

$$\left.\begin{aligned} r &= \sqrt{a^2+b^2} \\ \theta &= \arctan\frac{b}{a} \end{aligned}\right\} \tag{2-8}$$

2. 复数的四则运算

(1) 复数相加减。将复数用代数形式表示便于进行加减运算。复数相加减时，实部与实部相加减，虚部与虚部相加减。例如有两个复数 $\mathbf{A}_1=a_1+\mathrm{j}b_1$，$\mathbf{A}_2=a_2+\mathrm{j}b_2$，则

$$\mathbf{A}_1 \pm \mathbf{A}_2 = (a_1+\mathrm{j}b_1) \pm (a_2+\mathrm{j}b_2) = (a_1 \pm a_2) + \mathrm{j}(b_1 \pm b_2)$$

(2) 复数相乘除。将复数用指数形式或极坐标形式便于进行乘除运算。复数相乘时，模相乘，辐角相加；复数相除时，模相除，辐角相减。如有两个复数 $A_1=r_1\underline{/\theta_1}$，$A_2=r_2\underline{/\theta_2}$，则

$$A_1 \cdot A_2 = r_1\underline{/\theta_1} \cdot r_2\underline{/\theta_2} = r_1 r_2\underline{/\theta_1+\theta_2}$$

$$\frac{A_1}{A_2} = \frac{r_1\underline{/\theta_1}}{r_2\underline{/\theta_2}} = \frac{r_1}{r_2}\underline{/\theta_1-\theta_2}$$

利用计算器可以方便地将复数的代数形式与极坐标形式进行互换，并进行四则运算。大多数函数计算器都带有复数运算功能，计算器的型号不同，可能方法或者功能键不同。请仔细阅读计算器的说明书，再用计算器进行复数的运算。

正弦量用相量表示后，同频率正弦量的运算就变成相应的复数运算。例如前面提到的图 2-10 所示正弦交流电路，已知 $u_1=30\sqrt{2}\sin(100\pi t+30^\circ)\,\mathrm{V}$，$u_2=40\sqrt{2}\sin(100\pi t-60^\circ)\,\mathrm{V}$，求电压 u。

先用相量表示各正弦量分别为

$$\dot{U}_1 = 30\underline{/30^\circ}\,\mathrm{V}$$

$$\dot{U}_2 = 40\underline{/-60^\circ}\,\mathrm{V}$$

再求两相量之和为

$$\begin{aligned} \dot{U} = \dot{U}_1 + \dot{U}_2 &= (30\underline{/30^\circ} + 40\underline{/-60^\circ})\,\mathrm{V} = [(25.98+\mathrm{j}15)+(20-\mathrm{j}34.64)]\,\mathrm{V} \\ &= (45.98-\mathrm{j}19.64)\,\mathrm{V} = 50\underline{/-23.1^\circ}\,\mathrm{V} \end{aligned}$$

由计算出来的相量 $\dot{U}$ 写出其所对应的正弦量为

$$u = 50\sqrt{2}\sin(100\pi t - 23.1^\circ)\,\mathrm{V}$$

由以上分析计算可知，分析计算正弦交流电路一般可按以下三个步骤进行：

第一步：用相量表示各正弦量；

第二步：进行相量计算，求出待求正弦量所对应的相量；

第三步：由计算出来的相量写出其所对应的正弦量。

(四) 相量图

将若干同频率正弦量所对应的相量用矢量表示，画在同一复平面上，得到的图形称为相量图。

相量图是分析计算正弦交流电路的重要工具，可以利用相量图来帮助我们分析问题和简化计算。例如有两个同频率的正弦电流 $i_1=10\sqrt{2}\sin(314t+60^\circ)\,\mathrm{mA}$，$i_2=10\sqrt{2}\sin(314t-$

30°)mA，这两个电流的相位差为

$$\varphi_{12}=\psi_1-\psi_2=60°-(-30°)=90°$$

即 i_1 比 i_2 超前 90°。

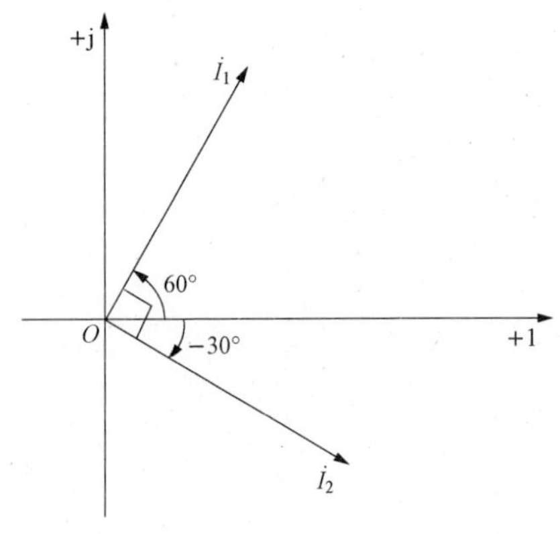

图 2-12　相量图

i_1、i_2 对应的相量分别为 $\dot{I}_1=10\angle 60°$mA、$\dot{I}_2=10\angle -30°$mA，相量图如图 2-12 所示。画相量图时，相同单位的量应按相同的比例尺来画。如 $I_1=I_2=10$mA，则相量 $\dot{I}_1$与相量 $\dot{I}_2$的长度应相等；如 $I_3=20$mA，$I_4=5$mA，则相量 $\dot{I}_3$的长度应为相量 $\dot{I}_4$的长度的 4 倍。不同单位的量，比例尺可以不相同。例如 1V 电压相量的长度与 1A 电流相量的长度可以不同。

在图 2-12 所示的相量图中，相量 $\dot{I}_1$与相量 $\dot{I}_2$的夹角为 90°，等于这两个电流的相位差，相量 $\dot{I}_1$在相量 $\dot{I}_2$的逆时针方向，表示 i_1比 i_2 超前 90°。相量图可以非常直观地表示各正弦量的相位关系。

同频率正弦量的相位差是不随时间变化的常数，同频率正弦量所对应的相量在复平面上的相对位置不随时间变化，所以可以画在同一相量图上。任意两个相量之间的夹角等于它们所对应的正弦量的相位差。

不同频率的正弦量的相位差是随时间变化的，它们对应的相量在复平面上的相对位置是随时间变化的，一般不能画在一个相量图上。

还可以利用相量图非常方便地进行加减运算。例如图 2-12 中的相量 $\dot{I}_1$与相量 $\dot{I}_2$，可运用平行四边形法则作图求出两相量之和 $\dot{I}=\dot{I}_1+\dot{I}_2$，如图 2-13（a）所示。因为相量 $\dot{I}_1$ 与相量 $\dot{I}_2$ 的夹角为 90°，所以 $\dot{I}$ 的模、辐角分别为

$$I=\sqrt{I_1^2+I_2^2}=\sqrt{10^2+10^2}\,\text{mA}=10\sqrt{2}\,\text{mA}$$

$$\psi=60°-\arctan\frac{I_2}{I_1}=60°-\arctan\frac{10}{10}=60°-45°=15°$$

即

$$\dot{I}=10\sqrt{2}\angle 15°\,\text{mA}$$

当有多个相量进行加减运算时，如采用平行四边形法则，将要在图上画出许多条线，这势必造成相量图不清晰，因此建议采用多边形法则。例如求 $\dot{U}=\dot{U}_1+\dot{U}_2-\dot{U}_3+\dot{U}_4-\dot{U}_5$，如图 2-14 所示，先画出 $\dot{U}_1$，接下来从 $\dot{U}_1$ 的末端画 $\dot{U}_2$，然后从 $\dot{U}_2$ 的末端画$-\dot{U}_3$，从$-\dot{U}_3$ 的末端画 $\dot{U}_4$，再从 $\dot{U}_4$ 的末端画$-\dot{U}_5$，最后连接 $\dot{U}_1$ 的始端到$-\dot{U}_5$ 的末端得到相量 $\dot{U}$。

图 2-12 中的相量 $\dot{I}_1$与相量 $\dot{I}_2$，运用多边形法则求 $\dot{I}=\dot{I}_1+\dot{I}_2$，先画出 $\dot{I}_1$，然后从 $\dot{I}_1$的末端画 $\dot{I}_2$，连接 $\dot{I}_1$的始端到 $\dot{I}_2$的末端得到相量 $\dot{I}=\dot{I}_1+\dot{I}_2$，如图 2-13（b）所示。当只有两个相量相加减时，运用多边形法则得出的图形为三角形，故又称三角形法则。

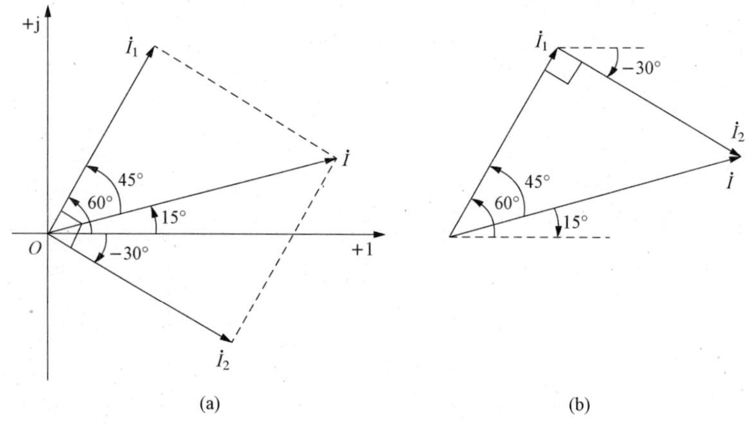

图 2-13　两相量相加

（a）平行四边形法则；（b）三角形法则

为简化作图，实轴和虚轴通常可以省略不画，而用一条虚线表示正实轴方向。如图 2-13（b）所示。

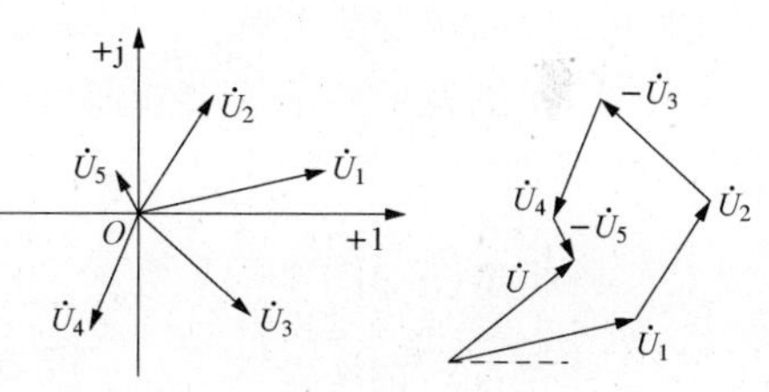

图 2-14　多边形法则

前面提到的图 2-10 所示正弦交流电路，已知 $u_1=30\sqrt{2}\sin(100\pi t+30°)$ V，$u_2=40\sqrt{2}\sin(100\pi t-60°)$ V，还可以运用相量图求出电压 $u=u_1+u_2$。

（1）先用相量表示各正弦量：$\dot{U}_1=30\underline{/30°}$ V，$\dot{U}_2=40\underline{/-60°}$ V。

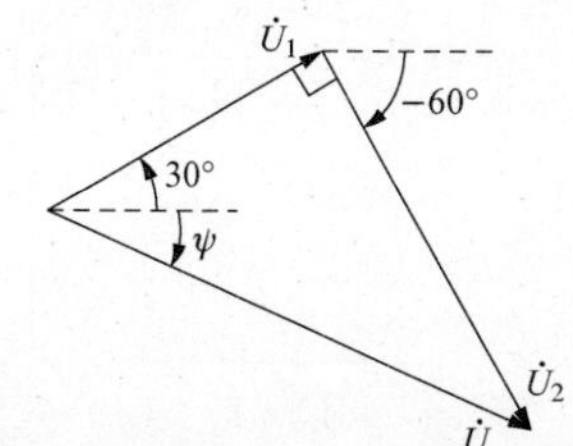

图 2-15　图 2-10 所示正弦交流电路中电压的相量图

（2）画相量图如图 2-15 所示，先画相量 $\dot{U}_1$，然后在 $\dot{U}_1$ 的末端画 $\dot{U}_2$，连接 $\dot{U}_1$ 的始端到 $\dot{U}_2$ 的末端得到相量 $\dot{U}=\dot{U}_1+\dot{U}_2$。

根据图 2-15 所示相量图可知相量 $\dot{U}_1$ 与相量 $\dot{U}_2$ 的夹角为 90°，相量 $\dot{U}_1$、$\dot{U}_2$、$\dot{U}$ 构成的三角形为直角三角形，即

$$U=\sqrt{U_1^2+U_2^2}=\sqrt{30^2+40^2}\text{ V}=50\text{ V}$$

$$\psi=-\left(\arctan\frac{U_2}{U_1}-30°\right)=-\left(\arctan\frac{40}{30}-30°\right)$$

$$=-(53.1°-30°)=-23.1°$$

$$\dot{U}=50\underline{/-23.1°}\text{ V}$$

（3）根据相量 $\dot{U}$ 写出其所对应的正弦量为

$$u=50\sqrt{2}\sin(100\pi t-23.1°)\text{ V}$$

【例 2-5】 图 2-16 所示电路为正弦交流电路的一部分，已知电阻电压为 $u_R=120\sqrt{2}\sin 314t$ V，电感电压为 $u_L=270\sqrt{2}\sin(314t+90°)$ V，电容电压为 $u_C=180\sqrt{2}\sin(314t-90°)$

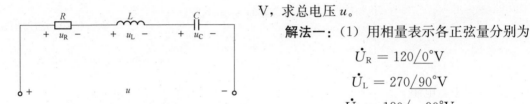

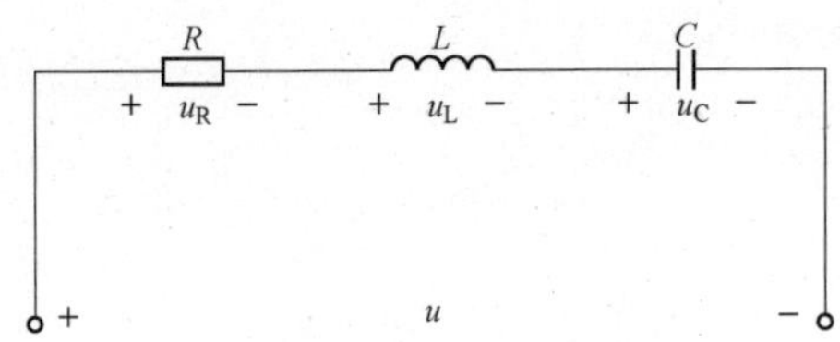

图 2-16 【例 2-5】图

V，求总电压 u。

解法一：(1) 用相量表示各正弦量分别为

$$\dot{U}_R = 120\angle 0^\circ \text{V}$$

$$\dot{U}_L = 270\angle 90^\circ \text{V}$$

$$\dot{U}_C = 180\angle -90^\circ \text{V}$$

(2) 进行相量计算。由相量形式的 KVL 得

$$\begin{aligned}\dot{U} &= \dot{U}_R + \dot{U}_L + \dot{U}_C \\ &= (120 + 270\angle 90^\circ + 180\angle -90^\circ)\text{V} \\ &= (120 + \text{j}270 - \text{j}180)\text{V} \\ &= (120 + \text{j}90)\text{V} = 150\angle 36.9^\circ \text{V}\end{aligned}$$

(3) 由相量 $\dot{U}$ 写出其所对应的正弦量为

$$u = 150\sqrt{2}\sin(314t + 36.9^\circ)\text{V}$$

解法二：用相量图求解。

(1) 用相量表示各正弦量分别为

$$\dot{U}_R = 120\angle 0^\circ \text{V},\ \dot{U}_L = 270\angle 90^\circ \text{V},\ \dot{U}_C = 180\angle -90^\circ \text{V}$$

(2) 画相量图如图 2-17 所示。由相量形式的 KVL 得 $\dot{U} = \dot{U}_R + \dot{U}_L + \dot{U}_C$，先画相量 $\dot{U}_R$，接着从 $\dot{U}_R$ 的末端画 $\dot{U}_L$，然后从 $\dot{U}_L$ 的末端画 $\dot{U}_C$，连接 $\dot{U}_R$ 的始端到 $\dot{U}_C$ 的末端得到相量 $\dot{U}$。

由相量图可知 $\dot{U}_L$ 超前 $\dot{U}_R 90^\circ$，$\dot{U}_C$ 滞后 $\dot{U}_R 90^\circ$，$\dot{U}_L$ 与 $\dot{U}_C$ 反相，$\dot{U}_L + \dot{U}_C$ 的大小等于 $U_L - U_C$，则

$$U = \sqrt{U_R^2 + (U_L - U_C)^2} = \sqrt{120^2 + (270 - 180)^2}\text{V} = 150\text{V}$$

$$\psi = \arctan\frac{U_L - U_C}{U_R} = \arctan\frac{270 - 180}{120} = 36.9^\circ$$

$$\dot{U} = 150\angle 36.9^\circ \text{V}$$

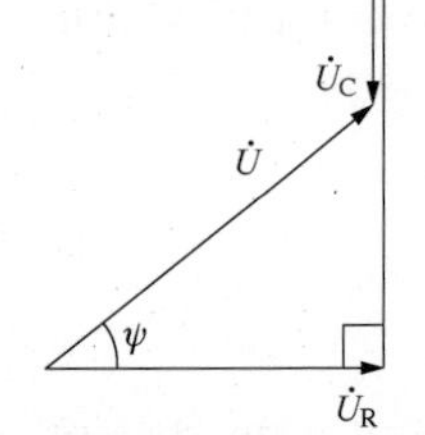

图 2-17 【例 2-5】相量图

(3) 根据相量 $\dot{U}$ 写出其所对应的正弦量为

$$u = 150\sqrt{2}\sin(314t + 36.9^\circ)\text{V}$$

三、正弦交流电路中的电阻元件

(一) 电阻元件的 u 与 i 的关系

根据欧姆定律，在关联参考方向下，如图 2-18 所示，电阻元件的 u 与 i 的关系为

$$u = Ri$$

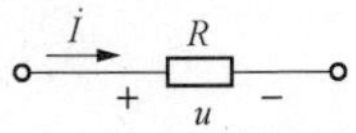

图 2-18 电阻元件及 u、i 的参考方向

在正弦交流电路中，设电阻的电流为

$$i = \sqrt{2}I\sin(\omega t + \psi_i) \tag{2-9}$$

则关联参考方向下，电阻电压为

$$u = Ri = \sqrt{2}RI\sin(\omega t + \psi_i) \tag{2-10}$$

可见，当通过电阻元件的电流是正弦量时，其电压也是正弦量，且电压、电流同频率。

（二）电阻元件的 U 与 I 的关系

由式（2-10）可知，电阻元件的电压有效值为

$$U = RI \tag{2-11}$$

正弦交流电路中，电阻元件的电压、电流有效值关系也符合欧姆定律。

（三）电阻元件电压、电流的相位关系

由式（2-10）可知，电阻元件的电压、电流的相位关系为

$$\psi_u = \psi_i \tag{2-12}$$

在关联参考方向下，电阻元件的 u 与 i 同相。

图 2-19 是电阻元件的 u、i 在关联参考方向下的波形图，电阻元件的 u、i 同时到达零值，同时到达最大值，同时为正，同时为负，步调一致。

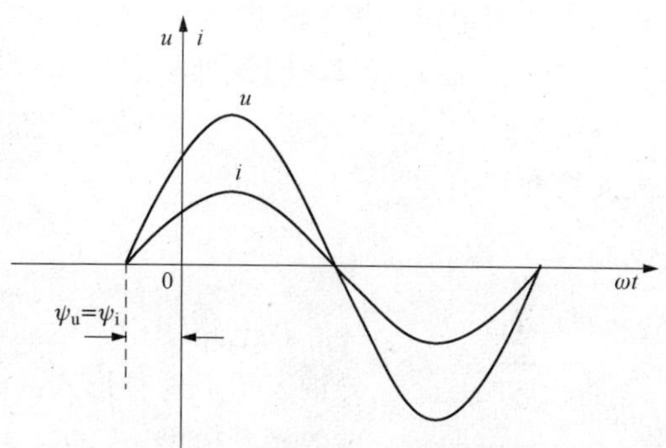

图 2-19　电阻元件的 u 与 i 同相

（四）电阻元件的 $\dot{U}$ 与 $\dot{I}$ 的关系

由式（2-9）、式（2-10）可写出电阻元件的电流、电压对应的相量分别为

$$\dot{I} = I\underline{/\psi_i}$$

$$\dot{U} = U\underline{/\psi_u} = RI\underline{/\psi_i} = R\dot{I}$$

在关联参考方向下，电阻元件 $\dot{U}$ 与 $\dot{I}$ 的关系为

$$\dot{U} = R\dot{I} \tag{2-13}$$

电阻元件的电压、电流相量关系也符合欧姆定律。式（2-13）既表明了电压与电流的有效值关系，又表明了相位关系。图 2-20 为电阻元件电压、电流的相量图。

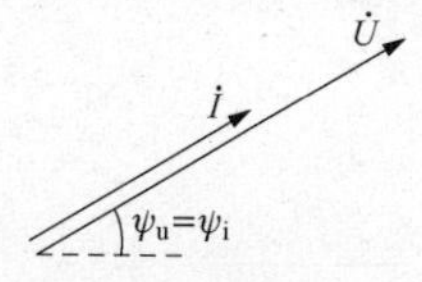

图 2-20　电阻元件电压、电流的相量图

（五）电阻元件的阻抗、导纳

在关联参考方向下，无源二端网络的端口电压相量与端口电流相量之比，称为该无源二端网络的复阻抗，简称阻抗。阻抗用符号 Z 表示，即

$$Z = \frac{\dot{U}}{\dot{I}} \tag{2-14}$$

阻抗的单位为 Ω。

$$Z = \frac{\dot{U}}{\dot{I}} = \frac{U\underline{/\psi_u}}{I\underline{/\psi_i}} = \frac{U}{I}\underline{/\psi_u - \psi_i} = |Z|\underline{/\varphi}$$

阻抗的模 $|Z| = \frac{U}{I}$，称为阻抗模；阻抗的辐角 $\varphi = \psi_u - \psi_i$，称为阻抗角。阻抗角等于端口电压超前端口电流的角度 φ。

在关联参考方向下，无源二端网络的端口电流相量与端口电压相量之比，称为该无源二端网络的复导纳，简称导纳。导纳用符号 Y 表示，即

$$Y = \frac{\dot{I}}{\dot{U}} \tag{2-15}$$

导纳的单位为 S。

$$Y=\frac{\dot{I}}{\dot{U}}=\frac{I\angle\psi_i}{U\angle\psi_u}=\frac{I}{U}\angle\psi_i-\psi_u=|Y|\angle\theta$$

导纳的模$|Y|=\frac{I}{U}$，称为导纳模；导纳的辐角 θ，称为导纳角。导纳角 $\theta=\psi_i-\psi_u=-\varphi$，等于端口电流超前端口电压的角度。

由式（2-14）和式（2-15）可得

$$\dot{U}=Z\dot{I}\text{ 或 }\dot{I}=\frac{\dot{U}}{Z}=Y\dot{U}$$

上式称为欧姆定律的相量形式。

由式（2-13）可得电阻元件的阻抗为

$$Z_R=R$$

电阻元件的导纳为

$$Y_R=\frac{1}{R}=G$$

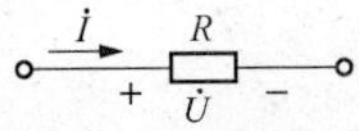

图 2-21 电阻元件的相量模型

在电路图中，电压、电流用其相量表示，元件的参数用其阻抗或导纳表示，这种形式的电路图叫做电路的相量模型。图 2-21 为电阻元件的相量模型。

【例 2-6】 将一个 100 Ω的电阻接到电压为 $u=220\sqrt{2}\sin(100\pi t+47.8°)$V 的正弦交流电源上，求（1）流过电阻的电流；（2）若其他不变，仅电源频率变为 500Hz，求电阻电流。

解 （1）解法一：电压 $u=220\sqrt{2}\sin(314t+47.8°)$V 是正弦量，电流也是同频率的正弦量。在关联参考方向下，分别求出正弦电流的三要素如下

$$I=\frac{U}{R}=\frac{220}{100}\text{A}=2.2\text{A}$$

$$\omega=100\pi\text{rad/s}$$

$$\psi_i=\psi_u=47.8°$$

由三要素写出电阻电流为

$$i=2.2\sqrt{2}\sin(100\pi t+47.8°)\text{A}$$

解法二：电压对应的相量为

$$\dot{U}=220\angle47.8°\text{V}$$

关联参考方向下，$\dot{U}=R\dot{I}$，则

$$\dot{I}=\frac{\dot{U}}{R}=\frac{220\angle47.8°}{100}\text{A}=2.2\angle47.8°\text{A}$$

$$i=2.2\sqrt{2}\sin(100\pi t+47.8°)\text{A}$$

（2）当电源频率为 500Hz 时，角频率为

$$\omega'=2\pi f=2\pi\times500\text{rad/s}=1000\pi\text{rad/s}$$

电阻元件的电阻值不变，电流的有效值、初相也不变，即

$$i'=2.2\sqrt{2}\sin(1000\pi t+47.8°)\text{A}$$

四、正弦交流电路中的电感元件

（一）电感元件的 u 与 i 的关系

通电电感线圈的内部及其周围存在磁场，在电流产生磁场的过程中，电能转换为磁场形式的能量储存于磁场中，电感线圈具有储存磁场能量的基本特性。

为了模拟电感线圈及其他实际设备储存磁场能量的基本特性，引入电感元件。电感元件是一个二端元件，在任意瞬间，它的磁链与电流的方向符合右手螺旋定则，磁链与电流的大小成代数关系。

磁链与电流成正比关系的电感元件称为线性电感元件，否则称为非线性电感元件。通常若不加以说明，电感元件都是指线性电感元件。

电感元件的磁链与电流之比为称为电感元件的电感，用 L 表示，即

$$L=\frac{\psi}{i} \tag{2-16}$$

电感的单位为 H（亨利，简称亨）。

电感元件的图形符号如图 2-22 所示。

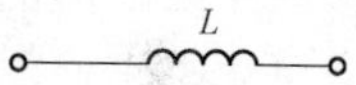

若电感元件的电流发生变化，则磁链也发生相应的变化，根据法拉利电磁感应定律，在电感元件两端将产生感应电压，这个电压的大小为

L

图 2-22　电感元件的图形符号

$$|u|=\left|\frac{\mathrm{d}\psi}{\mathrm{d}t}\right|$$

由式（2-16）得 $\psi=Li$，代入上式得

$$|u|=\left|\frac{\mathrm{d}(Li)}{\mathrm{d}t}\right|=L\left|\frac{\mathrm{d}i}{\mathrm{d}t}\right|$$

线性电感元件的电压的大小与电流的变化率成正比。电流变化得越快，电压越大；电流变化得越慢，电压越小。在直流稳态电路中，电流不随时间变化，电感电压为零，电感元件相当于短路。

在关联参考方向下，电感元件的 u 与 i 的关系为

$$u=L\frac{\mathrm{d}i}{\mathrm{d}t} \tag{2-17}$$

当选择电感电压与电流的参考方向一致时，电感元件吸收的功率为

$$p=ui=Li\frac{\mathrm{d}i}{\mathrm{d}t}$$

在 $\mathrm{d}t$ 时间内，电感元件吸收的电能为

$$\mathrm{d}W_{\mathrm{L}}=p\mathrm{d}t=Li\mathrm{d}i$$

电感电流从零增加到 i 时，电感元件总共吸收的电能为

$$W_{\mathrm{L}}=\int_0^i Li\mathrm{d}i=\frac{1}{2}Li^2 \tag{2-18}$$

这些能量全部转换为磁场能量，储存于磁场中。式（2-18）是电感电流为 i 时的磁场储能。式（2-18）表明电感元件储存的磁场能量的大小只与电流值的二次方成正比，与电流的建立过程无关。

在正弦交流电路中，设电感的电流为

$$i = \sqrt{2} I \sin(\omega t + \psi_i) \tag{2-19}$$

则关联参考方向下，电感电压为

$$u = L\frac{\mathrm{d}i}{\mathrm{d}t} = \sqrt{2}\omega L I \cos(\omega t + \psi_i) = \sqrt{2}\omega L I \sin(\omega t + \psi_i + 90^\circ) \tag{2-20}$$

可见，当通过电感元件的电流是正弦量时，其电压也是正弦量，且电压、电流同频率。

（二）电感元件的 U 与 I 的关系

由式（2-20）可知，电感元件的电压有效值为

$$U = \omega L I \tag{2-21}$$

电感电压与电流的有效值之比为

$$\frac{U}{I} = \omega L = X_{\mathrm{L}} \tag{2-22}$$

式中：$X_{\mathrm{L}}=\omega L$ 为感抗。感抗与电阻类似，反映元件对电流的阻碍作用，它的单位也是 Ω（欧姆）。由 $X_{\mathrm{L}}=\omega L$ 可知，不同频率下，同一电感元件的感抗不同，即同一电感元件对不同频率的交流电流的阻碍作用不同。低频时，感抗小，电流易通过；高频时，感抗大，电流不易通过。电感元件具有通低频，阻高频的特性。在直流电路中，感抗为零，电感元件相当于短路，因此又可以说电感元件具有通直流，阻交流的特性。

感抗的倒数为

$$B_{\mathrm{L}} = \frac{1}{X_{\mathrm{L}}} = \frac{1}{\omega L} \tag{2-23}$$

称为感纳，单位为 S（西门子，简称西）。

注意：①感抗、感纳只在正弦交流电路中才有意义；②感抗、感纳不等于电压与电流的瞬时值之比，即 $X_{\mathrm{L}}\neq u/i$、$B_{\mathrm{L}}\neq i/u$。

（三）电感元件电压、电流的相位关系

由式（2-20）可知，电感元件的电压、电流的相位关系为

$$\psi_{\mathrm{u}} = \psi_{\mathrm{i}} + 90^\circ \tag{2-24}$$

在关联参考方向下，电感元件的 u 比 i 超前 90°。图 2-23 是电感元件的 u、i 在关联参考方向下的波形图。

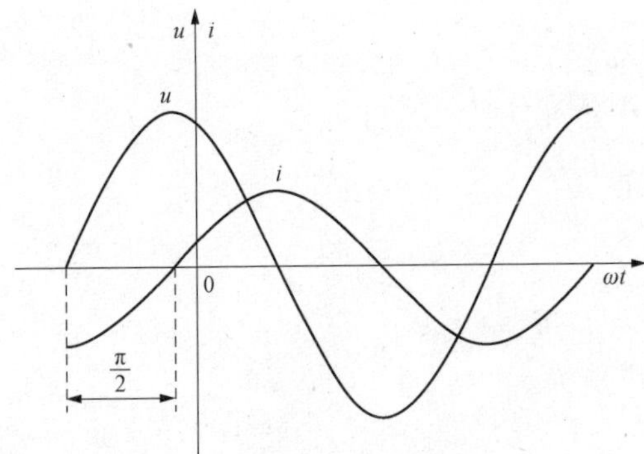

图 2-23 电感元件的 u 比 i 超前 90°

（四）电感元件的 $\dot{U}$ 与 $\dot{I}$ 的关系

由式（2-19）、式（2-20）可写出电感元件的电流、电压的相量分别为

$$\dot{I} = I\underline{/\psi_{\mathrm{i}}}$$

$$\dot{U} = U\underline{/\psi_{\mathrm{u}}} = \omega L I\underline{/\psi_{\mathrm{i}} + 90^\circ} = \mathrm{j}\omega L\dot{I}$$

在关联参考方向下，电感元件 $\dot{U}$ 与 $\dot{I}$ 的关系为

$$\dot{U} = \mathrm{j}\omega L\dot{I} \tag{2-25}$$

上式既表明了电压与电流的有效值关系，又表明了相位关系。图 2-24 为电感元件电压、电流的相量图。

（五）电感元件的阻抗、导纳

由式（2-25）可得电感元件的阻抗为

$$Z_L = \frac{\dot{U}}{\dot{I}} = j\omega L = jX_L$$

电感元件的导纳为

$$Y_L = \frac{\dot{I}}{\dot{U}} = \frac{1}{j\omega L} = -j\frac{1}{\omega L} = -jB_L$$

图 2-25 为电感元件的相量模型。

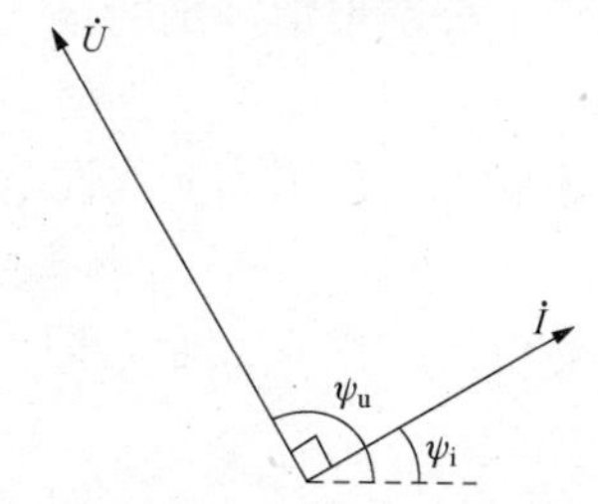

图 2-24　电感元件电压、电流的相量图

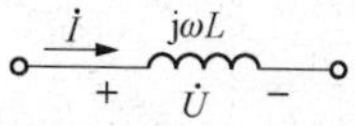

图 2-25　电感元件的相量模型

【例 2-7】 将一个 $L=0.3185\text{H}$ 的电感元件接到电压为 $u=220\sqrt{2}\sin(100\pi t+47.8°)\text{V}$ 的正弦交流电源上，求（1）流过电感的电流；（2）若其他不变，仅电源频率变为 500Hz，求电感电流。

解　（1）解法一：电压 $u=220\sqrt{2}\sin(100\pi t+47.8°)\text{V}$ 是正弦量，电流也是同频率的正弦量。在关联参考方向下，分别求出正弦电流的三要素分别为

$$\omega = 100\pi\text{rad/s}$$

$$X_L = \omega L = 100\pi \times 0.3185\Omega \approx 100\Omega$$

$$I = \frac{U}{X_L} = \frac{220}{100}\text{A} = 2.2\text{A}$$

$$\psi_i = \psi_u - 90° = 47.8° - 90° = -42.2°$$

由三要素写出电感的电流为

$$i = 2.2\sqrt{2}\sin(100\pi t - 42.2°)\text{A}$$

解法二：电压对应的相量为

$$\dot{U} = 220\angle 47.8°\text{V}$$

关联参考方向下，$\dot{U}=j\omega L\ \dot{I}$，则

$$\dot{I} = \frac{\dot{U}}{j\omega L} = \frac{220\angle 47.8°}{100\pi \times 0.3185\angle 90°}\text{A} = 2.2\angle -42.2°\text{A}$$

$$i = 2.2\sqrt{2}\sin(100\pi t - 42.2°)\text{A}$$

（2）当电源频率为 500Hz 时，角频率为

$$\omega' = 2\pi f = 2\pi \times 500\text{rad/s} = 1000\pi\text{rad/s}$$

感抗为

$$X'_L = \omega' L = 1000\pi \times 0.3185\Omega \approx 1000\Omega$$

则

$$\dot{I}' = \frac{\dot{U}}{jX'_L} = \frac{220\angle 47.8°}{1000\angle 90°}\text{A} = 0.22\angle -42.2°\text{A}$$

$$i' = 0.22\sqrt{2}\sin(1000\pi t - 42.2°)\mathrm{A}$$

五、正弦交流电路中的电容元件

(一) 电容元件的 u 与 i 的关系

把电容器接在电源上，在电容器的两个极板上将聚集等量异号的电荷，极板间建立电场，电能转化为电场形式的能量，储存于电场中，电容器具有储存电场能量的基本特性。

为了模拟电容器及其他实际设备储存电场能量的基本特性，引入电容元件。电容元件是一个二端元件，在任意瞬间，沿电压方向在两个极板上分别聚集等量的正、负电荷，极板上的电量与电压成代数关系。

电量与电压成正比关系的电容元件称为线性电容元件，否则为非线性电容元件。通常若不加以说明，电容元件都是指线性电容元件。

定义电容元件的电量与电压之比为电容量，简称电容，用 C 表示，即

$$C = \frac{q}{u} \tag{2-26}$$

电容的单位为 F（法拉，简称法）。常用单位还有 μF（微法）和 pF（皮法）。$1\mu\mathrm{F}=10^{-6}\mathrm{F}$，$1\mathrm{pF}=10^{-12}\mathrm{F}$。

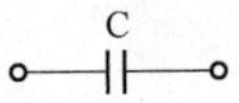

电容元件的图形符号如图 2-26 所示。

C

图 2-26 电容元件的图形符号

若电容元件的电压发生变化，则极板上的电量也发生相应的变化，在电容元件所在的支路中将出现电荷的移动，即形成电流，这个电流的大小为

$$|i| = \left|\frac{\mathrm{d}q}{\mathrm{d}t}\right|$$

由式（2-26）得 $q=Cu$，代入上式

$$|i| = \left|\frac{\mathrm{d}(Cu)}{\mathrm{d}t}\right| = C\left|\frac{\mathrm{d}u}{\mathrm{d}t}\right|$$

线性电容元件的电流的大小与电压的变化率成正比。电压变化得越快，电流越大；电压变化得越慢，电流越小。在直流稳态电路中，电压不随时间变化，电容电流为零，电容元件相当于开路。

在关联参考方向下，电容元件的 u 与 i 的关系为

$$i = C\frac{\mathrm{d}u}{\mathrm{d}t} \tag{2-27}$$

当选择电容电压与电流的参考方向一致时，电容元件吸收的功率为

$$p = ui = Cu\frac{\mathrm{d}u}{\mathrm{d}t}$$

在 $\mathrm{d}t$ 时间内，电容元件吸收的电能为

$$\mathrm{d}W_C = p\mathrm{d}t = Cu\mathrm{d}u$$

电容电压从零增加到 u 时，电容元件总共吸收的电能为

$$W_C = \int_0^u Cu\mathrm{d}u = \frac{1}{2}Cu^2 \tag{2-28}$$

这些能量全部转换为电场能量，储存于电场中。式（2-28）是电容电压为 u 时的电场储能。式（2-28）表明电容元件储存的电场能量的大小只与电压值的平方成正比，与电压的建立过程无关。

在正弦交流电路中，设电容的电压为

$$u=\sqrt{2}U\sin(\omega t+\psi_u) \tag{2-29}$$

则关联参考方向下，电容电流为

$$i=C\frac{du}{dt}=\sqrt{2}\omega CU\cos(\omega t+\psi_u)=\sqrt{2}\omega CU\sin(\omega t+\psi_u+90°) \tag{2-30}$$

可见，当电容元件的电压是正弦量时，其电流也是正弦量，且电压、电流同频率。

（二）电容元件的 U 与 I 的关系

由式（2-30）可知，电感元件的电流有效值为

$$I=\omega CU \tag{2-31}$$

电容电压与电流的有效值之比为

$$\frac{U}{I}=\frac{1}{\omega C}=X_C \tag{2-32}$$

式中：$X_C=\dfrac{1}{\omega C}$称为容抗。容抗与电阻类似，反映元件对电流的阻碍作用，它的单位为 Ω（欧姆）。由 $X_C=\dfrac{1}{\omega C}$可知，不同频率下，同一电容元件的容抗不同，即同一电容元件对不同频率的交流电流的阻碍作用不同。高频时，容抗小，电流易通过；低频时，容抗大，电流不易通过。电容元件具有通高频，阻低频的特性。在直流电路中，容抗为无穷大，电容元件相当于开路，因此又可以说电容元件具有隔直流，通交流的特性。

容抗的倒数为

$$B_C=\frac{1}{X_C}=\omega C \tag{2-33}$$

式中：B_C 为容纳，单位为 S（西门子，简称西）。

与感抗、感纳同样，要注意：①容抗、容纳只在正弦交流电路中才有意义；②容抗、容纳不等于电压与电流的瞬时值之比，即 $X_C\neq u/i$、$B_C\neq i/u$。

（三）电容元件电压、电流的相位关系

由式（2-30）可知，电容元件的电压、电流的相位关系为

$$\psi_i=\psi_u+90° \tag{2-34}$$

在关联参考方向下，电感元件的 u 比 i 滞后 90°。图 2-27 是电容元件的 u、i 在关联参考方向下的波形图。

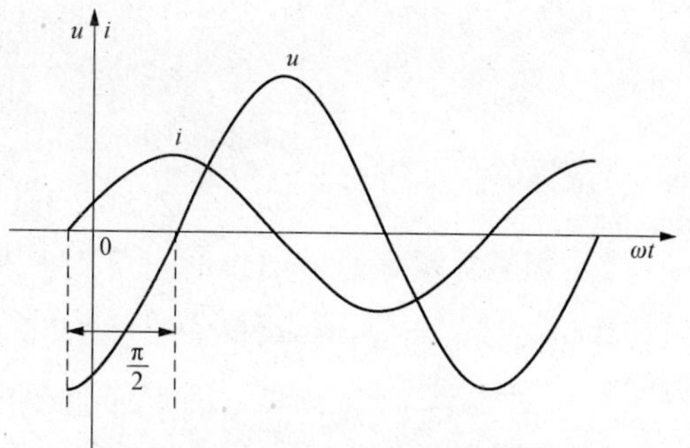

图 2-27　电容元件的 u 比 i 滞后 90°

（四）电容元件的 $\dot{U}$ 与 $\dot{I}$ 的关系

由式（2-29）、式（2-30）可写出电感元件的电压、电流对应的相量分别为

$$\dot{U}=U\angle\psi_u$$

$$\dot{I}=I\angle\psi_i=\omega CU\angle\psi_u+90°=j\omega C\dot{U}$$

在关联参考方向下，电感元件 $\dot{U}$ 与 $\dot{I}$ 的关系为

$$\dot{U}=-j\frac{1}{\omega C}\dot{I} \tag{2-35}$$

式（2-35）既表明了电压与电流的有效值关系，又表明了相位关系。图 2-28 为电容元件电压、电流的相量图。

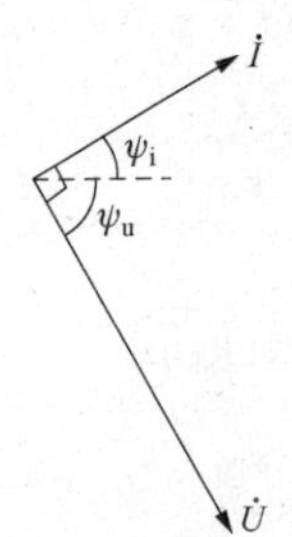

图 2-28 电容元件电压、电流的相量图

（五）电容元件的阻抗、导纳

由式（2-35）可得电容元件的阻抗为

$$Z_C = \frac{\dot{U}}{\dot{I}} = -j\frac{1}{\omega C} = -jX_C$$

电容元件的导纳为

$$Y_C = \frac{\dot{I}}{\dot{U}} = j\omega C = jB_C$$

图 2-29 为电容元件的相量模型。

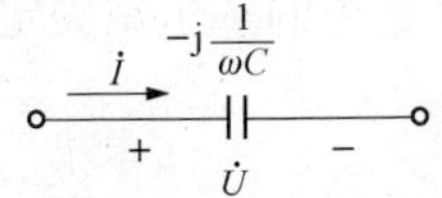

图 2-29 电容元件的相量模型

【例 2-8】 将一个 $C=31.85\mu F$ 的电容元件接到电压为 $u=220\sqrt{2}\sin(100\pi t+47.8°)V$ 的正弦交流电源上，求（1）电容元件的电流。（2）若其他不变，仅电源频率变为 500Hz，求电容元件的电流。

解 （1）解法一：电压 $u=220\sqrt{2}\sin(100\pi t+47.8°)V$ 是正弦量，电流也是同频率的正弦量。在关联参考方向下，分别求出正弦电流的三要素分别为

$$X_C = \frac{1}{\omega C} = \frac{1}{100\pi \times 31.85 \times 10^{-6}}\Omega \approx 100\Omega$$

$$I = \frac{U}{X_C} = \frac{220}{100}A = 2.2A$$

$$\omega = 100\pi rad/s$$

$$\psi_i = \psi_u + 90° = 47.8° + 90° = 137.8°$$

由三要素写出电容的电流为

$$i = 2.2\sqrt{2}\sin(100\pi t + 137.8°)A$$

解法二：电压对应的相量为

$$\dot{U} = 220\underline{/47.8°}V$$

关联参考方向下，$\dot{U} = -j\frac{1}{\omega C}\dot{I}$，则

$$\dot{I} = \frac{\dot{U}}{-j\frac{1}{\omega C}} = \frac{220\underline{/47.8°}}{\frac{1}{100\pi \times 31.85 \times 10^{-6}}\underline{/-90°}} = 2.2\underline{/137.8°}$$

$$i = 2.2\sqrt{2}\sin(100\pi t + 137.8°)(A)$$

（2）当电源频率为 500Hz 时，角频率为

$$\omega' = 2\pi f = 2\pi \times 500rad/s = 1000\pi rad/s$$

容抗为

$$X'_C = \frac{1}{\omega' C} = \frac{1}{1000\pi \times 31.85 \times 10^{-6}}\Omega \approx 10\Omega$$

则

$$\dot{I}' = \frac{\dot{U}}{-jX'_C} = \frac{220\underline{/47.8°}}{10\underline{/-90°}}A = 22\underline{/137.8°}A$$

$$i' = 22\sqrt{2}\sin(1000\pi t + 137.8°)A$$

六、正弦交流电路的分析计算

（一）相量分析法

正弦交流电路引入相量、阻抗、导纳之后，基尔霍夫定律的相量形式、欧姆定律的相量形式分别为

$$\sum \dot{I}=0$$

$$\sum \dot{U}=0$$

$$\dot{U}=Z\dot{I}$$

直流电路的基尔霍夫定律、欧姆定律的表达式分别为

$$\sum i=0$$

$$\sum u=0$$

$$u=Ri$$

正弦交流电路与直流电路的基尔霍夫定律、欧姆定律的形式完全相同。因此，根据这两个基本定律推导出来的分析计算直流电路的各类方法和定理都可应用于分析计算正弦交流电路。只要把正弦交流电路中的电压、电流用相量表示，各个元件（或无源二端网络）用阻抗（或导纳）表示，直流电路的定律、定理和分析计算方法，都可以用于正弦交流电路的分析和计算。正弦交流电路与直流电路对应的量是：$\dot{I}$ 与 i 对应，$\dot{U}$ 与 u 对应，Z 与 R 对应，Y 与 G 对应。这种用相量对电路进行分析计算的方法，称为相量分析法，简称相量法，又称符号法。

用相量法分析计算正弦稳态电路的一般步骤如下。

第一步：把电路中的所有电压、电流都用相量表示，各个元件（或无源二端网络）用阻抗（或导纳）表示，画出电路的相量模型图。

第二步：求出待求正弦量所对应的相量。

第三步：由求出的相量写出对应正弦量的瞬时值解析式。

（二）RLC 串联电路

1. 电压与电流的关系

图 2-30 所示为电阻、电感、电容三个元件串联的正弦交流电路。选各元件的电压、电流为关联参考方向，如图 2-30（a）所示。把电路中的所有电压、电流都用相量表示，各个元件用阻抗表示，画出 RLC 串联电路的相量模型如图 2-30（b）所示。

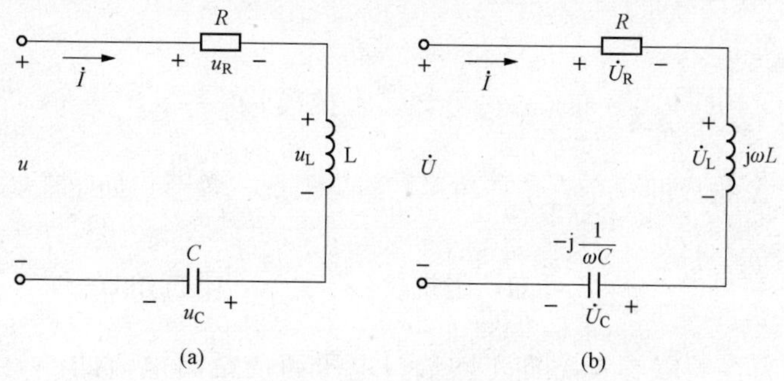

图 2-30　RLC 串联电路

（a）RLC 串联电路；（b）RLC 串联电路的相量模型图

由于串联电路中各元件的电流相同，所以一般选电流相量为参考相量。画串联电路的相量图时，一般先画出电流相量 $\dot{I}$ 。如图 2 - 31 所示，电阻元件的电压相量 $\dot{U}_{\mathrm{R}}$ 与电流相量 $\dot{I}$ 同相，电感元件的电压相量 $\dot{U}_{\mathrm{L}}$ 比电流相量 $\dot{I}$ 超前 90°，电容元件的电压相量 $\dot{U}_{\mathrm{C}}$ 比电流相量 $\dot{I}$ 滞后 90°。由相量形式的 KVL 得

$$\dot{U}=\dot{U}_{\mathrm{R}}+\dot{U}_{\mathrm{L}}+\dot{U}_{\mathrm{C}}$$

先画相量 $\dot{U}_{\mathrm{R}}$，接着从 $\dot{U}_{\mathrm{R}}$的末端画 $\dot{U}_{\mathrm{L}}$，然后从 $\dot{U}_{\mathrm{L}}$的末端画 $\dot{U}_{\mathrm{C}}$，连接 $\dot{U}_{\mathrm{R}}$的始端到 $\dot{U}_{\mathrm{C}}$的末端得到相量 $\dot{U}$ 。

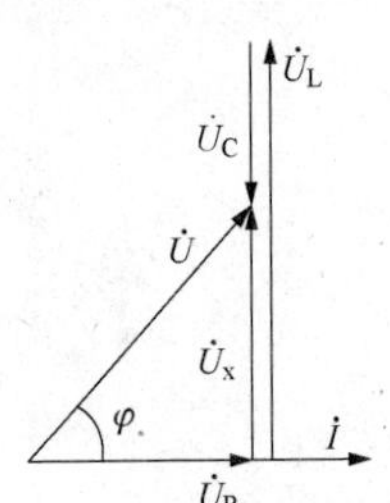

图 2 - 31 *RLC* 串联电路的相量图

图 2 - 31 所示 *RLC* 串联电路的相量图中，$\dot{U}_{\mathrm{X}}=\dot{U}_{\mathrm{L}}+\dot{U}_{\mathrm{C}}$为电抗电压，其有效值$U_{\mathrm{x}}=|U_{\mathrm{L}}-U_{\mathrm{C}}|$。由 $\dot{U}_{\mathrm{R}}$、$\dot{U}_{\mathrm{X}}$、$\dot{U}$ 构成一个直角三角形，称为电压三角形。端口电压有效值 $U=\sqrt{U_{\mathrm{R}}^{2}+U_{\mathrm{X}}^{2}}$；$\varphi$ 为端口电压超前端口电流的角度。

2. 电路的阻抗

根据电阻、电感、电容元件的电压、电流关系为 $\dot{U}_{\mathrm{R}}=R\dot{I}$ 、$\dot{U}_{\mathrm{L}}=\mathrm{j}X_{\mathrm{L}}\dot{I}$ 、$\dot{U}_{\mathrm{C}}=-\mathrm{j}X_{\mathrm{C}}\dot{I}$ ，由 KVL 得

$$\dot{U}=\dot{U}_{\mathrm{R}}+\dot{U}_{\mathrm{L}}+\dot{U}_{\mathrm{C}}=R\dot{I}+\mathrm{j}X_{\mathrm{L}}\dot{I}-\mathrm{j}X_{\mathrm{C}}\dot{I}=(R+\mathrm{j}X_{\mathrm{L}}-\mathrm{j}X_{\mathrm{C}})\dot{I}$$

由上式得到 *RLC* 串联电路的阻抗为

$$Z=\frac{\dot{U}}{\dot{I}}=R+\mathrm{j}X_{\mathrm{L}}-\mathrm{j}X_{\mathrm{C}}$$

在直流电路中，n 个电阻串联，其等效电阻等于各电阻之和，即

$$R=R_{1}+R_{2}+\cdots+R_{n}=\sum_{k=1}^{n}R_{k}$$

同样，在正弦交流电路中，n 个阻抗串联，其等效阻抗等于各阻抗之和，即

$$Z=Z_{1}+Z_{2}+\cdots+Z_{n}=\sum_{k=1}^{n}Z_{k}$$

电阻元件、电感元件、电容元件的阻抗分别为 $Z_{\mathrm{R}}=R$、$Z_{\mathrm{L}}=\mathrm{j}X_{\mathrm{L}}$、$Z_{\mathrm{C}}=-\mathrm{j}X_{\mathrm{C}}$，则 *RCL* 串联电路的等效阻抗为

$$Z=Z_{\mathrm{R}}+Z_{\mathrm{L}}+Z_{\mathrm{C}}=R+\mathrm{j}X_{\mathrm{L}}-\mathrm{j}X_{\mathrm{C}}=R+\mathrm{j}(X_{\mathrm{L}}-X_{\mathrm{C}})=R+\mathrm{j}X$$

式中：X 为电抗，$X=X_{\mathrm{L}}-X_{\mathrm{C}}$。

由 $Z=R+\mathrm{j}X=\sqrt{R^{2}+X^{2}}\angle\arctan\dfrac{X}{R}$可知，阻抗模 $|Z|=\sqrt{R^{2}+X^{2}}$，阻抗角 $\varphi=\arctan\dfrac{X}{R}$。由 $|Z|$、R、X 构成的一个直角三角形，称为阻抗三角形，如图 2 - 32 所示。

由 $Z=\dfrac{\dot{U}}{\dot{I}}=\dfrac{U\angle\psi_{\mathrm{u}}}{I\angle\psi_{\mathrm{i}}}=\dfrac{U}{I}\angle\psi_{\mathrm{u}}-\psi_{\mathrm{i}}$可知，阻抗模 $|Z|=\dfrac{U}{I}$，阻抗角 $\varphi=\psi_{\mathrm{u}}-\psi_{\mathrm{i}}$，阻抗角即为在关联参考方向下，端口电压超前端口电流的角度。

|Z|
X
φ
R

图 2 - 32 阻抗三角形

比较图 2 - 31 和图 2 - 32，可以看出电压三角形和阻抗三角形都是

直角三角形，且有一个角等于 φ，所以电压三角形与阻抗三角形是相似三角形。电压三角形的各边与阻抗三角形的各边之比为 I。在电路分析时，常把电压三角形与阻抗三角结合起来使用。

3. 电路的三种性质

由于电路中感抗和容抗的数值不同，使 RLC 串联电路呈现三种不同的性质。

(1) 若 $X_L>X_C$，则 $X=X_L-X_C>0$，阻抗角 $\varphi>0$，且 $U_L>U_C$，端电压超前电流，电路的性质与 RL 串联电路相似，电路呈感性，称为感性电路。相量图如图 2-33 (a) 所示。

(2) 若 $X_L<X_C$，则 $X=X_L-X_C<0$，阻抗角 $\varphi<0$，且 $U_L<U_C$，端电压滞后电流，电路的性质与 RC 串联电路相似，电路呈容性，称为容性电路。相量图如图 2-33 (b) 所示。

(3) 若 $X_L=X_C$，则 $X=X_L-X_C=0$，阻抗角 $\varphi=0$，且 $U_L=U_C$，端电压与电流同相，电路呈电阻性，这种情况称为串联谐振。相量图如图 2-33 (c) 所示。

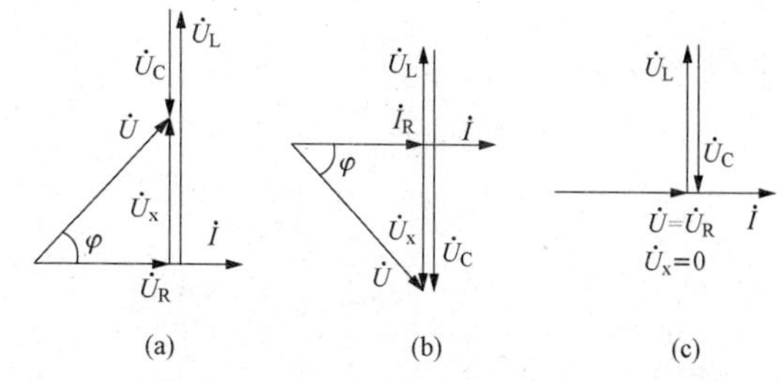

图 2-33　RLC 串联电路的三种性质

(a) 感性；(b) 容性；(c) 谐振

【例 2-9】 RLC 串联电路如图 2-34 (a) 所示，已知正弦交流电压 $u=100\sqrt{2}\sin(314t+45°)$V，$R=80\Omega$，$L=637$mH，$C=22.7\mu$F。试求：电路中的电流 i 及电阻元件、电感元件、电容元件的电压 u_R、u_L、u_C，电压 u 与电流 i 的相位差 φ。并判断电路呈什么性质。

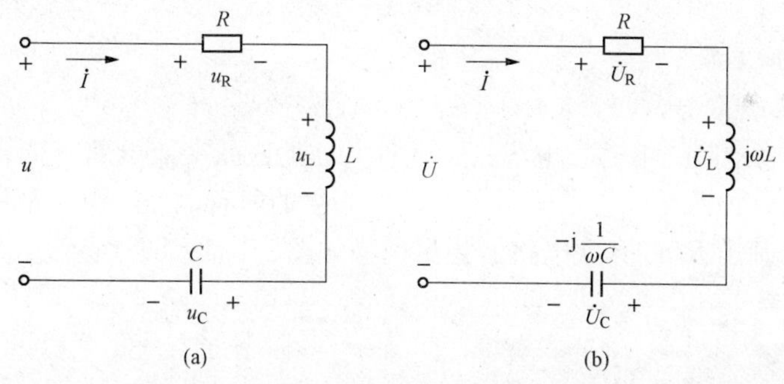

图 2-34　【例 2-9】图

(a)【例 2-9】电路图；(b)【例 2-9】电路的相量模型图

解　(1) 画出电路的相量模型图，如图 2-34 (b) 所示。电路中的电压 $u=100\sqrt{2}\sin(314t+45°)$V 对应的相量为

$$\dot{U}=100\angle 45°\text{V}$$

电阻元件的阻抗为

$$R=80\Omega$$

电感元件的阻抗为

$$j\omega L=j314\times 637\times 10^{-3}\approx j200(\Omega)$$

电容元件的阻抗为

$$-\mathrm{j}\frac{1}{\omega C}=-\mathrm{j}\frac{1}{314\times 22.7\times 10^{-6}}\Omega\approx -\mathrm{j}140\Omega$$

RLC 串联电路的等效阻抗为

$$Z=R+\mathrm{j}\left(\omega L-\frac{1}{\omega C}\right)=80+\mathrm{j}(200-140)\Omega=80+\mathrm{j}60\Omega=100\underline{/36.9^\circ}\Omega$$

阻抗角 $\varphi=36.9^\circ$，阻抗角即为端口电压超前端口电流的角度，所以电压 u 超前电流 i 36.9°，电路性质呈感性。

(2) 求出电流 i 以及电阻元件、电感元件、电容元件的电压 u_R、u_L、u_C 所对应的相量，即

$$\dot{I}=\frac{\dot{U}}{Z}=\frac{100\underline{/45^\circ}}{100\underline{/36.9^\circ}}\mathrm{A}=1\underline{/8.1^\circ}\mathrm{A}$$

$$\dot{U}_R=R\dot{I}=80\times 1\underline{/8.1^\circ}\mathrm{V}=80\underline{/8.1^\circ}\mathrm{V}$$

$$\dot{U}_L=\mathrm{j}\omega L\dot{I}=\mathrm{j}200\times 1\underline{/8.1^\circ}\mathrm{V}=200\underline{/98.1^\circ}\mathrm{V}$$

$$\dot{U}_C=-\mathrm{j}\frac{1}{\omega C}\dot{I}=-\mathrm{j}140\times 1\underline{/8.1^\circ}\mathrm{V}=140\underline{/-81.9^\circ}\mathrm{V}$$

(3) 由电流、电压的相量写出所对应正弦量的瞬时值解析式分别为

$$i=\sqrt{2}\sin(314t+8.1^\circ)\mathrm{A}$$

$$u_R=80\sqrt{2}\sin(314t+8.1^\circ)\mathrm{V}$$

$$u_L=200\sqrt{2}\sin(314t+98.1^\circ)\mathrm{V}$$

$$u_C=140\sqrt{2}\sin(314t-81.9^\circ)\mathrm{V}$$

(三) RLC 并联电路

1. 电压与电流的关系

图 2-35 所示为电阻、电感、电容三个元件并联的正弦交流电路。选各元件的电压、电流为关联参考方向，如图 2-35 (a) 所示。把电路中的所有电压、电流都用相量表示，各个元件用阻抗表示，画出 RLC 并联电路的相量模型如图 2-35 (b) 所示。

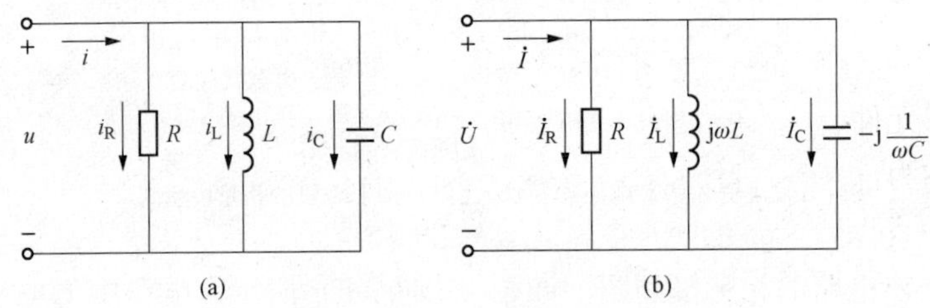

图 2-35 RLC 并联电路

(a) RLC 并联电路；(b) RLC 并联电路的相量模型图

由于并联电路中各元件的电压相同，所以一般选电压相量为参考相量。画并联电路的相量图时，一般先画出电压相量 $\dot{U}$，如图 2-36 所示。电阻元件的电流相量 $\dot{I}_R$ 与电压相量 $\dot{U}$ 同相，电感元件的电流相量 $\dot{I}_L$ 比电压相量 $\dot{U}$ 滞后 90°，电容元件的电流相量 $\dot{I}_C$ 比电压相量 $\dot{U}$ 超前 90°。由相量形式的 KCL 得

$$\dot{I}=\dot{I}_{\mathrm{R}}+\dot{I}_{\mathrm{L}}+\dot{I}_{\mathrm{C}}$$

先画相量 $\dot{I}_{\mathrm{R}}$，接着从 $\dot{I}_{\mathrm{R}}$的末端画 $\dot{I}_{\mathrm{L}}$，然后从 $\dot{I}_{\mathrm{L}}$的末端画 $\dot{I}_{\mathrm{C}}$，连接 $\dot{I}_{\mathrm{R}}$的始端到 $\dot{I}_{\mathrm{C}}$的末端得到相量 $\dot{I}$ 。

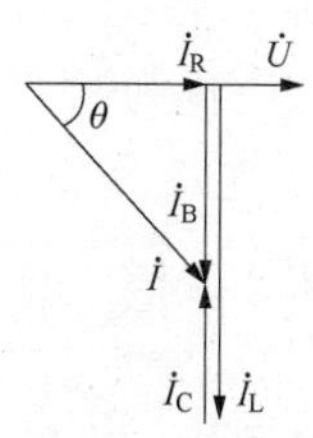

图 2-36　*RLC* 并联电路的相量图

图 2-36 所示 *RLC* 并联电路的相量图中，$\dot{I}_{\mathrm{B}}=\dot{I}_{\mathrm{L}}+\dot{I}_{\mathrm{C}}$为电纳电流，其有效值 $I_{\mathrm{B}}=|I_{\mathrm{L}}-I_{\mathrm{C}}|$。由 $\dot{I}_{\mathrm{R}}$、$\dot{I}_{\mathrm{B}}$、$\dot{I}$ 构成一个直角三角形，称为电流三角形。端口电流有效值 $I=\sqrt{I_{\mathrm{R}}^2+I_{\mathrm{B}}^2}$；$\theta$ 为端口电流超前端口电压的角度。

2. 电路的导纳

根据电阻、电感、电容元件的电压、电流关系分别为

$$\dot{I}_{\mathrm{R}}=\frac{\dot{U}}{R}=G\dot{U}$$

$$\dot{I}_{\mathrm{L}}=\frac{\dot{U}}{\mathrm{j}X_{\mathrm{L}}}=-\mathrm{j}B_{\mathrm{L}}\dot{U}$$

$$\dot{I}_{\mathrm{C}}=\frac{\dot{U}}{-\mathrm{j}X_{\mathrm{C}}}=\mathrm{j}B_{\mathrm{C}}\dot{U}$$

由 KCL 得

$$\dot{I}=\dot{I}_{\mathrm{R}}+\dot{I}_{\mathrm{L}}+\dot{I}_{\mathrm{C}}=G\dot{U}-\mathrm{j}B_{\mathrm{L}}\dot{U}+\mathrm{j}B_{\mathrm{C}}\dot{U}=(G-\mathrm{j}B_{\mathrm{L}}+\mathrm{j}B_{\mathrm{C}})\dot{U}$$

由上式得到 *RLC* 并联电路的导纳为

$$Y=\frac{\dot{I}}{\dot{U}}=G-\mathrm{j}B_{\mathrm{L}}+\mathrm{j}B_{\mathrm{C}}$$

在直流电路中，n 个电阻并联，其等效电导等于各电导之和，即

$$G=G_1+G_2+\cdots+G_n=\sum_{k=1}^{n}G_k$$

同样，在正弦交流电路中，n 个导纳并联，其等效导纳等于各导纳之和，即

$$Y=Y_1+Y_2+\cdots+Y_n=\sum_{k=1}^{n}Y_k$$

电阻元件、电感元件、电容元件的导纳分别为 $Y_{\mathrm{R}}=G$、$Y_{\mathrm{L}}=-\mathrm{j}B_{\mathrm{L}}$、$Y_{\mathrm{C}}=\mathrm{j}B_{\mathrm{C}}$，则 *RCL* 并联电路的等效导纳为

$$Y=Y_{\mathrm{R}}+Y_{\mathrm{L}}+Y_{\mathrm{C}}=G-\mathrm{j}B_{\mathrm{L}}+\mathrm{j}B_{\mathrm{C}}=R+\mathrm{j}(B_{\mathrm{C}}-B_{\mathrm{L}})=G+\mathrm{j}B$$

式中：B 为电纳，$B=B_{\mathrm{C}}-B_{\mathrm{L}}$。

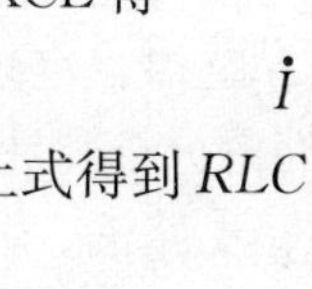

由 $Y=G+\mathrm{j}B=\sqrt{G^2+B^2}\angle\arctan\frac{B}{G}$可知，导纳模 $|Y|=\sqrt{G^2+B^2}$，导纳角 $\theta=\arctan\frac{B}{G}$。由 $|Y|$、G、B 构成的一个直角三角形，称为导纳三角形，如图 2-37 所示。

图 2-37　导纳三角形

由 $Y=\frac{\dot{I}}{\dot{U}}=\frac{I\angle\psi_{\mathrm{i}}}{U\angle\psi_{\mathrm{u}}}=\frac{I}{U}\angle\psi_{\mathrm{i}}-\psi_{\mathrm{u}}$可知，导纳模 $|Y|=\frac{I}{U}$，导纳角 $\theta=\psi_{\mathrm{i}}-\psi_{\mathrm{u}}=-\varphi$，导纳角即为在关联参考方向下，端口电流超前端口电压的角度。

比较图 2-36 和图 2-37，可以看出电流三角形和导纳三角形都是直角三角形，且有一个角等于 θ，所以电流三角形与导纳三角形是相似三角形。电流三角形的各边与导纳三角形的各边之比为 U。在电路分析时，常把电流三角形与导纳三角结合起来使用。

3. 电路的三种性质

由于电路中感纳和容纳的数值不同，使 RLC 并联电路呈现三种不同的性质。

（1）若 $B_L > B_C$，则 $B = B_C - B_L < 0$，导纳角 $\theta < 0$，阻抗角 $\varphi = -\theta > 0$，且 $I_L > I_C$，端电流滞后电压，电路的性质与 RL 并联电路相似，电路呈感性，称为感性电路。相量图如图 2-38（a）所示。

（2）若 $B_L < B_C$，则 $B = B_C - B_L > 0$，导纳角 $\theta > 0$，阻抗角 $\varphi = -\theta < 0$，且 $I_L < I_C$，端电流超前电压，电路的性质与 RC 并联电路相似，电路呈容性，称为容性电路。相量图如图 2-38（b）所示。

（3）若 $B_L = B_C$，则 $B = B_C - B_L = 0$，导纳角 $\theta = 0$，阻抗角 $\varphi = -\theta = 0$，且 $I_L = I_C$，端电流与电压同相，电路呈电阻性，这种情况称为并联谐振。相量图如图 2-38（c）所示。

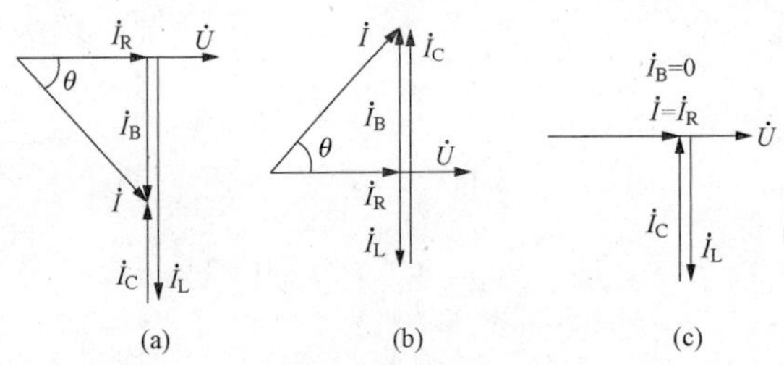

图 2-38 *RLC* 并联电路的三种性质

（a）感性；（b）容性；（c）谐振

（四）一般正弦交流电路

正弦交流电路引入相量、阻抗、导纳之后，基尔霍夫定律的相量形式、欧姆定律的相量形式与直流电路完全类同，分析计算直流电路的各种方法、定律、定理都可以直接用于正弦交流电路的分析和计算。即同样可以用等效变换法、支路法、网孔法、节点法、叠加定理、戴维南定理等分析计算正弦交流电路。交流电路的计算往往比较复杂，但如正确运用相量图以及复数的性质和特点，可使分析计算大为简化。

下面通过一些例题来说明相量法在分析计算正弦交流电路的应用。

【例 2-10】 图 2-39（a）所示电路中，已知 $R = 20\Omega$，$L = 63.7\text{mH}$，$u_S = 100\sqrt{2}\sin 314t\text{V}$，$i_S = 5\sqrt{2}\sin(314t + 90°)\text{A}$，求电感元件的电流 i_L。

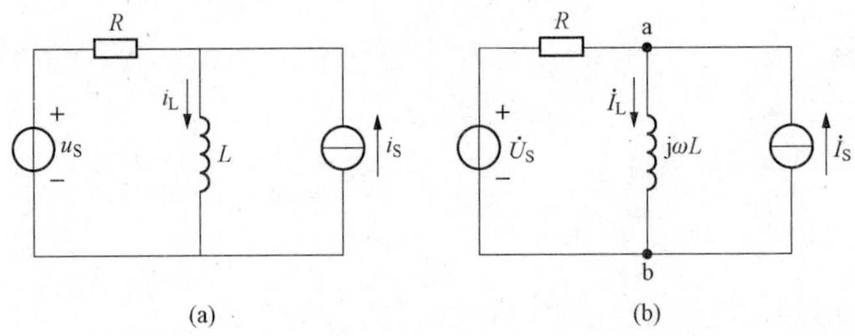

图 2-39 【例 2-10】图

（a）【例 2-10】电路图；（b）【例 2-10】电路的相量模型图

解法一：应用弥尔曼定理求解。

画出电路的相量模型图，如图 2-39（b）所示。电路中的电压源的电压 $u_S = 100\sqrt{2}\sin 314t\text{V}$ 对应的相量为

$$\dot{U}_S = 100\angle 0^\circ \text{V}$$

电流源的电流 $i_S = 5\sqrt{2}\sin(314t + 90^\circ)$A 对应的相量为

$$\dot{I}_S = 5\angle 90^\circ \text{A}$$

电阻元件的阻抗为

$$R = 20\Omega$$

电感元件的阻抗为

$$j\omega L = j314 \times 63.7 \times 10^{-3}\Omega \approx j20\Omega$$

应用弥尔曼公式求出两个节点间的电压相量为

$$\dot{U}_{ab} = \frac{\frac{\dot{U}_S}{R} + \dot{I}_S}{\frac{1}{R} + \frac{1}{j\omega L}} = \frac{\frac{100\angle 0^\circ}{20} + 5\angle 90^\circ}{\frac{1}{20} + \frac{1}{j20}} \text{V} = 100\angle 90^\circ \text{V}$$

电感元件的电流 i_L 对应的相量为

$$\dot{I}_L = \frac{\dot{U}_{ab}}{j\omega L} = \frac{100\angle 90^\circ}{j20} \text{A} = 5\angle 0^\circ \text{A}$$

由电流相量 $\dot{I}_L$ 写出所对应正弦量的瞬时值解析式为

$$i_L = 5\sqrt{2}\sin 314t \text{A}$$

解法二：应用叠加定理求解。

先计算电压源单独作用的情况。将电流源置零，代之以开路，如图 2-40（a）所示。

$$\dot{I}'_L = \frac{\dot{U}_S}{R + j\omega L} = \frac{100\angle 0^\circ}{20 + j314 \times 63.7 \times 10^{-3}} \text{A} = 2.5\sqrt{2}\angle -45^\circ \text{A}$$

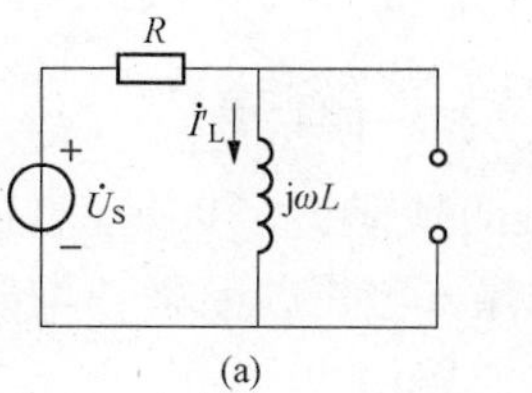

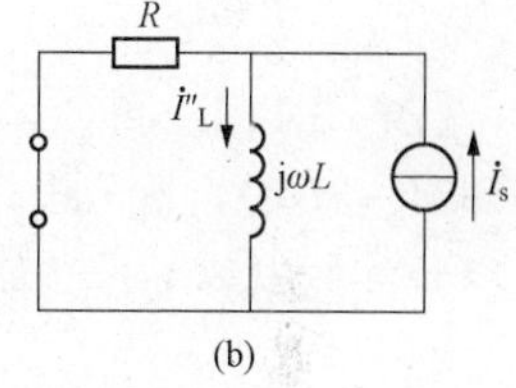

图 2-40　应用叠加定理求解
（a）电压源单独作用；（b）电流源单独作用

再计算电流源单独作用的情况。将电压源置零，代之以短路，如图 2-40（b）所示。

$$\dot{I}''_L = \frac{R}{R + j\omega L}\dot{I}_S = \frac{20}{20 + j314 \times 63.7 \times 10^{-3}} \times 5\angle 90^\circ \text{A} = 2.5\sqrt{2}\angle 45^\circ \text{A}$$

所以有

$$\dot{I}_L = \dot{I}'_L + \dot{I}''_L = (2.5\sqrt{2}\angle -45^\circ + 2.5\sqrt{2}\angle -45^\circ)\text{A} = 5\angle 0^\circ \text{A}$$

由电流相量 $\dot{I}_L$ 写出所对应正弦量的瞬时值解析式为

$$i_L = 5\sqrt{2}\sin 314t \text{A}$$

解法三：应用戴维南定理求解。

断开电感支路，如图 2-41（a）所示，求开路电压，如下

$$\dot{U}_{oc} = R\dot{I}_S + \dot{U}_S = (20 \times 5\angle 90^\circ + 100\angle 0^\circ)\text{V} = 100\sqrt{2}\angle 45^\circ \text{V}$$

将电流源、电压源置零，如图 2-41（b）所示，求入端阻抗，即

$$Z_i = R = 20\Omega$$

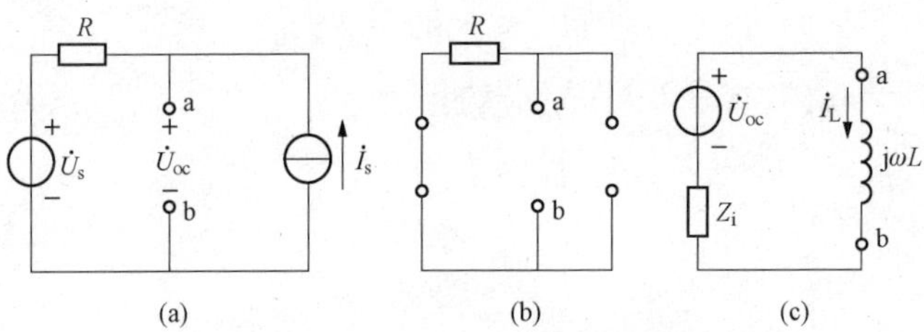

图 2-41　应用戴维南定理求解

(a) ab 端口的开路电压；(b) 入端阻抗；(c) 戴维南等效电路

画出戴维南等效电路如图 2-41（c）所示，则有

$$\dot{I}_L = \frac{\dot{U}_{oc}}{Z_j + j\omega L} = \frac{100\sqrt{2}\angle 45^\circ}{20 + j314 \times 63.7 \times 10^{-3}} A = 5\angle 0^\circ A$$

由电流相量 $\dot{I}_L$ 写出所对应正弦量的瞬时值解析式为

$$i_L = 5\sqrt{2}\sin 314t A$$

接在有源二端网络两端的负载阻抗不同，从有源二端网络供给负载的功率也不同。在图 2-42 中，电源内阻抗 $Z_i = R_i + jX_i$，负载阻抗 $Z = R + jX$，并且 R 及 X 均可调。可以证明，当 $Z = Z_i^*$，即 $Z = R + jX = R_i - jX_i$ 时，负载获得最大功率，这个条件称为负载与电源共轭匹配。此时负载所获得最大功率为

$$P_{max} = \frac{U_{oc}^2}{4R_i}$$

【例 2-11】 图 2-43（a）所示是一个 RC 移相电路，u_1 是输入电压，u_2 是输出电压。已知 $R = 500\Omega$，输入电压的频率 $f = 100Hz$。①欲使输出电压 u_2 比输入电压 u_1 超前 45°，求电容元件的电容 C；②如输入电压的频率 f 增高，u_2 比 u_1 超前的相位角将如何变化？

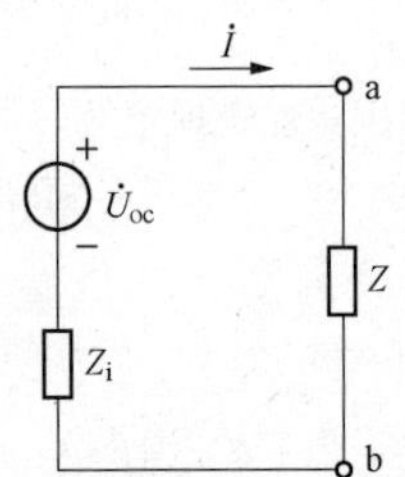

图 2-42　最大功率传输

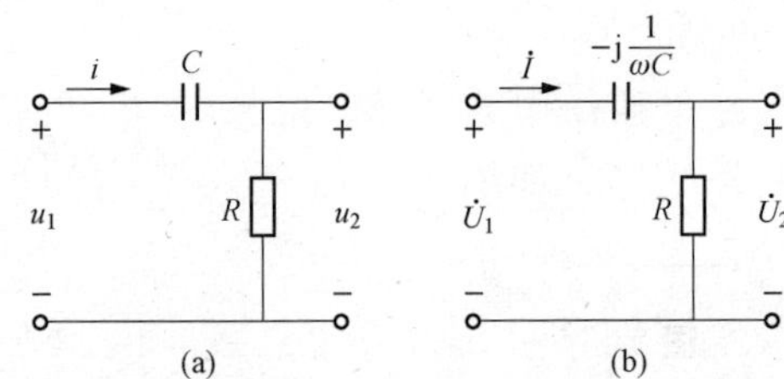

图 2-43　【例 2-11】图

(a)【例 2-11】电路图；(b)【例 2-11】电路的相量模型图

解　(1) 因为输出电压 u_2 是电阻 R 的电压，所以 u_2 与电流 i 同相。欲使输出电压 u_2 比输入电压 u_1 超前 45°，则电流 i 比输入电压 u_1 超前 45°，阻抗角即为端口电压超前端口电流的角度，所以阻抗角为

$$\varphi = -45^\circ$$

画出电路的相量模型图，如图 2-43（b）所示，电路的阻抗为

$$Z = R - j\frac{1}{\omega C}$$

则

$$\tan\varphi=\frac{-\frac{1}{\omega C}}{R}=\tan(-45^\circ)=-1$$

$$R=\frac{1}{\omega C}$$

$$C=\frac{1}{\omega R}=\frac{1}{2\pi\times100\times500}\mu\text{F}=3.18\mu\text{F}$$

（2）因为电路的阻抗为

$$Z=R-\mathrm{j}\frac{1}{\omega C}=R-\mathrm{j}\frac{1}{2\pi fC}$$

所以当输入电压的频率 f 增高，阻抗角的绝对值 $|\varphi|$ 减小，u_2 比 u_1 超前的相位角将减小。

【例 2-12】 在图 2-44 所示正弦稳态电路中，已知 $\dot{U}=220\underline{/0^\circ}\text{V}$，$R_1=\sqrt{3}X_L$，$X_C=\sqrt{3}R_2$。试作相量图，并根据相量图求 $\dot{U}_{ab}$。

解 因为 $R_1=\sqrt{3}X_L$，所以 RL 串联支路的阻抗为 $\varphi_1=30^\circ$，$\dot{I}_1$ 滞后 $\dot{U}$ 30°；因为 $X_C=\sqrt{3}R$，所以 RC 串联支路的阻抗为 $\varphi_2=-60^\circ$，$\dot{I}_2$ 超前 $\dot{U}$ 60°。以电压源电压 $\dot{U}$ 为参考相量，作出相量图如图 2-45 所示。由相量图可知，$\dot{U}_{ab}$ 的有效值 $U_{ab}=U=220\text{V}$，$\dot{U}_{ab}$ 滞后 $\dot{U}$ 60°，所以

$$\dot{U}_{ab}=220\underline{/-60^\circ}\text{V}$$

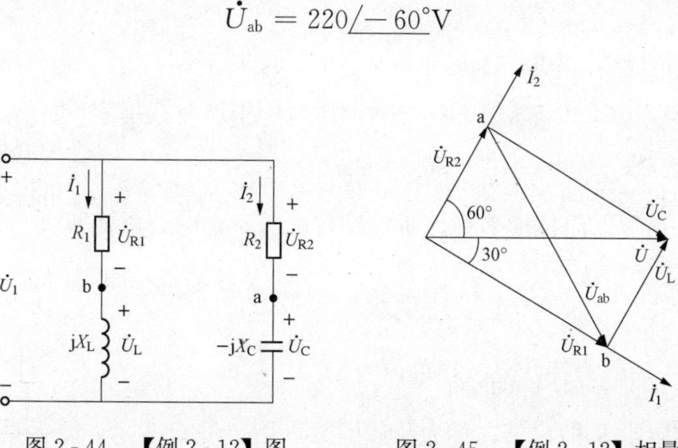

图 2-44　【例 2-12】图　　　　图 2-45　【例 2-12】相量图

七、谐振

正弦交流电路中，含有电感、电容元件，不含独立源的二端网络，端电压、电流在关联参考方向下出现同相的现象，称为谐振。谐振时，网络的阻抗角 $\varphi=0$，阻抗的虚部（或导纳的虚部）为零。一方面，电力电路中发生谐振时会使电路的某些元件产生高电压或大电流，从而损坏设备或破坏系统的正常工作，因此应避免谐振状态下工作；另一方面，在电子电路中，却可利用谐振的这一特点，实现有选择地传送信号的目的。

常见的谐振电路有串联谐振电路和并联谐振电路。

（一）串联谐振

1. 串联谐振的条件

图 2-46 为 RLC 串联电路，其阻抗为

$$Z = R + \mathrm{j} \times \left(\omega L - \frac{1}{\omega C}\right)$$

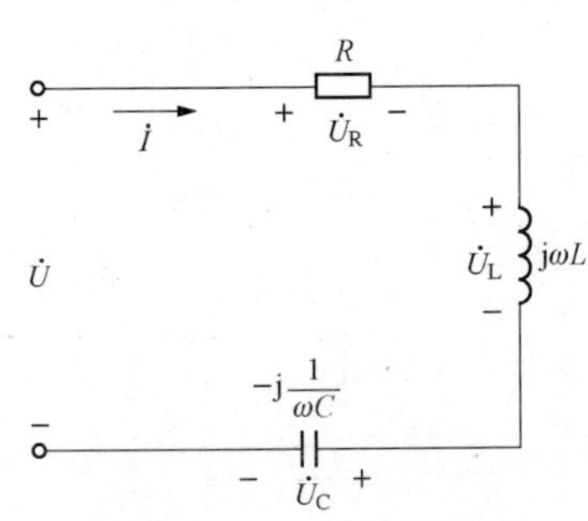

图 2-46　串联谐振电路

当阻抗的虚部为零时，阻抗角 $\varphi=0$，电路的端口电压与端口电流同相，电路发生谐振。因此，串联谐振的条件为

$$\omega L = \frac{1}{\omega C} \tag{2-36}$$

由式（2-36）可知，调节 ω、L、C 三个量中的任一个都能使式（2-36）成立，满足谐振条件使电路发生谐振。调节电路的某些参数使电路发生谐振的过程，称为调谐。

根据式（2-36），RLC 串联电路发生谐振时的角频率为

$$\omega_0 = \frac{1}{\sqrt{LC}}$$

式中：ω_0 为谐振角频率。

RLC 串联电路发生谐振时的频率为

$$f_0 = \frac{\omega_0}{2\pi} = \frac{1}{2\pi\sqrt{LC}}$$

式中：f_0 为谐振频率。

2. 串联谐振的特点

（1）电路的阻抗最小。串联谐振时阻抗 $Z_0=R$，与非谐振时相比，阻抗模 $|Z_0|=R$ 最小。

（2）端口电压一定时，电流最大。串联谐振时的电流有效值为

$$I_0 = \frac{U}{|Z_0|} = \frac{U}{R}$$

与非谐振时相比，谐振时阻抗模最小，所以端口电压一定时，电流最大。

（3）感抗和容抗相等，等于特性阻抗。串联谐振时 $X_{L0} = X_{C0} = \omega_0 L = \frac{1}{\omega_0 C} = \sqrt{\frac{L}{C}}$，$\left(令\ \rho = \frac{1}{\omega_0 C} = \sqrt{\frac{L}{C}}\right)$，称为特性阻抗，单位为 Ω。

特性阻抗 ρ 与电阻 R 的比值，称为品质因数，用字母 Q 表示，Q 无量纲。

$$Q = \frac{\rho}{R} = \frac{1}{R}\sqrt{\frac{L}{C}}$$

由上式可知，品质因数 Q 是由电路的参数 R、L、C 决定的。

（4）电感电压和电容电压大小相等，等于端口电压的 Q 倍，可能远远大于端口电压。串联谐振时，电感电压和电容电压分别为

$$\dot{U}_{L0} = \mathrm{j}X_{L0}\dot{I}_0 = \mathrm{j}\rho\frac{\dot{U}}{R} = \mathrm{j}\frac{\rho}{R}\dot{U} = \mathrm{j}Q\dot{U}$$

$$\dot{U}_{C0} = -\mathrm{j}X_{C0}\dot{I}_0 = -\mathrm{j}\frac{\rho}{R}\dot{U} = -\mathrm{j}Q\dot{U}$$

由于电感电压相量和电容电压相量的大小相等、方向相反，所以端口电压为

$$\dot{U} = \dot{U}_{R0} + \dot{U}_{L0} + \dot{U}_{C0} = \dot{U}_{R0}$$

即端口电压等于电阻电压。串联谐振电路的相量图如图 2-47 所示。

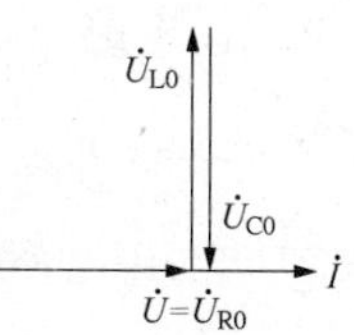

图 2-47　串联谐振电路的相量图

发生串联谐振时，电感电压和电容电压的大小相等，都等于端口电压的 Q 倍，即

$$U_{L0}=U_{C0}=QU$$

当 $X_L=X_C \gg R$ 时，Q 值很大，使电感电压和电容电压远远大于端口电压，因此，串联谐振又称为电压谐振。在电力工程中，要避免出现谐振现象，否则产生的高电压有可能导致设备的绝缘损坏。

【例 2-13】 RLC 串联电路，接到 220V 的工频交流电源上。已知：电阻为 12.56Ω，电感为 8H。试求谐振时电阻元件、电感元件、电容元件的电压有效值。

解　谐振时感抗和容抗相等，等于特性阻抗，即

$$\rho=X_{L0}=X_{C0}=\omega_0 L=314\times 8\Omega=2512\Omega$$

品质因数为

$$Q=\frac{\rho}{R}=\frac{2512}{12.56}=200$$

谐振时电阻元件的电压等于端口电压，即

$$U_{R0}=U=220\text{V}$$

谐振时电感元件电压与电容电压的有效值相等，等于端口电压有效值的 Q 倍，即

$$U_{L0}=U_{C0}=QU=220\times 200\text{V}=44000\text{V}$$

（二）并联谐振电路

1. 并联谐振的条件

图 2-48 为线圈与电容器并联的电路，其导纳为

$$Y=\frac{1}{R+\text{j}\omega L}+\text{j}\omega C=\frac{R-\text{j}\omega L}{R^2+\omega^2L^2}+\text{j}\omega C=\frac{R}{R^2+\omega^2L^2}-\text{j}\frac{\omega L}{R^2+\omega^2L^2}+\text{j}\omega C$$

$$=\frac{R}{R^2+\omega^2L^2}+\text{j}\left(\omega C-\frac{\omega L}{R^2+\omega^2L^2}\right)$$

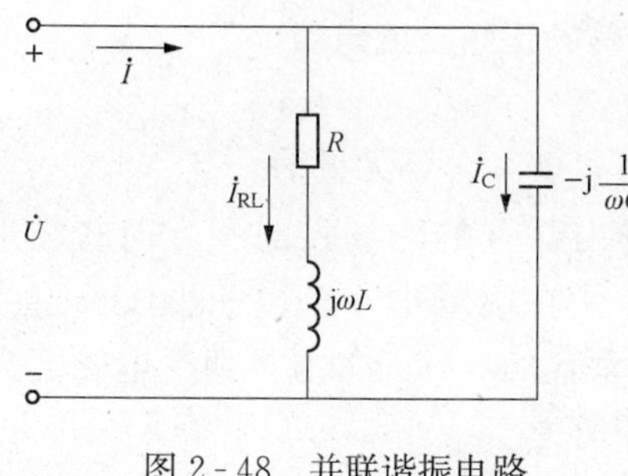

图 2-48　并联谐振电路

当导纳的虚部为零时，导纳角 $\theta=0$，电路的端口电压与端口电流同相，电路发生谐振。因此，该并联电路的谐振条件为

$$C=\frac{L}{R^2+\omega^2L^2}\qquad(2-37)$$

由式（2-37）可知，①当 ω、L、R 一定时，调节电容量 C，使 $C=\frac{L}{R^2+\omega^2L^2}$，电路一定可达谐振。②当 R、L、C 一定时，调节角频率 ω，由式（2-37）解出谐振角频率为 $\omega_0=\sqrt{\frac{1}{LC}-\frac{R^2}{L^2}}$。当 $\frac{1}{LC}>\frac{R^2}{L^2}$ 时，调 ω 可使电路发生谐振；当 $\frac{1}{LC}<\frac{R^2}{L^2}$ 时，不能通过调节角频率使电路发生谐振。③当 R、C、ω 一定时，调节电感 L，由式（2-37）解出谐振时电感 $L=\frac{1\pm\sqrt{1-4\omega^2R^2C^2}}{2\omega^2C}$。当 $4\omega^2R^2C^2<1$ 时，有两个电感值可使电路发生谐

振；当 $4\omega^2R^2C^2=1$ 时，有一个电感值可使电路发生谐振；当 $4\omega^2R^2C^2>1$ 时，不能通过调节电感值使电路发生谐振。

当 $\omega L\gg R$ 时，R 可忽略不计，谐振条件为 $\omega C=\frac{1}{\omega L}$。此时电路的品质因数很大，$Q=\frac{\omega L}{R}\gg1$，并联谐振电路的谐振条件与串联谐振条件相同，谐振角频率和谐振频率近似为

$$\omega_0\approx\frac{1}{\sqrt{LC}}$$

$$f_0\approx\frac{1}{2\pi\sqrt{LC}}$$

2. 并联谐振的特点

(1) 电路的阻抗最大或接近最大。谐振时电路的导纳为

$$Y_0=\frac{R}{R^2+\omega^2L^2} \tag{2-38}$$

由式 (2-38) 可知，Y_0 与电容 C 无关，当改变电容 C 使电路发生谐振时，与非谐振时相比，导纳的模最小，阻抗的模最大。但是改变 ω 或 L 使电路发生谐振时，由于 Y_0 与 ω、L 有关，与非谐振时相比，导纳的模不是最小，而是接近最小，则阻抗的模接近最大。

由式 (2-37) 得 $R^2+\omega^2L^2=\frac{L}{C}$，代入式 (2-38) 得

$$Y_0=\frac{RC}{L}$$

因此谐振时阻抗为

$$Z_0=\frac{L}{RC} \tag{2-39}$$

(2) 端口电流一定时，端口电压最大或接近最大。与非谐振时相比，谐振时阻抗模最大或接近最大，所以端口电流一定时，端口电压最大或接近最大。

(3) 当 $\omega L\gg R$ 时，线圈电流和电容电流大小近似相等，等于端口电流的 Q 倍，可能远远大于端口电流，并联谐振又称为电流谐振。并联谐振电路的相量图如图 2-49 所示。

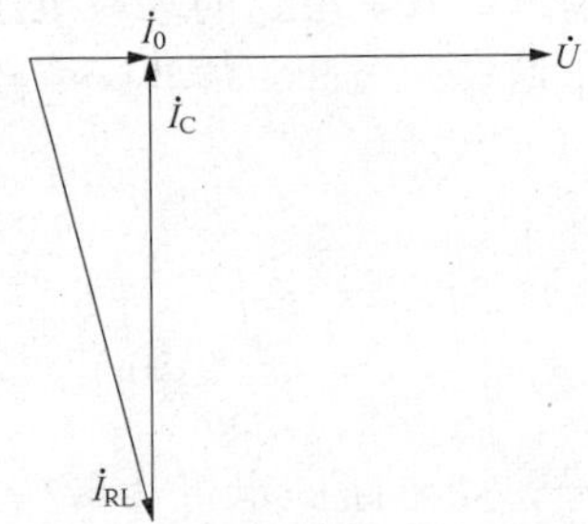

图 2-49 并联谐振电路的相量图

八、磁路和含有耦合电感的正弦交流电路

(一) 磁场的主要物理量

1. 磁感应强度

磁感应强度是表示磁场内某点的磁场强弱和方向的物理量，是一个矢量，用 $\boldsymbol{B}$ 表示。在磁场中一点放一小段长度为 Δl、电流为 I 并与磁场方向垂直的导体，如导体所受电磁力为 ΔF，则该点磁感应强度的量值为

$$\boldsymbol{B}=\frac{\Delta F}{I\Delta l}$$

磁感应强度的方向为该点的磁场方向，也即小磁针 N 极在该点的指向。在国际单位制 SI 中，磁感应强度 $\boldsymbol{B}$ 的单位为 T（特斯拉）。

如果磁场内各点的磁感应强度量值相等、方向相同，这样的磁场称为均匀磁场。

为了使磁场的分布状况形象化，常用磁感应线描述磁场。磁感应线上的每一点的切线方向就是该点的磁场方向，磁感应线的密度等于该点的磁感应强度的量值。

2. 磁通

磁感应强度矢量通过一个曲面的通量称为磁通，用符号 Φ 表示。如图 2-50 所示，在磁场中有一个曲面 S，在曲面上取一个面积元 $\mathrm{d}s$，$\mathrm{d}s$ 处的磁感应强度量值为 $\boldsymbol{B}$，其方向与 $\mathrm{d}s$ 的法线 n 夹角为 α，则此面积元的磁通为

$$\mathrm{d}\Phi = B\mathrm{d}s\cos\alpha = B \cdot \mathrm{d}S$$

曲面 S 的磁通为各个 $\mathrm{d}S$ 中 $\mathrm{d}\Phi$ 的总和，即

$$\Phi = \int_S \mathrm{d}\Phi = \int_S B \cdot \mathrm{d}S$$

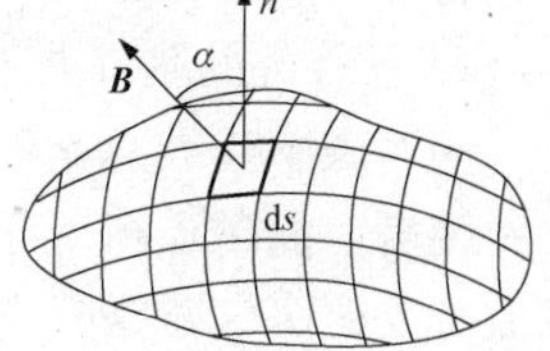

图 2-50　曲面 S 的磁通

在均匀磁场中，磁感应强度 $\boldsymbol{B}$ 与垂直于磁场方向的面积 S 的乘积，为通过该面积的磁通，即

$$\Phi = \boldsymbol{B}S \quad 或 \quad \boldsymbol{B} = \frac{\Phi}{S}$$

由上式可见，磁感应强度在数值上可看成是与磁场方向垂直的单位面积所通过的磁通，因此磁感应强度又可称为磁通密度。

磁通的 SI 单位为 Wb（韦伯）。

3. 磁导率

在外磁场作用下，物质会被磁化而产生附加磁场，不同物质的附加磁场不同。磁介质对磁场的影响用磁导率 μ 来表征。磁导率的 SI 单位为 H/m。真空的磁导率为 $\mu_0 = 4\pi \times 10^{-7}$ H/m，为一常数。

把物质的磁导率与真空磁导率的比值，称作物质的相对磁导率，即

$$\mu_r = \frac{\mu}{\mu_0}$$

铁磁性物质（铁族元素及其合金）的磁导率比真空磁导率大得多，为其数十倍，数千倍，乃至数万倍。铁磁性物质的磁导率不仅较大，而且磁铁性物质的 μ 不是常数，会随外磁场的变化而变化。非铁磁性物质（除铁族元素及其化合物以外全部物质）的磁导率工程上可近似认为与真空的磁导率相同，即 $\mu \approx \mu_0$ 或 $\mu_r \approx 1$。

4. 磁场强度

磁场中某点的磁感应强度不仅和产生它的电流、导体的几何形状以及位置等有关，而且还与磁介质的导磁性能有关，这给分析带来了复杂性。为了计算上的方便，引入磁场强度矢量，用 $\boldsymbol{H}$ 表示。在均匀磁介质中，某一点的磁场强度矢量的大小就等于该点磁感应强度的大小与介质磁导率的比值，即

$$\boldsymbol{H} = \frac{\boldsymbol{B}}{\mu}$$

磁场强度的 SI 单位是 A/m。

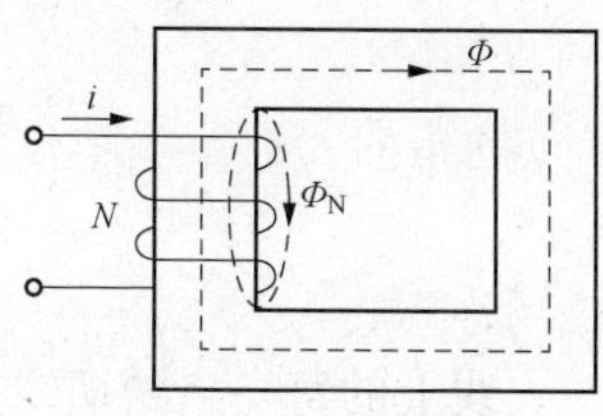

图 2-51　铁芯线圈

（二）磁路的基本定律

很多电气设备中需要较强的磁场或较大的磁通。由于铁磁性物质的磁导率远比非铁磁性物质的磁导率大，所以都将铁磁性物质做成闭合或近似闭合的环路，即所谓铁芯。绕在铁芯上的线圈通过较小的电流，便能产生较强的磁场。如图 2-51 所示的铁芯线圈，当线圈中通入电流时，由于铁芯的磁导率比周

围非铁磁物质的磁导率高得多，故磁通基本上集中于铁芯内，这部分磁通称为主磁通。少量经过周围的非铁磁物质而闭合的磁通，称为漏磁通。这种情况下的磁场差不多约束在铁芯范围之内，周围非铁磁性物质中的磁场则很微弱。这种由铁磁材料构成的，磁通集中通过的路径称为磁路。磁路的基本定律包括基尔霍夫定律和欧姆定律，它们是分析计算磁路的基础。

1. 磁路的基尔霍夫第一定律

因为磁感应线总是闭合的空间曲线，所以穿入某一闭合面的磁通恒等于穿出该闭合面的磁通。对于有分支磁路，磁路分支点叫做磁路的节点。如图 2-52 所示磁路，在节点处作闭合面 S，与这个节点相连的三条支路磁通的关系为

$$\Phi_1 = \Phi_2 + \Phi_3$$

上式又可写成

$$\Phi_1 - \Phi_2 - \Phi_3 = 0$$

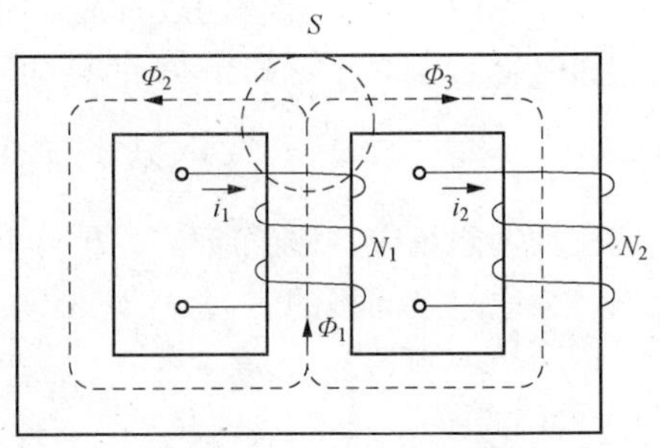

图 2-52　有分支的磁路

也就是说，穿过磁场中任一闭合面的磁通代数和恒等于零，这就是磁路的基尔霍夫第一定律，又称为基尔霍夫磁通定律，其数学表达式为

$$\sum \Phi = 0$$

应用上式时，若对参考方向穿入闭合面的磁通取正号，则对参考方向穿出闭合面的磁通取负号。

根据磁路的基尔霍夫第一定律，磁路的不分支部分各截面的磁通都是相同的。

2. 磁路的基尔霍夫第二定律

线圈的匝数 N 与其励磁电流 I 的乘积称为磁通势或磁动势，常用 F 表示，即 $F=NI$。磁路中某段磁路的磁场强度方向处处与磁路中心线的切线方向一致，磁路的长度 l 与其磁场强度 $\boldsymbol{H}$ 的乘积称为该段磁路的磁压，又称磁位差，常用 U_{m} 表示，即 $U_{\mathrm{m}}=\boldsymbol{Hl}$。磁压和磁通势的 SI 单位均为 A。

磁路的基尔霍夫第二定律又称为基尔霍夫磁压定律，其内容为：在磁路的任意闭合回路中，各段磁压的代数和等于各磁通势的代数和，即

$$\sum U_{\mathrm{m}} = \sum F \text{ 或 } \sum (Hl) = \sum (NI)$$

应用上式时，要选一绕行方向，磁场强度的参考方向与绕行方向一致时，该磁压取正号，反之取负号；励磁电流的参考方向与绕行方向之间符合右手螺旋关系时，该磁通势取正号，反之取负号。

3. 磁路的欧姆定律

设某段磁路的截面积为 S，长为 l，材料的磁导率为 μ，磁通为 Φ，若磁感应线在横截面上均匀分布，且磁场方向处处与横截面垂直，则该段磁路的磁压为

$$U_{\mathrm{m}} = Hl = \frac{B}{\mu}l = \frac{l}{\mu S}\Phi = R_{\mathrm{m}}\Phi$$

上式中

$$R_{\mathrm{m}} = \frac{l}{\mu S}$$

称为该段磁路的磁阻。磁阻的 SI 单位为 1/H。

因为 $U_{\mathrm{m}}=R_{\mathrm{m}}\Phi$ 在形式上与电路的欧姆定律相似，所以称为磁路的欧姆定律。

空气的磁导率为常量，故气隙的磁阻是常量。铁磁性物质的磁导率不是常量，使得铁磁性物质的磁阻也不是常数，因此一般情况下不能应用磁路的欧姆定律对磁路进行定量计算。但在对磁路作定性分析时，常用到磁路的欧姆定律。

（三）含有耦合电感的正弦交流电路

1. 互感

如果有两个或多个线圈，每个线圈电流产生的磁通不仅要穿过自身线圈，还有一部分要穿过相邻线圈。这种具有磁场互相联系的两个或两个以上的线圈称为磁耦合线圈。

如图 2-53 所示的磁耦合线圈，当两个线圈都有电流时，穿过每个线圈的磁链有两部分组成，一部分是由自身电流产生的磁链，即自感磁链；另一部分是由相邻线圈电流产生的，即互感磁链。

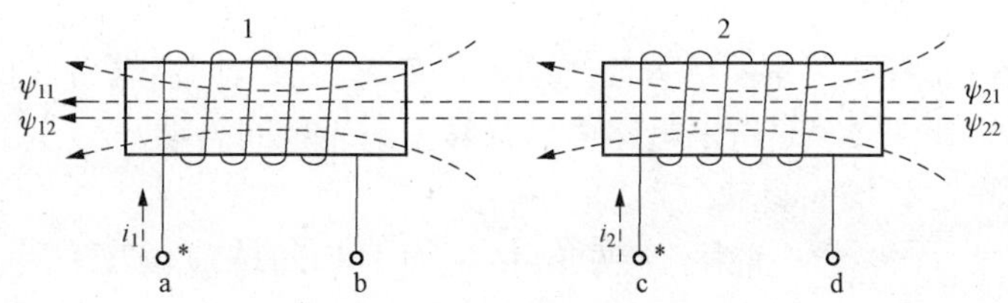

图 2-53　磁耦合线圈

在图 2-53 中，ψ_{11}是由线圈 1 的电流 i_1 产生的穿过线圈 1 的自感磁链，ψ_{11}与电流 i_1 之比 $L_1=\frac{\psi_{11}}{i_1}$，称为线圈 1 的自感系数，简称自感。

由线圈 1 的电流 i_1 产生的磁链中的一部分（或全部）还要穿过线圈 2。ψ_{21}是由线圈 1 的电流 i_1 产生的穿过线圈 2 的互感磁链。互感磁链与产生该磁链的电流之比，称为互感，即

$$M_{21}=\frac{\psi_{21}}{i_1}$$

M_{21}称为线圈 1 与线圈 2 的互感。同理，由线圈 2 的电流 i_2 产生的穿过线圈 1 的互感磁链 ψ_{12} 与电流 i_2 之比 $M_{12}=\frac{\psi_{12}}{i_2}$称为线圈 2 与线圈 1 的互感，可以证明 $M_{21}=M_{12}$，所以统一用字母 M 表示，即

$$M=\frac{\psi_{21}}{i_1}=\frac{\psi_{12}}{i_2}$$

互感的 SI 单位为与自感相同，为 H。

常用耦合系数 k 来表示磁耦合线圈的耦合程度。耦合系数定义为

$$k=\frac{M}{\sqrt{L_1L_2}}$$

k 的取值范围是 $0\leqslant k\leqslant 1$。当两个线圈的磁通互不交链时，$M=0$，$k=0$；当一个线圈产生的磁通全部与另一个线圈交链时，$M=\sqrt{L_1L_2}$，$k=1$。

2. 同名端

同名端是用来说明磁耦合线圈的相对绕向的。当两个磁耦合线圈同时通入电流时，如果每个线圈中自感磁链与互感磁链的方向一致（即两者互相加强），则电流流入（或流出）的两个端钮为同名端。通常同名端用相同的符号标记，如用“*”或“△”等标出。在图 2-

53 中，线圈 1 的电流 i_1 从端钮 a 流入，线圈 2 的电流 i_2 从端钮 c 流入，根据右手螺旋定则，每个线圈中自感磁链与互感磁链的方向一致，则端钮 a 和端钮 c 是同名端，端钮 b 和端钮 d 也是同名端。

如果改变其中一个线圈的绕向，如图 2 - 54 所示，则端钮 a 和端钮 d 是同名端。

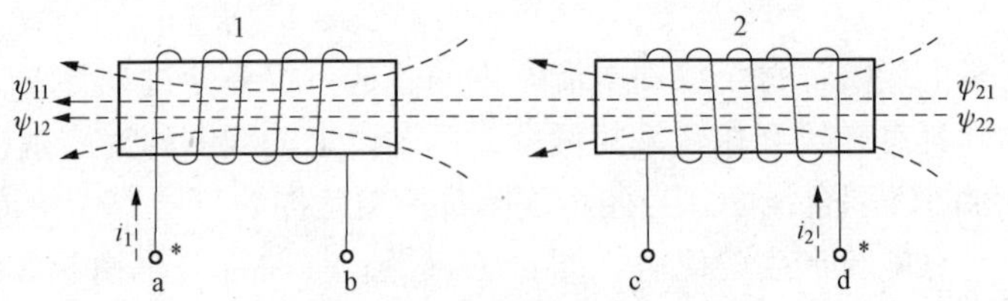

图 2 - 54　两线圈绕向不同

在实际工作中，通常采用实验的方法来确定同名端。引入同名端后，在电路中可不必画出线圈的具体绕向，如图 2 - 55 所示电路中用符号 * 来表示同名端。

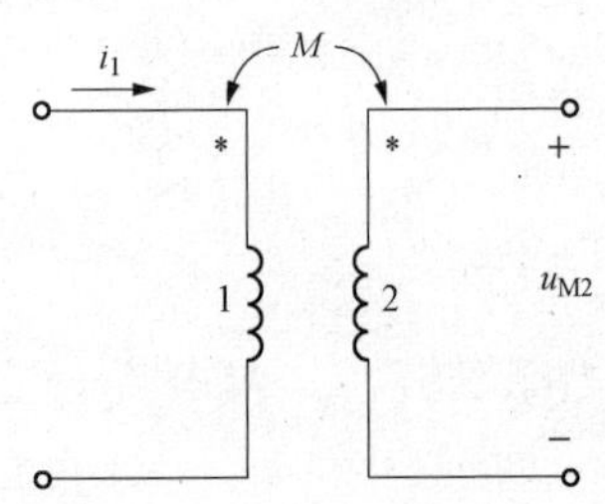

图 2 - 55　互感电压

3. 互感电压

由互感磁链变化而引起的感应电压称为互感电压。在图 2 - 55 中，由线圈 1 的电流 i_1 变化，在线圈 2 中产生的互感电压 u_{M2} 大小为

$$|u_{M2}| = \left|\frac{\mathrm{d}\psi_{21}}{\mathrm{d}t}\right| = M\left|\frac{\mathrm{d}i_1}{\mathrm{d}t}\right|$$

如果选择互感电压与引起该电压的另一线圈电流的参考方向对同名端一致，如图 2 - 55 所示，互感电压 u_{M2} 与 i_1 的参考方向对同名端一致，当 M 为常量时

$$u_{M2} = M\frac{\mathrm{d}i_1}{\mathrm{d}t}$$

在正弦情况下，它们的相量关系为

$$\dot{U}_{M2} = \mathrm{j}\omega M\dot{I}_1$$

式中：$\mathrm{j}\omega M = X_M$ 称为互感抗。互感抗的单位为 Ω。

分析计算含有耦合电感元件的正弦交流电路时，除元件的自感电压外，还要考虑互感电压的存在。下面以分析耦合电感串联电路为例，简单介绍含有耦合电感元件的正弦交流电路的分析计算。

两个耦合电感串联有两种接法，一种是顺向串联，另一种是反向串联，如图 2 - 56 所示。

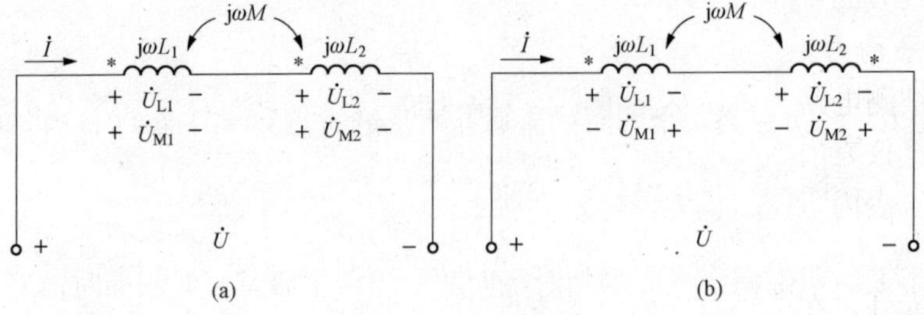

图 2 - 56　耦合电感串联

（a）顺向串联；（b）反向串联

两个耦合电感顺向串联是异名端相连，如图 2-56（a）所示。选择各自感电压与电流的参考方向一致，各互感电压与引起该电压的电流的参考方向对同名端一致，根据 KVL 得

$$\dot{U}=\dot{U}_{L1}+\dot{U}_{M1}+\dot{U}_{L2}+\dot{U}_{M2}=j\omega L_1\dot{I}+j\omega M\dot{I}+j\omega L_2\dot{I}+j\omega M\dot{I}$$
$$=j\omega(L_1+L_2+2M)\dot{I}=j\omega L\dot{I}$$

式中：$L=L_1+L_2+2M$ 为两个耦合电感顺向串联时的等效电感。

两个耦合电感反向串联是同名端相连，如图 2-56（b）所示。选择各自感电压与电流的参考方向一致，各互感电压与引起该电压的电流的参考方向对同名端一致，根据 KVL 得

$$\dot{U}=\dot{U}_{L1}-\dot{U}_{M1}+\dot{U}_{L2}-\dot{U}_{M2}=j\omega L_1\dot{I}-j\omega M\dot{I}+j\omega L_2\dot{I}-j\omega M\dot{I}$$
$$=j\omega(L_1+L_2-2M)\dot{I}=j\omega L\dot{I}$$

式中：$L=L_1+L_2-2M$ 为两个耦合电感反向串联时的等效电感。

任务实施

一、交流电流表、电压表的选择

交流电流表、电压表的种类很多。应根据被测量的特点和电流表、电压表的性能，正确、合理地选择交流电流表、电压表，以达到测量的目的和要求。

1. 选择仪表的类型

开关板或电气设备面板上的仪表应选择安装式仪表，在实验室使用的仪表一般选择便携式仪表。对于频率、环境温度、湿度、外界电磁场等方面有特定要求时，应按其要求进行选择，以尽量减小测量误差。

2. 选择仪表的量程

在实际测量中，为使测量误差尽量减小，且保证仪表的安全，应根据以下原则选择电流表和电压表的量程：所选量程要大于被测量，应使被测量之值在仪表量程的 2/3 以上，在无法估计被测量值大小时，应选用仪表最大量程测量后，再逐步换成合适的量程。

3. 选择仪表的准确度

作为标准表或精密测量时，可选用 0.1 级或 0.2 级的仪表；试验用，可选用 0.5 级或 1.0 级的仪表；一般的工程测量，可选用 1.5 级以下的仪表。

与仪表配合的附加装置，如分流电阻、分压电阻、仪用互感器等，其准确度等级应满足国家标准，这样才能保证测量结果准确。

4. 选择仪表的绝缘强度

选择仪表时，还要根据被测电路电压的高低，来确定仪表的绝缘强度，以免发生危害人身安全及损坏仪表的事故。

5. 选择仪表的内阻

仪表接入被测电路后，应尽量减小仪表本身的功率损耗，以免影响电路原有的工作状态。因此，选择仪表内阻时，电流表内阻应尽量小，一般要求电流表的内阻应小于被测对象的 100 倍；电压表内阻应尽量大，一般要求电压表内阻值要大于被测对象 100 倍较好。

6. 其他因素

除上述因素外，在选择仪表时还有许多因素需要考虑，例如经济性、可靠性、过载能力、维修是否方便等，必须结合实际情况，综合考虑各种因素，才能选出合适的仪表，从而

达到的测量的目的和要求。

二、交流电压表的使用方法

1. 将仪表按面板要求的位置放置。

2. 正确接线。测量低电压时，若被测电压没有超过交流电压表的量程，则可直接测量，即把交流电压表直接并联在被测电路两端；测量高电压时，可用电压互感器来扩大交流电压表的量程和隔离高电压，电压互感器的一次绕组和被测电路并联，二次绕组两端接交流电压表。

3. 选择量程。在使用电压表前，要根据被测量的大小选择合适的量程。安装式仪表一般只有一个量程。便携式电压表一般是多量程仪表，应选用合适的量程。

4. 调零。对于指针式仪表，用旋钉螺具对仪表的机械调零器进行调零，并轻敲仪表，看指针在 0 的位置是否变化。

5. 接通电源，读出被测电压的值。直接测量时，电压表的读数即为被测电压值；与电压互感器配合测量交流电压时，需将接在二次侧的电压表的读数乘以电压互感器的变压比，才是一次侧被测电压。如果是与电压互感器配套使用的交流电压表，为了读数方便，电压表标尺通常按一次电压刻度，这样从电压表上就可以直接读出被测电压的值。

三、交流电流表的使用方法

1. 将仪表按面板要求的位置放置。

2. 正确接线。测量低压电路中的电流时，若被测电流没有超过交流电流表的量程，则可直接测量，即把交流电流表直接串联在被测电路中；测量大电流或高压电路中的电流时，可用电流互感器来扩大交流电流表的量程和隔离高电压，电流互感器的一次绕组和被测电流回路串联，二次绕组两端接交流电流表。

3. 选择量程。在使用电流表前，要根据被测量的大小选择合适的量程。安装式仪表一般只有一个量程。便携式电流表一般是多量程仪表，应选用合适的量程。

4. 调零。对于指针式仪表，用旋钉螺具对仪表的机械调零器进行调零，并轻敲仪表，看指针在 0 的位置是否变化。

5. 接通电源，读出被测电流的值。直接测量时，电流表的读数即为被测电流值；与电流互感器配合测量交流电流时，需将接在二次侧的电流表的读数乘以电流互感器的变流比，才是一次侧被测电流。如果是与电流互感器配套使用的交流电流表，为了读数方便，电流表标尺通常按一次侧电流刻度，这样从电流表上就可以直接读出被测电流的值。

四、使用和维护交流电流表、电压表的注意事项

1. 使用前，应仔细阅读说明书，熟悉各旋钮开关及插孔功能，以免误操作损坏仪表。并注意按仪表面板上所要求的工作放置位置正确放置仪表。

2. 对于指针式仪表，测量前应进行调零，以免测量读数不准确。

3. 应根据被测量值的大小选择量程，以免过负荷毁坏指针或烧毁仪表，或电流过小不在有效刻度内而使测量结果不准确。

4. 接线应牢固，以免接触不良或发热。

5. 对于指针式仪表，读数时，眼睛应正对指针读数，避免由于视角偏斜引起的读数误差。

6. 使用完数字式仪表后，应将开关拨至“关（OFF）”的位置。若长期不用，应将电池取出，以免电解液流出腐蚀电池盒及表内元件。

7. 仪表应放置在干燥通风、无尘、无震动、无外磁场的场所使用或保存。

8. 使用中轻拿轻放，勿用力晃动，以免指针在冲撞力的作用下断裂，在运输途中，应采取防振措施。

9. 为了保证使用的准确、可靠，应将仪表按时、定期送检。

五、钳形电流表的使用

1. 钳形电流表的正确选择

钳形表的种类很多，在选用时主要考虑的有：被测线路是交流还是直流、被测导线的形状、粗细、被测量的大小、所需测量的功能等。

应根据被测线路的电压等级正确选择钳形电流表，被测线路的电压要低于钳表的额定电压。测量高压线路的电流时，应选用与其电压等级相符的高压钳形电流表。低电压等级的钳形电流表只能测低压系统中的电流，不能测量高压系统中的电流。

钳形电流表的准确度主要有 2.5 级、3 级、5 级等几种，应当根据测量技术要求和实际情况选用。

2. 钳形电流表使用前的检查

钳形电流表在使用前应检查各部位是否完好无损：铁芯绝缘护套应完好；钳把操作应灵活；钳口铁芯应无锈斑、闭合应严密；指针应能自由摆动；挡位变换应灵活、手感应明显。

应重点检查表的绝缘性能是否良好、钳口上的绝缘材料（橡胶或塑料）有无脱落、破裂等现象，整个外壳应无破损，手柄应清洁干燥，这些都直接关系着测量安全。

还应检查钳口的开合情况，要求钳口可动部分开合自如，两边钳口结合面应紧密接触。如钳口上有油污和杂物，应用溶剂洗净；如有锈斑，应轻轻擦去。

若指针没在零位，应进行机械调零。

对于数字式钳形电流表，还需检查表内电池的电量是否充足，不足时必须更换新电池。

对于多用型钳形电流表，还应检查测试线和表棒有无损坏，要求导电良好、绝缘完好。

3. 使用钳形电流表测量电流时的操作步骤

（1）根据被测线路的电流大小，选择相应的测量量程。当被测线路的电流难以估算时，应将量程开关置于最大测量量程（或根据导线截面，估算其安全载流量，适当选择量程）。

（2）测试人应戴手套，将表端平，按紧手柄，使钳口张开，将被测导线放入钳口中央，然后松开手柄并使钳口闭合紧密。钳口的结合面如有杂声，应重新开合一次，仍有杂声，应处理结合面，以使读数准确。

（3）读数。钳形电流表表盘上标尺刻度通常有多条，读数时应根据所选量程，在相应的刻度线上读取数值。

（4）当被测电流较小时，为了得到较准确的读数，若条件允许，可将被测导线在钳口铁芯上多缠绕几圈，被测导线中的电流应为读数除以放进钳口内的导线圈数。

（5）读数后，将钳口张开，将被测导线退出，将钳形电流表量程开关置于最高测量量程或 OFF 挡。

4. 使用和维护钳形电流表的注意事项

钳形电流表使用方便，无需断开电源和线路就可以直接测量运行中电气设备的工作电流，便于及时了解设备的工作状况。在使用和维护钳形电流表时应注意以下事项：

(1) 测量低压可熔保险器或水平排列低压母线电流时，应在测量前将各相可熔保险或母线用绝缘材料加以保护隔离，以免引起相间短路。对低压导线或设备进行电流的测量时，由于一般低压母线排布的线间距离不够大，有的钳形电流表体形尺寸较大，测量时张开钳口就有可能引起相间短路或接地，倘若测量人员的姿势不稳或胳膊发生晃动，就更容易发生事故。所以，必须根据现场实际条件，在测量之前，采用合格的绝缘材料将母线及电气元件加以相间隔离，同时应注意不得触及其他带电部分。当电缆有一相接地时，严禁测量，防止出现因电缆头的绝缘水平低发生对地击穿爆炸而危及人身安全。

(2) 在测量现场，各种器材均应井然有序，测量人员身体的各部分与带电体保持安全距离，低压系统安全距离为0.1～0.3m。测量高压电缆各相电流时，电缆头线间距离应在300mm以上，且绝缘良好，待认为测量方便时，方能进行。观测表计时，要特别注意保持头部与带电部分的安全距离，人体任何部分与带电体的距离不得小于钳形表的整个长度。

(3) 钳形电流表不能测量裸导体的电流。因为在测量裸导线的电流时，如果不同相导线之间及导线与地之间的距离较小，若钳口绝缘不良或者绝缘套已经损坏，就很容易造成相与相之间、相与地之间短路事故。所以通常规定不允许用钳形电流表测量裸导线的电流，如果必须测量，应当做好裸导线的绝缘隔离的安全准备工作，防止意外情况的发生。

(4) 测试时应戴手套（绝缘手套或清洁干燥的线手套），必要时应设监护人。用高压钳形表测量时，应由两人操作，测量时应戴绝缘手套，站在绝缘垫上，不得触及其他设备，以防止短路或接地。

(5) 对于多用钳形电流表，各项功能不得同时使用，比如在测量电流时，不能同时测量电压，出于安全考虑，测试线必须从钳形电流表上拔下来。

(6) 钳形电流表准确度等级不高，常用于对测量要求不高的场合。

(7) 应根据被测电流大小来选择合适的量程。若无法估计，为防止损坏钳形电流表，应从最大量程开始测量，逐步变换挡位，直至量程合适。严禁在测量进行过程中切换钳形电流表的量程，换量程时应先将被测导线从钳口退出再更换量程。

(8) 被测导线要尽量放置在钳口内的中央位置上，如被测量导线过于偏斜，被测电流在钳口铁芯所产生的磁感应强度将会发生较大幅度的变化，直接影响测量的准确度。

(9) 测量时务必使钳口接合紧密，以减少漏磁通。如听到钳口发出的电磁噪声或把握钳形电流表的手有轻微震动的感觉，说明钳口端面结合不严密，此时应重新张、合一次钳口。如果杂声依然存在，应检查钳口端面有无污垢或锈迹，若有应将其清除干净，直至钳口结合良好为止。

(10) 对于数字式钳形电流表，尽管在使用前检查过电池的电量，但在测量过程中，也应当随时关注电池的电量情况，若发现电池电压不足（如出现低电压提示符号），必须在更换电池后再继续测量。如果测量现场存在电磁干扰，将会干扰测量的正常进行，应设法排除干扰。数字式表头的显示虽然比较直观，但液晶屏的有效视角是很有限的，眼睛过于偏斜时很容易读错数字，还应当注意小数点及其所在的位置，这一点千万不能被忽视。

(11) 对于指针式钳形电流，表盘上标尺刻度通常有多条，应根据所选量程，在相应的刻度线上读取数值。读数时，眼睛要正对表针和刻度以避免斜视，减小视差。

(12) 测量过程中不能同时钳住两根或多根导线。测量小于5A的电流时，为了得到较准确的读数，若条件允许，可将被测导线在钳口铁芯上多缠绕几圈，但实际电流应为读数除以放进钳口内的导线圈数。

(13) 当被测量频率较低或正弦波有较大失真时，钳形电流表误差较大。

(14) 每次测量完毕后一定要把调节开关拨至最大电流量程的位置，以防下次使用时，由于未经选择量程而造成仪表损坏。

(15) 钳形电流表要有专人保管，不用时应存放在环境干燥、无尘、温度适宜、通风良好、无强烈震动、无腐蚀性和有害成分的室内货架或柜子内加以妥善保管。

(16) 清洁钳形电流表只能使用湿布和少量洗涤剂，切忌用化学溶剂擦表壳。

(17) 如观察到有任何异常，该仪表应立即停止使用并送维修。

六、测量 *RLC* 串联电路的电压和电流

(1) 按图 2-57 接线，取 $R=800\Omega$，$C=4\mu F$。经教师检查后，合上电源开关，调节调压器使其输出电压为 60V，用电压表监视，使调压器的输出电压保持不变。

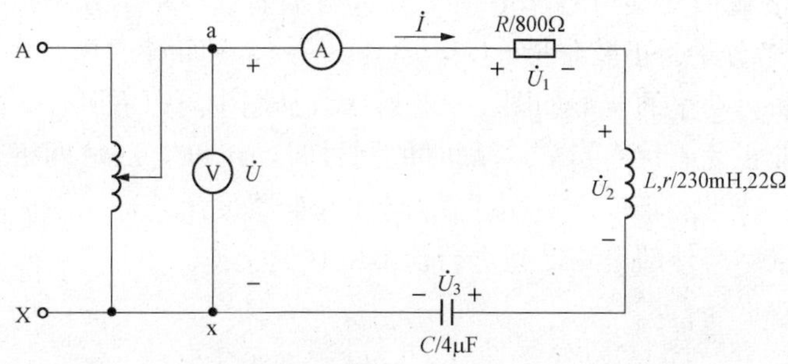

图 2-57　测量 *RLC* 串联电路的电压和电流的实验电路

(2) 分别测量电路的电流及各元件上的电压和总电压，记于表 2-1 中。

表 2-1　　测量 *RLC* 串联电路的电压和电流实验数据表

被测量	I(A)	U(V)	U_1(V)	U_2(V)	U_3(V)
测量值					

(3) 对测量结果进行分析、总结。

任务二　单相交流电路功率的测量

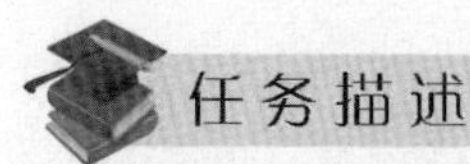

在正弦交流电路中，由于储能元件（电感元件和电容元件）的存在，使得电源与储能元件之间或储能元件与储能元件之间发生能量的往返交换，这就使得交流电路的功率比直流电路的情况复杂得多。因此，对正弦交流电路的分析，需要掌握有功功率、无功功率、视在功率、功率因数等基本知识。本项任务是通过对单相正弦交流电路的功率的测量，达到以下目标：

(1) 理解有功功率、无功功率、视在功率的概念。

(2) 理解提高功率因数的意义及方法。

(3) 能够分析计算简单正弦交流电路的功率。

(4) 能够根据电路图进行设备安装与连接。

(5) 熟练掌握功率表和功率因数表的使用方法。

(6) 掌握使用交流电压表、交流电流表和功率表测量线圈参数的方法。

一、瞬时功率

如图 2-58 所示二端网络，在关联参考方向下，设二端网络的端电压和电流分别为 $u=\sqrt{2}U\sin(\omega t+\varphi)$，$i=\sqrt{2}I\sin\omega t$，其中 φ 为电压超前电流的相位角。则瞬时功率为

$$p=ui=2UI\sin\omega t\sin(\omega t+\varphi)=UI\cos\varphi-UI\cos(2\omega t+\varphi) \qquad (2-40)$$

由式 (2-40) 可知：瞬时功率可看作由两个分量叠加而成，一个分量是与时间无关的恒定分量 $UI\cos\varphi$；另一个分量是正弦分量 $-UI\cos(2\omega t+\varphi)$，其频率是电流频率的两倍。

电压、电流及瞬时功率的波形如图 2-59 所示。从图中可以看到，瞬时功率是以二倍角频率变化的周期性非正弦函数。当 u、i 瞬时值同号时，$p>0$，二端网络从外部电路吸收功率；当 u、i 瞬时值异号时，$p<0$，二端网络向外部电路发出功率。瞬时功率有时为正，有时为负，表明二端网络与外部电路之间进行能量的往返交换。

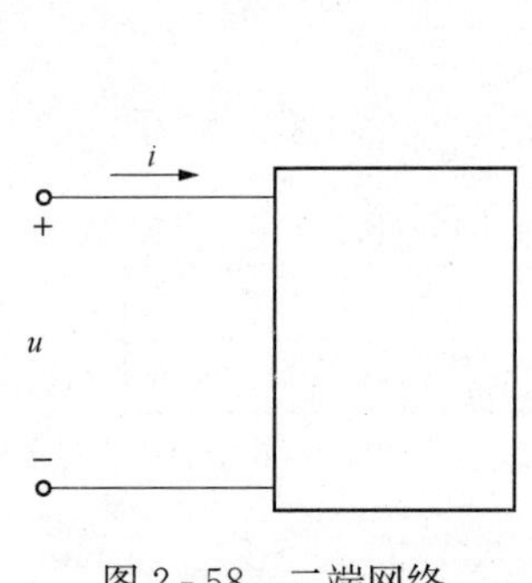

图 2-58 二端网络

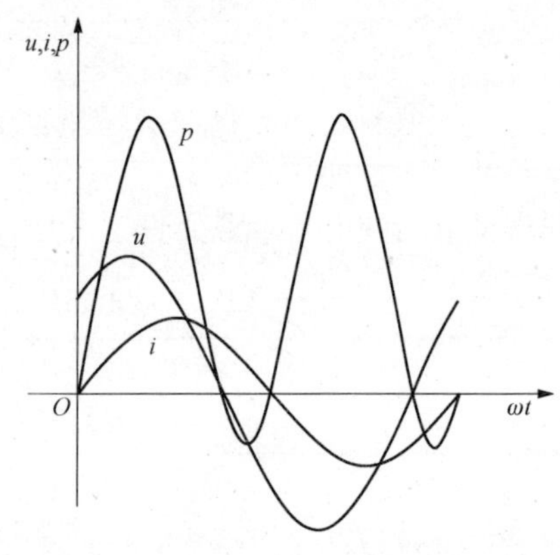

图 2-59 电压、电流及瞬时功率的波形

利用三角公式变换式 (2-40) 得

$$\begin{aligned}p&=ui=2UI\sin\omega t\sin(\omega t+\varphi)=UI\cos\varphi-UI\cos(2\omega t+\varphi)\\&=UI\cos\varphi(1-\cos2\omega t)+UI\sin\varphi\sin2\omega t=p_a+p_r\end{aligned} \qquad (2-41)$$

由式 (2-41) 可知：瞬时功率还可看作由以下两个分量叠加而成，一个分量是 $p_a=UI\cos\varphi(1-\cos2\omega t)$，当 $\frac{\pi}{2}>\varphi\geqslant0$ 时，因为 $\cos2\omega t\leqslant1$，则 $p_a=UI\cos\varphi(1-\cos2\omega t)\geqslant0$，所以 p_a 是该网络消耗能量的瞬时功率。另一个分量是 $p_r=UI\sin\varphi\sin2\omega t$，$p_r$ 是一个正弦函数，其频率是电流频率的两倍。p_r 是网络与外部交换能量的瞬时功率，其最大值为 $UI\sin\varphi$。p_r 有时为正值、有时为负值，它反映的是网络交换能量的瞬时功率。

二、有功功率

由于瞬时功率的大小随时间变化，某一瞬间的功率不能全面反映整个功率的情况，因此引入平均功率的概念。定义平均功率为瞬时功率在一周期内的平均值，用大写字母 P 表示。平均功率又称为有功功率，其计算公式为

$$P=\frac{1}{T}\int_0^T p\mathrm{d}t=UI\cos\varphi \tag{2-42}$$

式中：U、I 分别为电压、电流的有效值；φ 为电压超前电流的相位角，又称功率因数角；$\cos\varphi$ 为功率因数。有功功率的单位为 W（瓦）。

正弦交流电路的有功功率不仅与电压、电流有效值的乘积有关，还与功率因数 $\cos\varphi$ 有关。功率因数角 φ 为电压超前电流的相位角。对无源二端网络，在关联参考方向下，功率因数角 φ 等于等效阻抗的阻抗角。

由式（2-42）可得电阻、电感和电容元件吸收的有功功率分别为

$$P_R=U_RI_R=I_R^2R=\frac{U_R^2}{R}$$

$$P_L=0$$

$$P_C=0$$

可见，对无源二端网络，有功功率实质上是电阻元件的瞬时功率的平均值，是用于消耗的瞬时功率的平均值。

由于电感和电容元件的有功功率为零，所以由 R、L、C 构成的无源二端网络的有功功率是其中各电阻元件的有功功率之和，即

$$P=\sum P_R$$

根据能量转换与守恒定律，在一个电路系统中，有功功率是平衡的，电路中所有支路的有功功率的代数和为零，即

$$\sum P=0$$

应用上式时，若支路吸收的有功功率取正号，则支路发出的有功功率取负号。

三、无功功率

正弦交流电路中，电感元件和电容元件虽然不消耗能量，但是会与外部电路进行能量交换。为了定量地衡量能量交换的规模，把能量交换的最大速率，即把用于交换的瞬时功率 p_r 的最大值定义为无功功率，用符号 Q 表示，即

$$Q=UI\sin\varphi \tag{2-43}$$

无功功率的量纲与有功功率相同，但为了与有功功率相区别，无功功率的单位为 var（乏尔，简称乏）。

由式（2-43）可得电阻、电感和电容元件吸收的无功功率分别为

$$Q_R=0$$

$$Q_L=U_LI_L=I_L^2X_L=\frac{U_L^2}{X_L}$$

$$Q_C=-U_CI_C=-I_C^2X_C=-\frac{U_C^2}{X_C}$$

可见，电阻元件是耗能元件，电感元件和电容元件是储能元件，无功功率反映的是储能元件与外部电路间的能量交换的规模。电感元件吸收的无功功率为正，电容元件吸收的无功功率为负。

电感元件吸收的无功功率与电容元件吸收的无功功率总是异号的，表明电感元件的无功功率与电容元件的无功功率具有相互补偿的作用。如果一个无源二端网络中既有电感元件又有电容元件，当 $\varphi=0$ 时，无功功率 $Q=0$，表示该二端网络与外部电路没有能量交换，能量在网络内部的电感和电容元件间互相交换；当 $\varphi>0$ 时，无功功率 $Q>0$，表明该网络吸收感性的无功功率（相当于发出容性无功功率），电感元件的磁场储能除了与电容元件的电场储能交换外，多余部分再与外部电路交换，网络呈感性；当 $\varphi<0$ 时，无功功率 $Q<0$，表明该网络吸收容性的无功功率（相当于发出感性无功功率），电容元件的电场储能除了与电感元件的磁场储能交换外，多余部分再与外电路交换，网络呈容性。

需要说明的是无功功率虽然不是消耗的功率，但不能把它理解为无用的功率。因为无功功率是某些电气设备进行正常工作所必需的。许多电气设备正常工作需要建立变化的磁场，因而必须吸收感性无功功率。因此，无功功率是发电厂和电力系统中的重要经济、技术指标之一。

可以证明，在一个电路系统中，无功功率是平衡的，电路中所有支路的无功功率的代数和为零，即

$$\sum Q = 0$$

应用上式时，若支路吸收的感性（或容性）无功功率取正号，则支路发出的感性（或容性）无功功率取负号。

四、视在功率

二端网络的端口电压与端口电流有效值的乘积称为该二端网络的视在功率，用符号 S 表示，即

$$S = UI \tag{2-44}$$

视在功率的量纲与有功功率相同，但为了与有功功率、无功功率区别，视在功率的单位为 V·A（伏安）。

电气设备一般都是按照额定电压、额定电流来设计和使用的，通常把电气设备的额定电压与额定电流的乘积称为设备的额定容量，所以设备的容量一般指它的视在功率。

一般情况下，视在功率是不平衡的，即

$$\sum S \neq 0$$

由式（2-42）～式（2-44）可知，同一网络的有功功率、无功功率和视在功率的关系分别为

$$P = S\cos\varphi$$
$$Q = S\sin\varphi$$
$$S^2 = P^2 + Q^2$$

由 P、Q、S 构成的直角三角形，称为功率三角形，如图 2-60 所示。φ 为功率因数角。

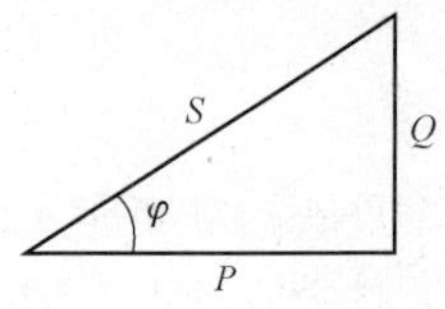

图 2-60 功率三角形

比较图 2-60、图 2-31 和图 2-32，可以看出 RLC 串联电路的功率三角形、电压三角形和阻抗三角形都是直角三角形，且有一个角等于 φ，所以功率三角形、电压三角形和阻抗三角形是相似三角形。功率三角形的各边与电压三角形的各边之比为 I，功率三角形的各边与阻抗三角形的各边之比为 I^2，在电路分析时，常把功率三角形、电压

三角形、阻抗三角结合起来使用。

比较图 2-60、图 2-36 和图 2-37，可以看出 RLC 并联电路的功率三角形、电流三角形和导纳三角形都是直角三角形，由于导纳角 $\theta=-\varphi$，所以功率三角形、电流三角形和导纳三角形是相似三角形。功率三角形的各边与电流三角形的各边之比为 U，功率三角形的各边与导纳三角形的各边之比为 U^2，在电路分析时，常把功率三角形、电流三角形、导纳三角结合起来使用。

五、复功率

二端网络的端口电压相量与端口电流相量的共轭复数的乘积，称为该二端网络的复功率，用符号 $\widetilde{S}$ 表示，即

$$\widetilde{S}=\dot{U}\dot{I}^* \tag{2-45}$$

设二端网络的端口电压相量、端口电流相量分别为

$$\dot{U}=U\angle\psi_u$$

$$\dot{I}=I\angle\psi_i$$

则端口电流相量 $\dot{I}=I\angle\psi_i$ 的共轭复数为

$$\dot{I}^*=I\angle-\psi_i$$

代入式（2-45），得

$$\widetilde{S}=\dot{U}\dot{I}^*=U\angle\psi_u\times I\angle-\psi_i=UI\angle\psi_u-\psi_i=S\angle\varphi=UI\cos\varphi+\mathrm{j}UI\sin\varphi=P+\mathrm{j}Q \tag{2-46}$$

可见，复功率的模为视在功率 S，复功率的幅角 $\varphi=\psi_u-\psi_i$，φ 为端口电压超前端口电流的相位角，即为功率因数角。复功率的实部为有功功率 P，虚部为无功功率 Q。

在一个电路系统中，有功功率是平衡的，无功功率也是平衡的。因此，复功率也是平衡的，即

$$\sum\widetilde{S}=0$$

引入复功率的概念后，可以直接用电压相量和电流相量来计算电路的 P、Q、S 和 φ，给分析计算带来方便，但复功率只是一个计算用的复数量，并不代表正弦量。

在关联参考方向下，无源二端网络的等效复阻抗 Z 等于端口电压相量与端口电流相量之比，即

$$Z=\frac{\dot{U}}{\dot{I}}$$

则

$$\dot{U}=Z\dot{I}$$

将上式代入式（2-45），得

$$\widetilde{S}=\dot{U}\dot{I}^*=Z\dot{I}\dot{I}^*=ZI^2=(R+\mathrm{j}X)I^2$$

在关联参考方向下，无源二端网络的等效复导纳 Y 等于端口电流相量与端口电压相量之比，即

$$Y=\frac{\dot{I}}{\dot{U}}$$

则

$$\dot{I} = Y\dot{U}$$

将上式代入式（2-45），得

$$\widetilde{S} = \dot{U}\dot{I}^* = \dot{U}(Y\dot{U})^* = \dot{U}Y^*\dot{U}^* = Y^*U^2 = (G - \mathrm{j}B)U^2$$

【例 2-14】 如图 2-61 所示无源二端网络 N，已知端口电压 $u=220\sqrt{2}\sin(100\pi t+86.9°)\mathrm{V}$，电流 $i=2\sqrt{2}\sin(100\pi t+50°)\mathrm{A}$。求此无源二端网络的有功功率、无功功率、视在功率和复功率。

解 根据端口电压、电流可求得

$$P = UI\cos\varphi = 220 \times 2 \times \cos(86.9° - 50°)\mathrm{W} = 352\mathrm{W}$$

$$Q = UI\sin\varphi = 220 \times 2 \times \sin(86.9° - 50°)\mathrm{var} = 264\mathrm{var}$$

$$S = UI = 220 \times 2\mathrm{V \cdot A} = 440\mathrm{V \cdot A}$$

$$\widetilde{S} = \dot{U}\dot{I}^* = 220\underline{/86.9°} \times 2\underline{/-50°}\mathrm{V \cdot A} = 220 \times 2\underline{/86.9° - 50°}\mathrm{V \cdot A} = 440\underline{/36.9°}\mathrm{V \cdot A}$$

或

$$\widetilde{S} = P + jQ = (352 + \mathrm{j}264)\mathrm{V \cdot A}$$

【例 2-15】 如图 2-62 所示电路，已知正弦交流电压源的电压 $u_S=200\sqrt{2}\sin(314t+45°)\mathrm{V}$。$R=80\Omega$，$L=637\mathrm{mH}$，$C=22.7\mu\mathrm{F}$。试求电压源的有功功率、无功功率和视在功率。

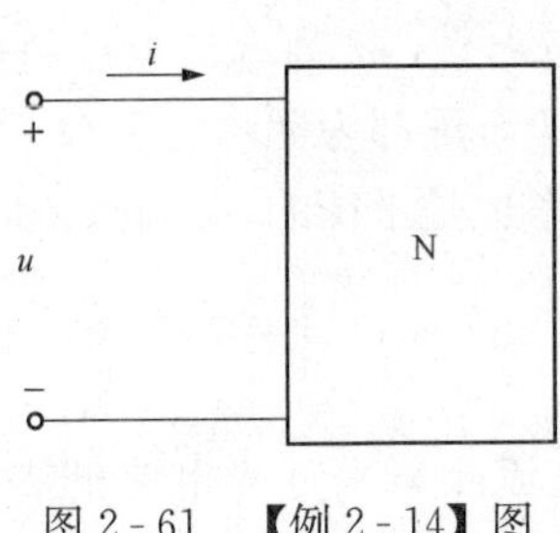

图 2-61 【例 2-14】图

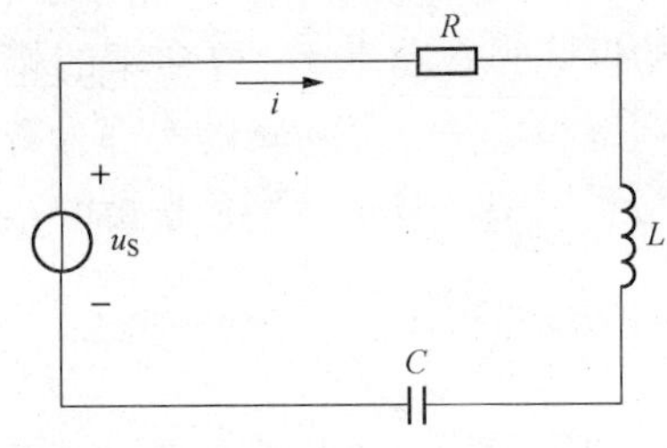

图 2-62 【例 2-15】图

解法一：R、L、C 三个元件串联的等效阻抗为

$$Z = R + \mathrm{j}\left(\omega L - \frac{1}{\omega C}\right) = \left[80 + \mathrm{j}\left(314 \times 637 \times 10^{-3} - \frac{1}{314 \times 22.7 \times 10^{-6}}\right)\right]\Omega$$

$$= (80 + \mathrm{j}60)\Omega = 100\underline{/36.9°}\Omega$$

等效阻抗的阻抗角 $\varphi=36.9°$，因此电压源的电压 u_S 超前电流 i 的相位角 $\varphi=36.9°$。

电流 i 的有效值为

$$I = \frac{U_S}{|Z|} = \frac{200}{100}\mathrm{A} = 2\mathrm{A}$$

电压源发出的有功功率为

$$P_S = U_S I\cos\varphi = 200 \times 2 \times \cos36.9°\mathrm{W} = 320\mathrm{W}$$

电压源发出的无功功率为

$$Q_S = U_S I\sin\varphi = 200 \times 2 \times \sin36.9°\mathrm{var} = 240\mathrm{var}$$

电压源发出的视在功率为

$$S = U_S I = 200 \times 2\text{V}\cdot\text{A} = 400\text{V}\cdot\text{A}$$

解法二：电感元件的感抗为

$$X_L = \omega L = 314 \times 637 \times 10^{-3}\,\Omega = 200\Omega$$

电容元件的容抗为

$$X_C = \frac{1}{\omega C} = \frac{1}{314 \times 22.7 \times 10^{-6}}\Omega = 140\Omega$$

电流 i 的有效值为

$$I = \frac{U_S}{|Z|} = \frac{U_S}{\sqrt{R^2 + (X_L - X_C)^2}} = \frac{200}{\sqrt{80^2 + (200 - 140)^2}}\text{A} = 2\text{A}$$

因为有功功率平衡，所以电压源发出的有功功率等于电路中电阻元件吸收的有功功率，即

$$P_S = P_R = I^2 R = 2^2 \times 80\text{W} = 320\text{W}$$

因为无功功率平衡，所以电压源发出的无功功率等于电路中电感元件和电容元件无功功率的代数和，即

$$Q_S = Q_L + Q_C = I^2 X_L - I^2 X_C = I^2(X_L - X_C) = 2^2 \times (200 - 140)\text{var} = 240\text{var}$$

电压源发出的视在功率为

$$S = U_S I = 200 \times 2\text{V}\cdot\text{A} = 400\text{V}\cdot\text{A}$$

解法三：电压源的电压 $u_S = 200\sqrt{2}\sin(314t + 45°)$V 对应的相量 $\dot{U}_S = 200\underline{/45°}$V，电流 i 所对应的相量为

$$\dot{I} = \frac{\dot{U}_S}{R + \text{j}\times\left(\omega L - \frac{1}{\omega C}\right)} = \frac{200\underline{/45°}}{80 + \text{j}\left(314 \times 637 \times 10^{-3} - \frac{1}{314 \times 22.7 \times 10^{-6}}\right)}\text{A} = 2\underline{/8.1°}\text{A}$$

电压源发出的复功率为

$$\widetilde{S}_S = \dot{U}_S \dot{I}^* = 200\underline{/45°} \times 2\underline{/-8.1°}\text{V}\cdot\text{A} = 400\underline{/36.9°}\text{V}\cdot\text{A} = (320 + \text{j}240)\text{V}\cdot\text{A}$$

因为复功率的模为视在功率，所以电压源发出的视在功率 $S = 400$V·A；因为复功率的实部为有功功率，所以电压源发出的有功功率 $P = 320$W；因为复功率虚部为无功功率，所以电压源发出的无功功率 $Q = 240$var。

【例 2-16】 电感线圈可用 RL 串联电路为模型，采用电压表、电流表和功率表可以测量出电感线圈的参数 R 和 L，如图 2-63 所示，这种方法称为三表法。已知电压表、电流表、功率表读数分别为 100V、2A 和 120W，若各表均为理想仪表，且电源频率为 50Hz，求该线圈的等效电阻和等效电感。

解法一：根据 $P = I^2 R$，由功率表、电流表的读数可求出等效电阻 R，即

$$R = \frac{P}{I^2} = \frac{120}{2^2}\Omega = 30\Omega$$

由电压表、电流表的读数计算出阻抗模为

$$|Z| = \frac{U}{I} = \frac{100}{2}\Omega = 50\Omega$$

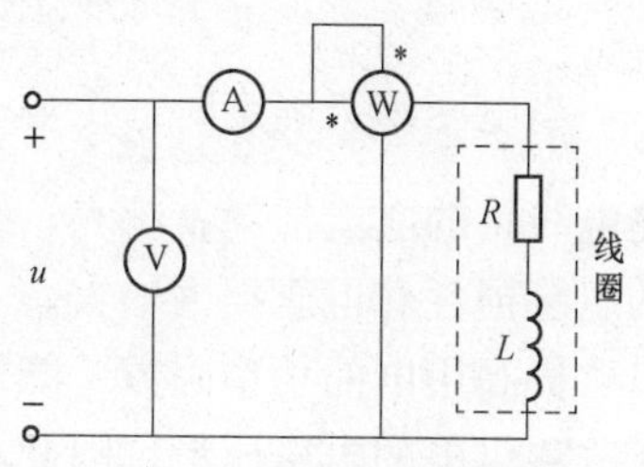

图 2-63　用三表法测量线圈参数的电路

根据 $|Z| = \frac{U}{I} = \sqrt{R^2 + X^2}$，由等效电阻值 R，可算出等效感抗 X_L，即

$$X_L = \sqrt{|Z|^2 - R^2}\Omega = \sqrt{50^2 - 30^2} = 40\Omega$$

最后根据 $X_L = 2\pi fL$ 求得等效电感 L，即

$$L = \frac{X_L}{2\pi f} = \frac{40}{2\pi \times 50}\text{H} = 0.127\text{H}$$

解法二：根据 $P = UI\cos\varphi$，由电流表、电压表和功率表的读数可求出感性负载的功率因数，即

$$\cos\varphi = \frac{P}{UI} = \frac{120}{100 \times 2} = 0.6$$

由电压表、电流表的读数计算出阻抗模

$$|Z| = \frac{U}{I} = \frac{100}{2}\Omega = 50\Omega$$

根据阻抗三角形，由阻抗模 $|Z|$，可算出等效电阻 R，即

$$R = |Z|\cos\varphi = 50 \times 0.6\Omega = 30\Omega$$

根据阻抗三角形，由阻抗模 $|Z|$，可算出等效感抗 X_L，即

$$X_L = |Z|\sin\varphi = |Z|\sqrt{1 - \cos^2\varphi} = 50 \times \sqrt{1 - 0.6^2}\Omega = 40\Omega$$

最后根据 $X_L = 2\pi fL$ 求得等效电感 L，即

$$L = \frac{X_L}{2\pi f} = \frac{40}{2\pi \times 50}\text{H} = 0.127\text{H}$$

六、功率因数的提高

电力系统的负载大部分是异步电动机等感性负载，它们的功率因数一般都比较低。负载的功率因数低，会造成以下不良后果。

1. 电源设备的容量不能充分利用

电源设备的额定容量等于额定电压与额定电流的乘积。由 $P = UI\cos\varphi = S\cos\varphi$ 可知，在相同的电压、电流的情况下，负载的功率因数越低，电源设备输出的有功功率越少。例如一台额定容量为 1000kV・A 的变压器，在额定电压、额定电流下运行，当负载的功率因数为 0.9 时，它输出的有功功率为 1000×0.9kW＝900kW；当负载的功率因数为 0.7 时，它输出的有功功率为 1000×0.7kW＝700kW。可见负载的功率因数由原来的 0.9 降低到 0.7，这台变压器输出的有功功率就减少了 200kW。

因此，发电机、变压器等电源设备在容量一定的情况下，负载的功率因数低，使电源设备的容量不能充分利用。

2. 使输电线路的电能损耗和电压损失增大

当电压等级确定时，传输一定的功率，功率因数越低，线路上的电流 $I = \dfrac{P}{UI\cos\varphi}$ 越大，输电线路的电能损耗就越大，线路的电压降也越大。因此，负载的功率因数低，使输电线路的电能损耗和电压损失增大。

提高用电的功率因数，能使电源设备的容量得到合理的利用，能减少输电电能损耗，还能改善供电的电压质量。因此功率因数是电力技术经济中的一个重要指标，供电部门要求用户提高功率因数，根据功率因数调整电费。提高功率因数，无论是对电力系统，还是对用户，都可以提高经济效益。

提高功率因数的方法之一是在感性负载两端并联适当的容性设备（如电容器）。因为电

容元件的无功功率与电感元件的无功功率具有相互补偿的作用，所以在感性负载两端并联适当的电容器，使感性负载与电容器间互相交换能量，从而可以减少负载与电源之间的能量交换，使功率因数提高。

【例 2-17】 某感性负载接于工频 220V 正弦电源上，已知其有功功率为 700kW，功率因数为 0.7。欲使其功率因数提高到 0.9，问需并联多大的电容？

解法一：如图 2-64 所示，在感性负载两端并联电容器。

并联电容器前、后，感性负载的电压、电流、感性负载的功率因数、有功功率均不变，均与电容 C 无关。

并联电容器前、后，因为感性负载的有功功率不变，忽略电容器的有功功率，所以电路的有功功率不变。

作感性负载并联电容后的相量图，如图 2-65 所示。

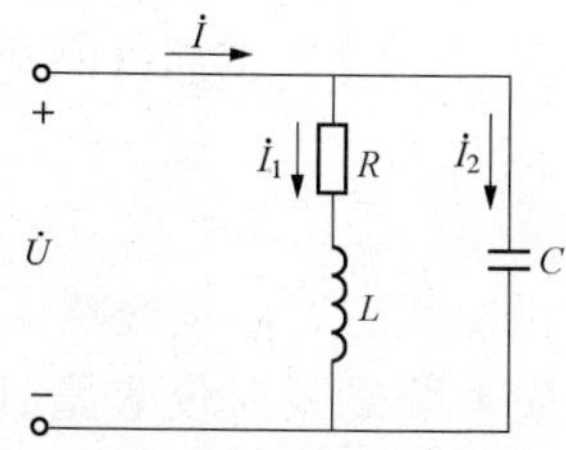

图 2-64　感性负载并联电容器后的电路图

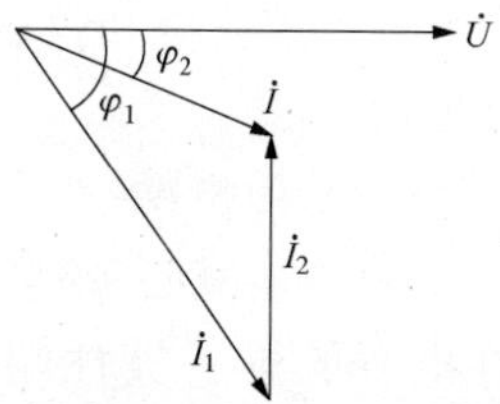

图 2-65　感性负载并联电容器后的相量图

由图 2-65 所示相量图可知，并联电容后，由于电容电流的作用，使电路端电压与总电流的夹角减小，电路的功率因数得到提高。

感性负载的有功功率 $P=UI_1\cos\varphi_1$，则感性负载支路的电流为

$$I_1=\frac{P}{U\cos\varphi_1}$$

并联电容后，电路的有功功率 $P=UI\cos\varphi_2$，电路总电流为

$$I=\frac{P}{U\cos\varphi_2}$$

电容支路电流为

$$I_2=\omega CU$$

由图 2-65 所示相量图可知 $I_2=I_1\sin\varphi_1-I\sin\varphi_2$，则

$$\omega CU=\frac{P}{U\cos\varphi_1}\times\sin\varphi_1-\frac{P}{U\cos\varphi_2}\times\sin\varphi_2$$

$$C=\frac{P}{\omega U^2}(\tan\varphi_1-\tan\varphi_2)$$

$$=\frac{700\times10^3}{314\times220^2}\times(1.02-0.48)\text{F}\approx0.024\ 7\text{F}$$

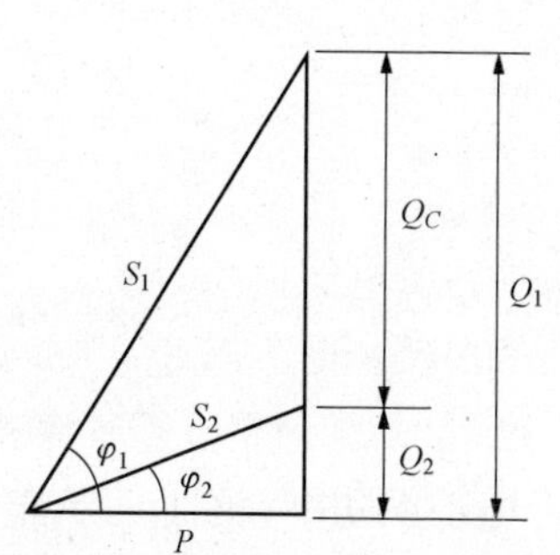

图 2-66　感性负载并联电容前、后的功率三角形

解法二：并联电容前、后，电路的有功功率不变，无功功率改变，画功率三角形如图 2-66 所示。

并联电容前，电路的无功功率为

$$Q_1=P\tan\varphi_1$$

并联电容后，电路的无功功率为

$$Q_2 = P\tan\varphi_2$$

所需并联的电容的无功功率为

$$Q_C = Q_1 - Q_2 = P\tan\varphi_1 - P\tan\varphi_2$$

由 $Q_C = \omega CU^2$ 得

$$C = \frac{Q_C}{\omega U^2} = \frac{P}{\omega U^2} \times (\tan\varphi_1 - \tan\varphi_2) = \frac{700 \times 10^3}{314 \times 220^2} \times (1.02 - 0.484)\text{F} \approx 0.024\ 7\text{F}$$

任务实施

一、单相交流电路功率的测量

（一）电动系功率表的使用

在使用功率表前必须仔细阅读使用说明书，严格按照说明书规定的方法进行接线和操作，否则会影响到使用安全和仪表的正常运行。功率表的种类很多，下面以电动系单相功率表为例说明其使用方法。

1. 电动系功率表的接线

电动系功率表的接线必须遵守发电机端规则，即将电流线圈、电压线圈支路的标有 * 号的端钮接在电源的同一极性端，使两线圈的电流都从 * 端流入时仪表指针正向偏转。如图 2 - 67 所示，电流线圈与被测负载串联，电流线圈标有 * 的一端接电源侧，非 * 端接负载侧。电压线圈支路与被测负载并联，电压线圈支路标有 * 号的一端接在电流线圈的一端，非 * 端接被负载的另一端。

为了减小测量误差，可根据负载阻抗的大小，选择电压线圈支路前接或后接。当负载阻抗比较大或远远大于功率表电流线圈的阻抗时，采用电压线圈支路前接。如图 2 - 67（a）所示。当负载阻抗比较小时，采用电压线圈支路后接。如图 2 - 67（b）所示。对于具有电流补偿线圈的低功率因数功率表，由于受补偿原理的限制，在测量时，电压线圈支路只能后接，不能采用前接。

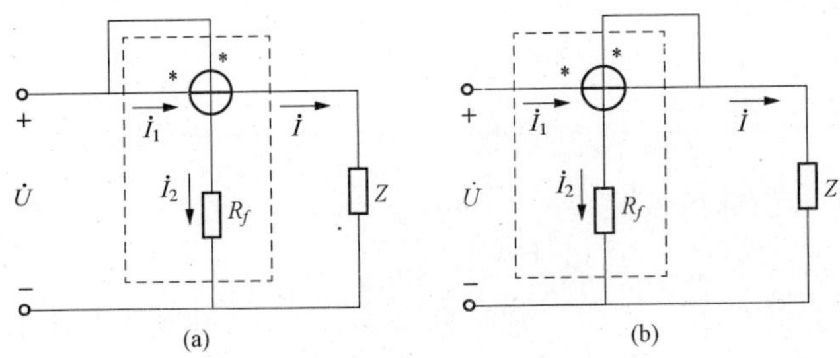

图 2 - 67　电动系功率表的接线

（a）电压线圈支路前接；（b）电压线圈支路后接

2. 电动系功率表量程的选择

电动系功率表的量程有电流量程、电压量程。被测负载的电流不能超过功率表的电流量程，被测负载的电压不能超过功率表的电压量程。

3. 电动系功率表的读数

对于多量程的功率表，其标尺不是标的瓦特数。测量时不能直接从标尺上读取被测的功

率值，需要先计算出功率表的分格常数 C。分格常数是表示每一分格的瓦特值，即

$$C=\frac{U_N I_N}{X}$$

式中：U_N 为电压量程；I_N为电流量程；X 为标尺的满刻度格数。

低功率因数功率表的分格常数为

$$C=\frac{U_N I_N \cos\varphi_N}{X}$$

式中：U_N为电压量程；I_N为电流量程；$\cos\varphi_N$为功率表的额定功率因数；X 为标尺的满刻度格数。

当功率表指示的格数为 n 时，被测功率 P 为

$$P=Cn$$

（二）测量 RLC 串联电路的功率

（1）按图 2-68 接线，取 $R=800\Omega$，$L=230\text{mH}$，$C=4\mu\text{F}$。经教师检查后，合上电源，调节调压器使其输出电压为 60V，用电压表监视，使调压器的输出电压保持不变。

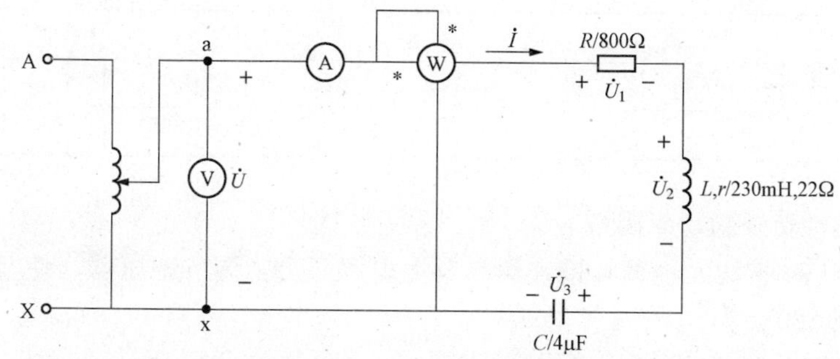

图 2-68　测量 RLC 串联电路的功率的实验电路

（2）分别测量电路的总有功功率 P、电阻元件的有功功率 P_R、电感元件的有功功率 P_L 及电容元件的有功功率 P_C，记于表 2-2 中。

表 2-2　测量 *RLC* 串联电路的功率实验数据表

被测量	I(A)	U(V)	P(W)	P_R(W)	P_L(W)	P_C(W)
测量值						

（3）对测量结果进行分析、总结。

二、线圈参数的测量

（1）按图 2-69 接线，用电压表、电流表、功率表三个表测量线圈的参数 R 和 L。

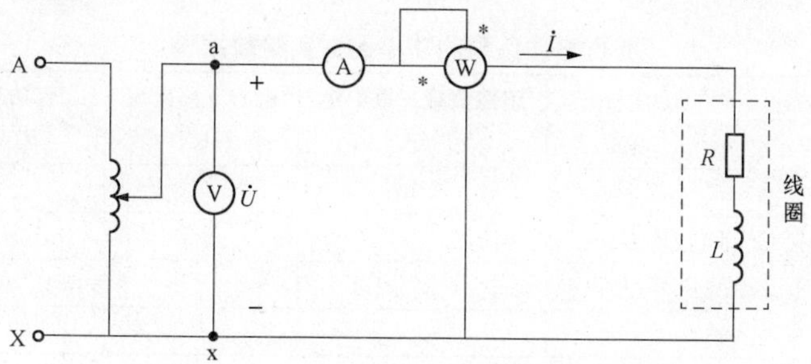

图 2-69　测量电感线圈参数的实验电路

（2）经教师检查后，合上电源开关。调节调压器，使电压输出 220V，读取电流表和功率表的读数，做记录，记入表 2-3 中。

（3）根据测量数据计算线圈的参数 R 和 L。

等效电阻为

$$R=\frac{P}{I^2}$$

等效感抗为

$$X_L=\sqrt{|Z|^2-R^2}$$

等效电感为

$$L=\frac{X_L}{\omega}=\frac{X_L}{2\pi f}$$

将计算结果记录于表 2-3 中。

表 2-3　　测量电感线圈参数实验数据表

测量值			计算值	
U(V)	I(A)	P(W)	R(Ω)	L(H)

三、提高感性负载的功率因数

（1）按图 2-70 接线。经教师检查后，合上电源开关，调节调压器，使其输出电压从零开始慢慢增大到 220V。

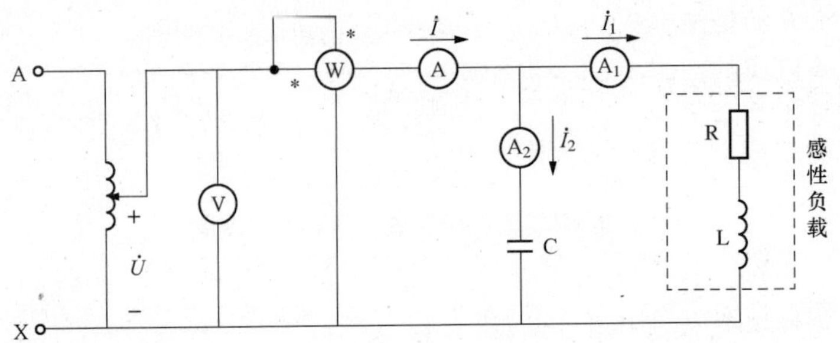

图 2-70　提高感性负载的功率因数的实验电路

（2）取 C 值分别为 0μF、2μF、4μF、6μF 时测取 U、I、I_1、I_2、P、$\cos\varphi$ 值，记入表 2-4。在实验过程中，注意观察总电流 I、感性负载支路电流 I_1、有功功率 P、功率因数 $\cos\varphi$ 的变化规律。

表 2-4　　提高感性负载的功率因数实验数据表

电容值 C(μF)	总电压 U(V)	总电流 I(A)	感性负载支路电流 I_1(A)	电容支路电流 I_2(A)	有功功率 P(W)	功率因数 $\cos\varphi$
0						
2						
4						
6						

（3）对测量结果进行分析、总结。

任务三 照明电路的安装

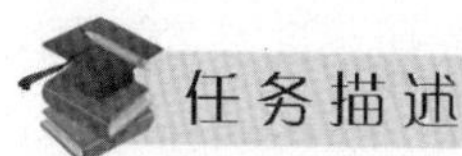

任务描述

照明电路的安装是家庭、企业布线中最简单最基本的内容，也是电气职业人员必须掌握的一项基本功。本项任务是通过对照明电路的安装，达到以下目标：

（1）了解安全用电的基本知识。

（2）学会正确使用常用的电工工具。

（3）掌握几种常用的导线连接方法。

（4）熟悉常用照明电路的安装方法和工艺要求。

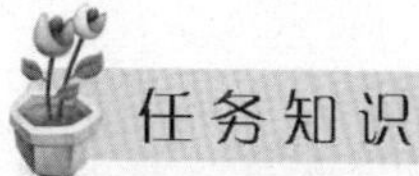

任务知识

一、安全用电

电能的广泛应用给人类创造了巨大的财富，改善了人类的生活。但是在生产和生活中如果不注意安全用电，也会带来灾害。例如触电可造成人身伤亡，设备漏电产生的电火花可能酿成火灾、爆炸等。所以生命攸关，安全用电。

（一）触电伤害

用电事故最常见的是触电引起的伤亡事故。触电是指电流通过人体而引起的病理、生理效应。电流对人体造成的伤害有电击和电伤两类。电击是指电流对人体内部造成的伤害，电流通过人体内部时使心脏、肺、神经系统等人体内部组织受到损伤，会导致人出现痉挛、窒息、心搏骤停甚至死亡。电伤是指电流对人体外表造成的伤害，使皮肤等人体外部组织或器官受到灼伤和烙伤，严重时也会致人死亡。

电流对人体伤害的程度与通过人体电流的大小、电流通过人体的时间、电流经过人体的途径、电流的种类和频率以及触电者的身体状况等多种因素有关。电流通过大脑、中枢神经和心脏最危险，40～60Hz交流电对人危害最大。当工频电流为1mA左右时，人会产生麻刺等不舒服的感觉；当电流达10～30mA时，会产生麻痹、剧痛、痉挛、血压升高、呼吸困难等症状；电流为50mA时，就会使人呼吸麻痹，心脏开始颤动，数秒钟后就可致命；100mA以上的电流，足以致人于死地。人体所能承受的电流常常和电击时间有关，如果电击时间极短，人体能耐受高得多的电流而不至于伤害；反之电击时间很长时，即使电流小到8～10mA，也可能使人致命。

（二）常见触电方式

常见的触电方式有单相触电、两相触电、跨步电压触电、接触电压触电等。单相触电是人体接触一相带电体所导致的触电。两相触电是人体同时接触两相带电体所导致的触电。当电气设备发生接地故障，接地电流通过接地体向大地流散，在地面上形成电位分布，如果人在接地短路点周围行走，其两脚之间的电位差，就是跨步电压。由跨步电压引起的触电，称为跨步电压触电。电气设备的金属外壳本不应该带电，但由于设备绝缘损坏，导致带电部分碰外壳；或由于安装不良，造成设备的带电部分碰到金属外壳；或其他原因也可能造成电气设备金属外壳带电。人若碰到带电外壳，就会发生触电事故，这种触电称为接触电压触电。

（三）触电急救

国家规定所有电力行业的从业人员都必须具备触电急救的知识和能力。有资料表明，从触电后 1min 开始急救 90%有良好的效果，从触电后 6min 开始急救只有 10%良好的效果，延误时间越长，救活的可能性就越小，可见急救时间的重要性。

现场抢救触电者的经验原则是八字方针：迅速、就地、准确、坚持。迅速是指争分夺秒使触电者脱离电源；就地是指在现场就地抢救，以免耽误抢救时间；准确是指救治的动作方法必须准确；坚持是指抢救要坚持不中断，只要有百分之一的希望，就要尽百分之百的努力去抢救。

触电急救的要点是动作迅速，救护得法。发现有人触电，首先要使触电者尽快脱离电源，然后根据具体情况，进行相应的救治。

1. 脱离电源

电流对人体作用时间越长，伤害越大，所以首先要使触电者尽快脱离电源。如果电源开关或电源插头在附近，应立即拉开电源开关或拔出电源插头，断开电源。如果附近没有电源开关，可用有绝缘柄的电工钳或有干燥木柄的利器（刀、斧、锹等）切断电线。切断电线要分相，一根一根地切断。或用干燥的木棒、竹竿、硬塑料管等绝缘物将电线拨离触电者。如果电流通过触电者入地，也可用干燥木板等绝缘物插入触电者身下，与地隔离。如果触电者的衣服是干燥的，而且衣服没有紧缠在身上，救护人员也可用几层干燥的衣服、手套、塑料等将手包裹好，站在干燥的木板上，用一只手拉住触电者的衣服，使其脱离电源。要注意触电者未脱离电源时，触电者的身体是带电的，救护人员不得接触触电者的皮肤。

对高压触电，应立即通知有关部门停电。如果电源开关在附近，可戴上绝缘手套，穿上绝缘靴，用相应电压等级的绝缘工具按顺序拉开并关。或由有经验的人员采取抛短路线迫使保护设施动作等特殊措施断开电源。救护人员在抢救过程中应注意自身与周围带电部分保持必要的安全距离。

在触电人脱离电源的同时，还要做好防止人员摔伤的安全措施。如果是夜间抢救，还应及时解决临时照明问题。

2. 对症救治

触电者脱离电源后，首先检查其有无致命的外伤，看触电者的胸部有无起伏，听触电者有无呼吸声和心跳声，试测触电者鼻腔有无呼吸气流，用手按摸颈动脉或腕动脉有无搏动。再根据触电者的具体情况采取相应的急救措施。

触电者神志清醒，要让其静卧休息，减轻心脏负担，并有专人照顾、观察。

触电者有心跳但无呼吸，应立即采用口对口人工呼吸。

触电者有呼吸但无心跳，应立即进行胸外心脏按压法进行抢救。

触电者心跳和呼吸都已停止，则须同时采取口对口人工呼吸和胸外心脏按压法等措施进行抢救。

在现场救护触电者的同时，要迅速拨打 120，尽快呼叫医务人员或向有关医疗单位求援。

抢救要坚持不中断，运送到医院的途中也不能中断抢救，不可放弃一丝希望，要等医生诊断后方可停止抢救。在心跳停止前禁用强心剂，也不要泼冷水。

（四）防止触电的安全措施

安全用电的有效措施是预防为主，安全用电。防止触电的主要技术措施有：

1. 绝缘

绝缘就是用绝缘材料把带电体隔离起来，实现带电体之间、带电体与其他物体之间的电气隔离。良好的绝缘是保证电气设备和线路正常运行的必要条件，是防止触电事故的重要措施。

2. 屏护

屏护就是采用围栏、护罩、护盖、箱匣等将带电体与外界隔绝开来，以杜绝不安全因素。

3. 间距

为防止人体触及或过分接近带电体，在带电体与地面之间、带电体与其他设备之间，应保持一定的安全距离，简称间距。间距除了防止触及或过分接近带电体外，还能起到防止火灾、防止混线、方便操作的作用。安全间距的大小取决于电压的高低、设备类型、安装方式等因素。

4. 接地

将电气设备或线路的某一点直接或经特殊设备与大地连接称为接地。保护接地是为了防止电气设备外露的不带电导体意外带电造成危险，将电气设备的金属外壳或构架等与接地体之间所做的良好的连接。由于绝缘破坏或其他原因而可能呈现危险电压的金属部分，都应采取保护接地措施。如电机、变压器、开关设备、照明器具及其他电气设备的金属外壳都应予以接地。

5. 漏电保护装置

漏电保护装置是一种在规定条件下电路中漏（触）电流达到或超过其规定值时，能自动断开电路或发出报警的装置。

6. 安全电压

为了防止触电事故，将电压限制在某一范围之内，使得在这种电压下，通过人体的电流不超过允许的范围，这种电压称为安全电压。根据具体条件和环境，一般规定的安全电压有42V、36V、24V、12V和6V。凡手提照明灯、高度不足2.5m的一般照明灯，如果没有特殊安全结构或安全措施，应采用42V或36V安全电压。金属容器内、隧道、矿井等工作地点狭窄、行动不便、以及周围有大面积接地导体、特别潮湿等危险环境中使用的手持式照明灯应采用12V安全电压；在水下作业等场所工作应使用6V安全电压。应注意，任何情况下都不能把安全电压理解为绝对没有危险的电压。

（五）安全用电的注意事项

（1）加强用电管理，建立健全安全工作规程和制度，并严格执行。

（2）使用、维护、检修电气设备，严格遵守有关安全规程和操作规程。

（3）尽量不进行带电作业，特别在危险场所（如高温、潮湿地点），严禁带电工作。对设备进行维修时，一定要切断电源，并在明显处放置“禁止合闸，有人工作”的警示牌。

（4）在验电前，所有的设备线路应一律视为有电，不可用手触摸，不可绝对相信绝缘体。

（5）必须带电工作时，应使用各种安全防护工具，如使用绝缘棒、绝缘钳和必要的仪表，戴绝缘手套，穿绝缘靴等，并设专人监护。

(6) 工作结束后，必须全部工作人员撤离工作地段，拆除警告牌，所有材料、工具、仪表等随之撤离，原有防护装置随时安装好。操作地段清理后，操作人员要亲自检查，如要送电试验一定要和有关人员联系好，以免发生意外。

(7) 对各种电气设备按规定进行定期检查，如发现绝缘损坏、漏电和其他故障，应及时处理；对不能修复的设备，不可让其带“病”运行，应予以更换。

(8) 根据生产现场情况，在不宜使用380/220V电压的场所，应使用安全电压。

(9) 禁止非电工人员乱装乱拆电气设备，更不得乱接导线。

(10) 加强技术培训，普及安全用电知识，开展以预防为主的反事故演习。

二、常用电工工具

(一) 验电器

验电器又称电压指示器，是用来检验电气设备和导线是否带电的工具。验电器分为高压和低压两种。

1. 低压验电器

常用的低压验电器是验电笔，又称为试电笔或测电笔，通常简称为电笔。验电笔是用来检验低压导线、电气设备是否带电的一种常用工具。常用的验电笔有氖管式验电笔和数字式验电笔。

(1) 氖管式验电笔。氖管式验电笔主要由氖管、电阻、弹簧、探头等部分组成，如图2-71所示，外形常制成笔形或螺丝刀形。

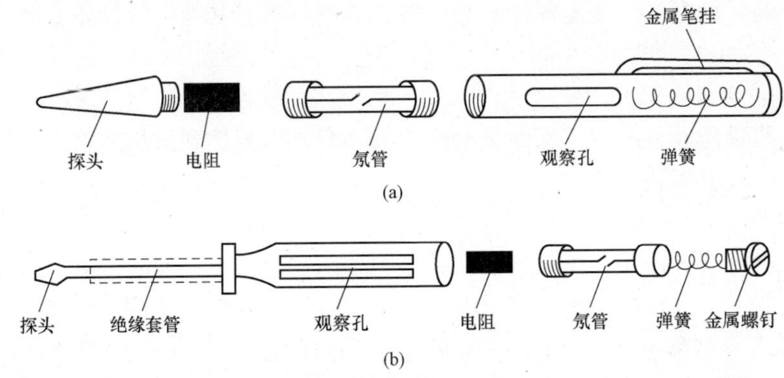

图2-71 氖管式验电笔的结构

(a) 笔形氖管式验电笔；(b) 螺丝刀形氖管式验电笔

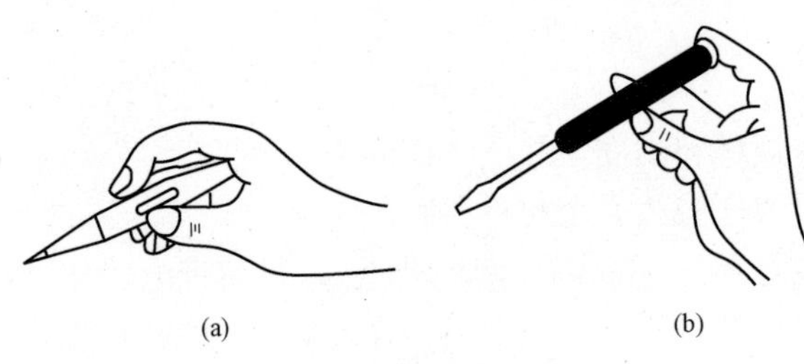

图2-72 氖管式验电笔的握法

(a) 笔形氖管式验电笔的握法；

(b) 螺丝刀形氖管式验电笔的握法

使用氖管式验电笔时，如图2-72所示，手指必须触及金属笔挂或金属螺钉。为了便于观察，应将氖管窗口面向操作者，还要注意皮肤不能触及笔尖的金属体，以免发生触电。握好验电笔后，使探头与被检查的设备接触，观察氖管窗口，如氖管发光则说明设备带电。

验电笔在每次使用前，要检查验电笔的氖管、电阻等各部件的是否完好，还必须在有电设备上进行测试，检查氖管是否能正常发光，能正常发光，才能使用。不可以用验电笔测试超出其测量范围的高压电路。在强光下使用验电笔时，应注意避光，以防光线太强不易观察到氖管是否发亮，造成错误判断。用验电笔测试时，应注意身体各部位与带电体保持安全距离，以防止触电事故，同时还应注意避免发生短路事故。在使用过程中，如发生验电笔受到重击、震动、跌落等情况，应重新进行试电并确定正常后，才能继续使用。在用螺丝刀形验电笔拧螺丝时，用力要轻，扭矩不可过大，以防损坏。还应保持验电笔清洁，注意防潮、防摔。

(2) 数字式验电笔。常见的数字式验电笔如图 2-73 所示，通常有直接测量（DIRECT）和感应测量（INDUCTANCE）两个按键。

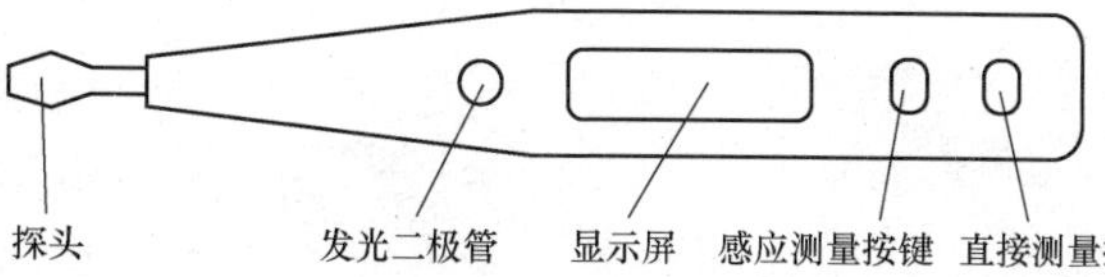

图 2-73　数字式验电笔

在使用数字式验电笔时，要注意不要用力按压按键，测试时不能同时接触两个测量键，否则会影响灵敏度及测试结果。当液晶显示变暗时，应及时更换笔内电池。日常要注意防潮，不得随意拆卸。

2. 高压验电器

常见的高压验电器的主要结构如图 2-74 所示。使用高压验电器时，操作人员应戴绝缘手套，手握在护环以下的手柄部位，并且身旁必须有人监护。使用前，要按所测设备的电压等级将绝缘棒拉伸至规定长度，选用合适型号的指示器和绝缘棒。使用前，应先在有电设备上进行检验，以确认验电器性能完好，有自检系统的验电器应先揿动自检钮确认验电器完好，然后在需要进行验电的设备上检测。检测时应渐渐将验电器靠近待测设备，如在靠近的过程中突然发光或发声，即认为该设备带电，即可停止靠近，结束验电。使用高压验电器测试时，要防止发生相间或对地短路事故。人体与带电体应保持足够的安全距离。室外使用时，天气必须良好，雨、雪、雾和湿度较大的天气中不宜使用普通绝缘杆的类型，以防发生危险。

(二) 钳子

常见的钳子有钢丝钳、尖嘴钳、斜口钳、剥线钳等。

1. 钢丝钳

钢丝钳又称平口钳、老虎钳等。常见的钢丝钳由钳头和钳柄两部分组成，其结构如图 2-75 所示，钳头由钳口、齿口、刀口、铡口组成。

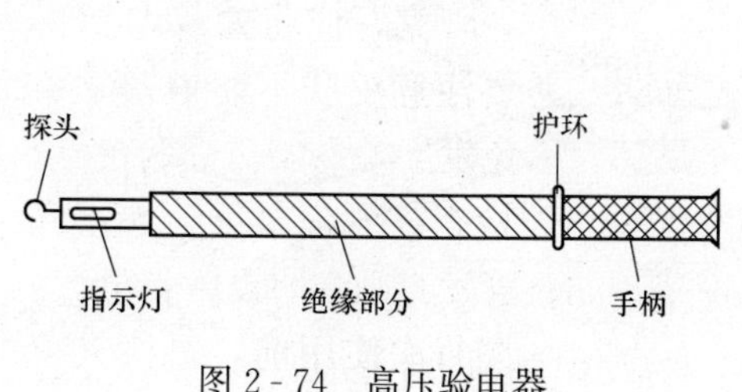

图 2-74　高压验电器

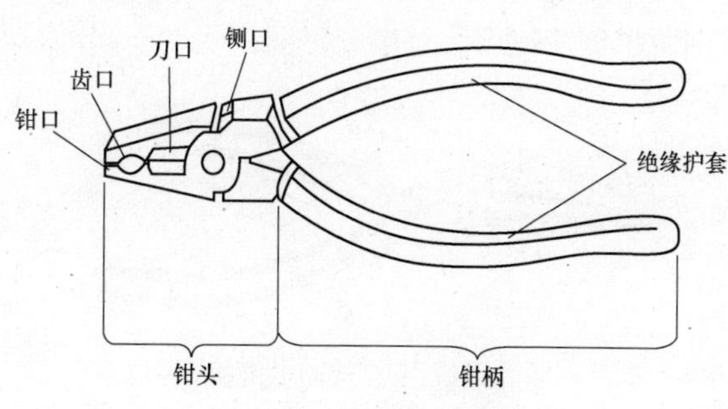

图 2-75　钢丝钳的结构

钢丝钳是用来剪切和钳夹的常用工具。钢丝钳的用途有很多，钳口用来弯绞或钳夹导线线头，如图 2-76（a）所示；齿口用来旋动螺母，如图 2-76（b）所示；刀口用来剪切导线或剖切导线绝缘层，如图 2-76（c）所示；铡口用来铡切钢丝、导线芯等较硬的金属丝，如图 2-76（d）所示。

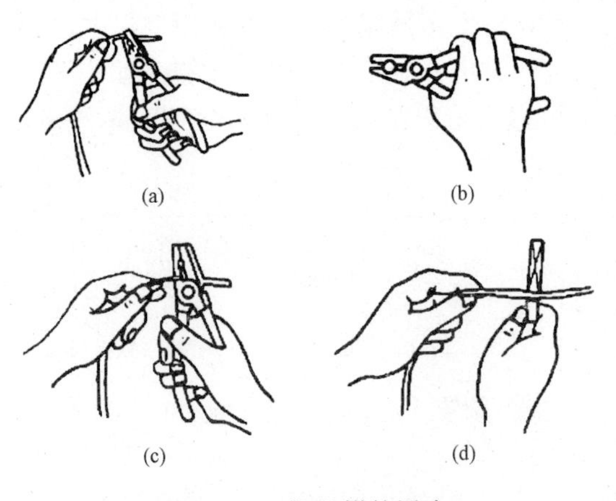

图 2-76 钢丝钳的用途

（a）弯铰导线；（b）旋动螺母；（c）剪切导线；（d）铡切钢丝

钢丝钳的绝缘护套耐压一般为 500V，使用钢丝钳前，应检查其手柄的绝缘护套是否完好无损，否则不得带电操作，以免发生触电事故。带电操作时，手离金属部分的距离应不小于 2cm，以确保人身安全。剪切带电导线时，一次只能切断一根导线，并将导线的断口错开，严禁同时用一个刀口剪切相线和中性线，或同时剪切两根相线，以免发生短路事故。在剪切导线时，刀口的一侧应面向操作者，使眼睛能看到，便于控制剪切部位。要保持钢丝钳清洁，钳轴要经常加油，防止生锈。

2. 尖嘴钳

尖嘴钳又称修口钳、尖头钳等。常见的尖嘴钳由尖头、刀口和钳柄组成，如图 2-77 所示。

尖嘴钳的头部尖细，适合在较狭小的空间操作，主要用于夹持导线、螺钉、垫圈等较小的元件，以及将细导线弯曲成所需的各种形状。有刀口的尖嘴钳还能剪切线径较细的导线、剥削绝缘层等。

尖嘴钳的绝缘护套耐压一般为 500V，使用尖嘴钳前，应检查其手柄的绝缘护套是否完好无损，否则不得带电操作，以免发生触电事故。带电操作时，为了保证安全，手离金属部分的距离应不小于 2cm。尖嘴钳的钳头较尖细，所钳夹的物体不可过大，用力不可过猛，以防损坏尖头。注意防潮，钳轴要经常加油，防止生锈。

3. 斜口钳

斜口钳又称断线钳、扁嘴钳等。常见的斜口钳由钳头和钳柄两部分组成，如图 2-78 所示。斜口钳主要用于剪切导线、元器件多余的引线，还可用来剪切薄金属片、细金属丝、绝缘套管、尼龙扎线卡、剖切导线绝缘层等。不同品种规格的斜口钳有不同的额定强度，使用时应根据需要选择品种规格，不得以小代大，不得剪切硬度大于斜口钳刀口的物品，严禁超范围、超负荷使用。对粗细不同，硬度不同的材料，应选用大小合适的斜口钳。

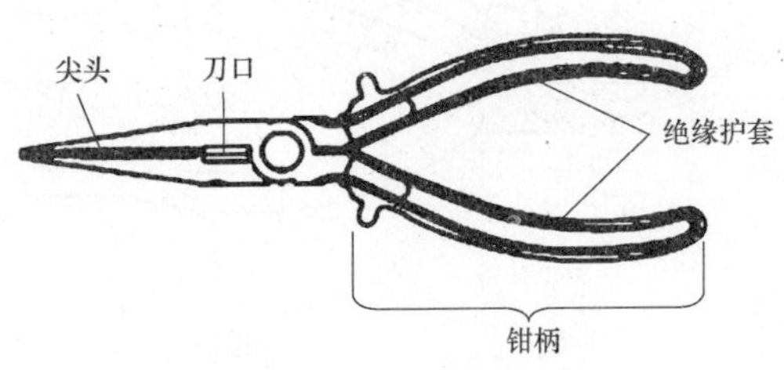

图 2-77 尖嘴钳的结构

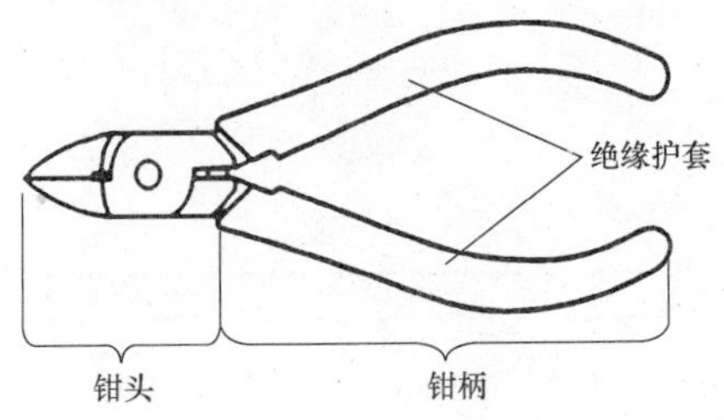

图 2-78 斜口钳的结构

4. 剥线钳

剥线钳主要用于剥削小直径导线的绝缘层。常见剥线钳的外形如图 2-79 所示，钳口部分设有多个直径不同的刃口，用以剥削不同线径的导线绝缘层。

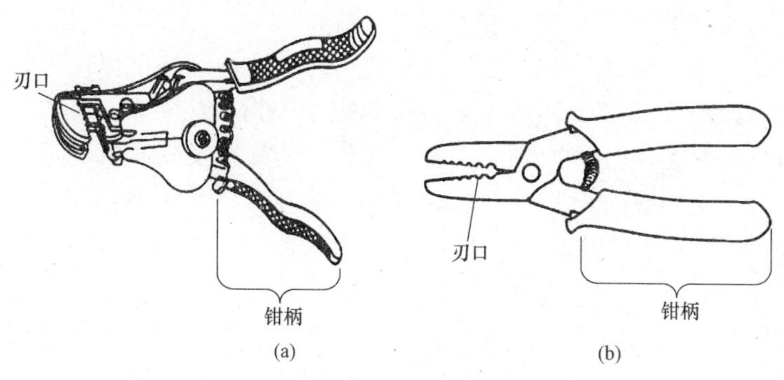

图 2-79　剥线钳

(a) 自动剥线钳；(b) 手动剥线钳

图 2-79 (a) 所示类型的剥线钳的使用方法是：首先根据导线线芯的粗细，选择合适的刃口，再把导线放入合适的刃口中，定好要剥削的绝缘层长度，握住剥线钳的钳柄，将导线夹住，如图 2-80 所示，向两个钳柄靠拢的方向用力一握，导线绝缘层随即剥落，最后松开钳柄，取出导线。

图 2-79 (b) 所示类型的剥线钳的使用方法是：首先根据导线线芯的粗细，选择合适的刃口，再把导线放入合适的刃口中，定好要剥削的绝缘层长度，握住剥线钳的柑柄，将导线夹住，然后向导线端缓缓用力使导线绝缘层慢慢剥落。

使用剥线钳时，应注意选择的刃口的直径必须大于线芯的直径，否则会损伤线芯。

(三) 螺丝刀

常用的螺钉旋具是螺丝刀，又称为起子、改锥、旋凿等。螺丝刀由金属杆和绝缘柄两部分组成，电工用螺丝刀的金属杆上一般套有绝缘套管。螺丝刀按不同的金属杆头部形状可以分为一字、十字、米字、六角形等多种，其中一字形和十字形是最常用的，如图 2-81 所示。

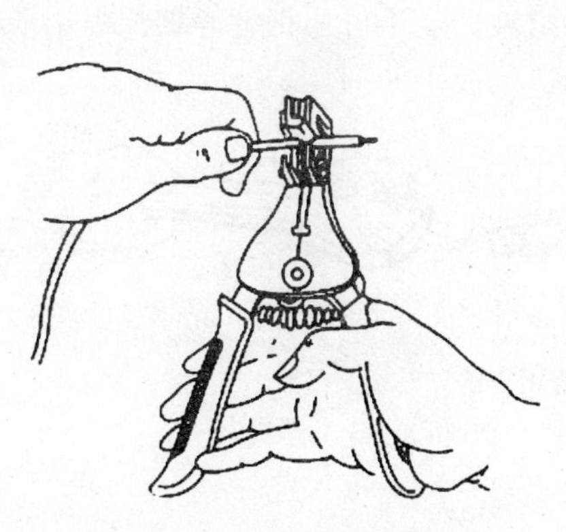

图 2-80　剥线钳的使用方法

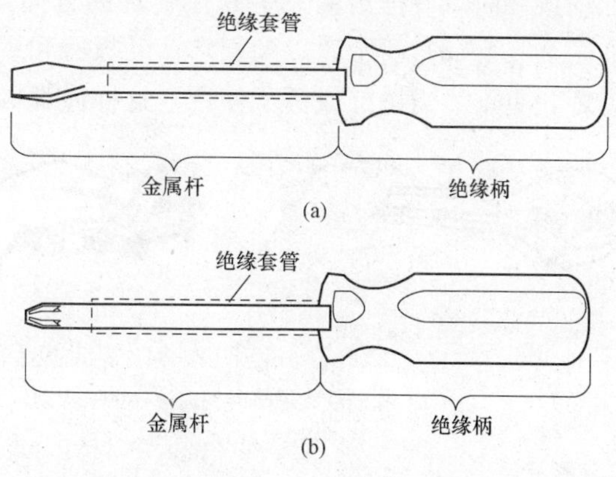

图 2-81　螺丝刀

(a) 一字形螺丝刀；(b) 十字形螺丝刀

螺丝刀主要用于紧固或拆卸螺钉。应根据螺钉的规格选用合适的螺丝刀，螺丝刀头部的形状大小应与螺钉尾槽的形状大小相匹配，任何以大代小，以小代大的使用，均会造成螺钉或电气元件的损坏。使用时，将螺丝刀头部放至螺钉槽口中，使螺丝刀头部顶牢螺钉槽口，平稳旋转螺丝刀，要注意用力均匀。使用较大的螺丝刀时，如图 2 - 82（a）所示，除大拇指、食指和中指要夹住手柄外，手掌还要顶住旋具的末端，这样可以使出较大的力气；使用较小的螺丝刀时，如图 2 - 82（b）所示，可用拇指和中指夹住手柄，用食指顶住柄的末端。

电工使用的螺丝刀必须带有绝缘柄。为了避免金属杆触及皮肤或邻近带电体，宜在金属杆上穿套绝缘套管。使用螺丝刀紧固和拆卸带电的螺钉时，手不得触及螺丝刀的金属杆，以免发生触电事故。

（四）扳手

常用的螺母旋具有活动扳手、呆扳手、梅花扳手、套筒扳手、内六角扳手等。

1. 活动扳手

活动扳手又称活络扳手，简称活扳手。常见的活动扳手由头部和手柄组成，其结构如图 2 - 83 所示，头部由扳口、定扳唇、动扳唇、蜗轮和轴销等组成。

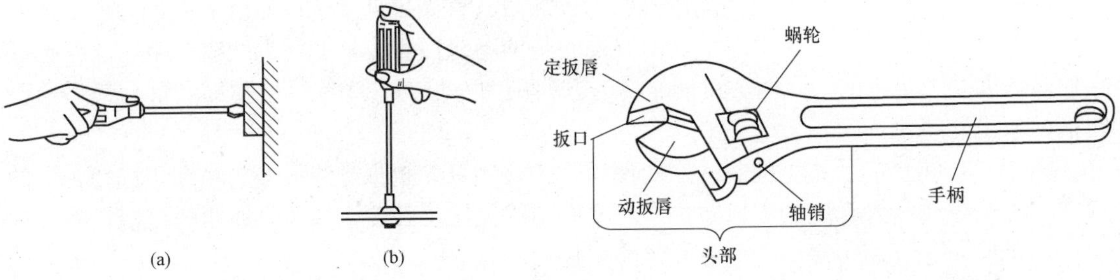

图 2 - 82 螺丝刀的使用方法

（a）较大螺丝刀的使用；（b）较小螺丝刀的使用

图 2 - 83 活动扳手的结构

活动扳手是用来拧紧和旋松有角螺母、螺栓的一种专用工具。使用时，应按螺母大小选择适当规格的活动扳手。扳大螺母时，如图 2 - 84（a）所示，手应握在靠近手柄尾部，以加大力矩；扳小螺母时，如图 2 - 84（b）所示，手可握在靠近头部即可，方便拇指调节蜗轮。使用活动扳手时，应把活动扳唇放在旋转的方向，如图 2 - 84（a）所示。活动扳手不可反用，如图 2 - 84（c）所示，以免损坏活动扳唇和蜗轮组件。也不可用钢管等加长手柄来增大扳动力矩，更不可当撬杠或锤子使用，这样做都极易造成扳手的损坏。

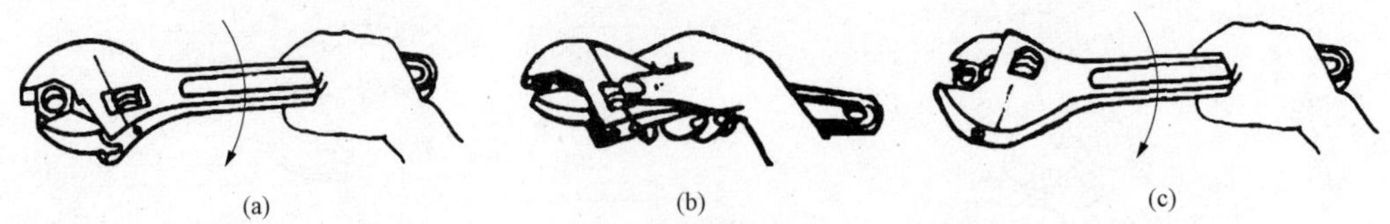

图 2 - 84 活动扳手的使用方法

（a）扳动较大螺母时的握法；（b）扳动较大螺母时的握法；（c）错误用法

2. 呆扳手

呆扳手又称开口扳手、死扳手，有单头和双头两种，如图 2 - 85 所示。呆扳手的开口宽度不能调节，只能用来拧转一定尺寸的螺母或螺栓。

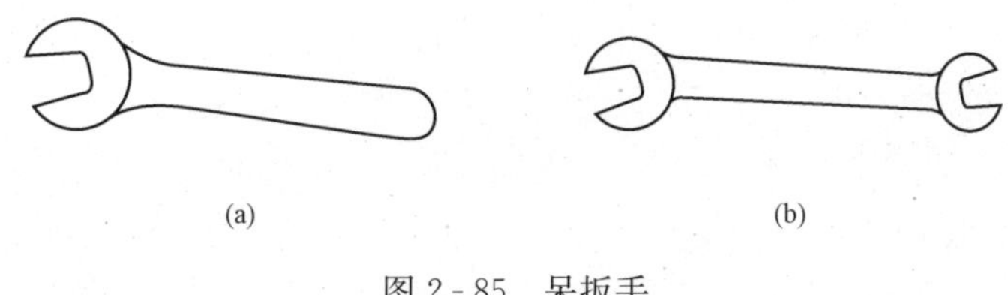

图 2-85　呆扳手
(a) 单头扳手；(b) 双头扳手

3. 梅花扳手

梅花扳手又称眼镜扳手。梅花扳手的两头是套筒式圆环状的，如图 2-86 所示，两头的圆环内孔是六角形的或十二角形的，一般能将螺母或螺栓的六角部分全部围住，并且两端分别弯成一定角度，工作时不易滑脱，安全可靠。在空间狭小，不便使用活动扳手和呆扳手的地方工作较为方便。

4. 两用扳手

两用扳手是呆扳手与梅花扳手的合成形式，如图 2-87 所示，其两端分别为呆扳手和梅花扳手，所以兼有两者的优点。

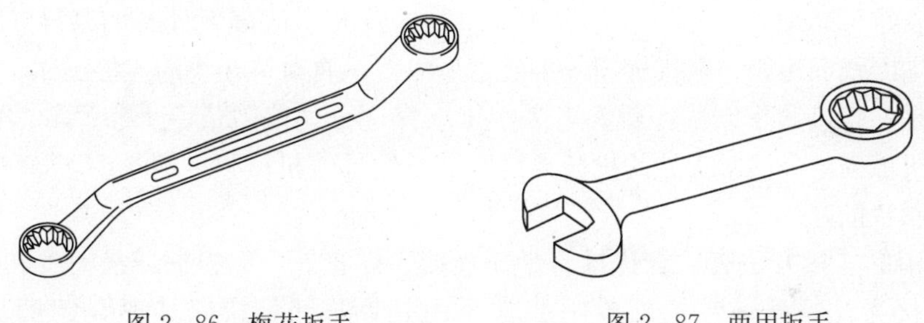

图 2-86　梅花扳手　　图 2-87　两用扳手

5. 套筒扳手

套筒扳手是一种组合型工具，如图 2-88 所示，由多个不同规格的带六角孔或十二角孔的套筒并配有手柄、接杆等多种附件组成。套筒扳手适用于拆装位置狭窄或需要一定扭矩的螺栓或螺母。

6. 内六角扳手

常见的内六角扳手的外形如图 2-89 所示。主要用于拧紧和旋松内六角螺钉。

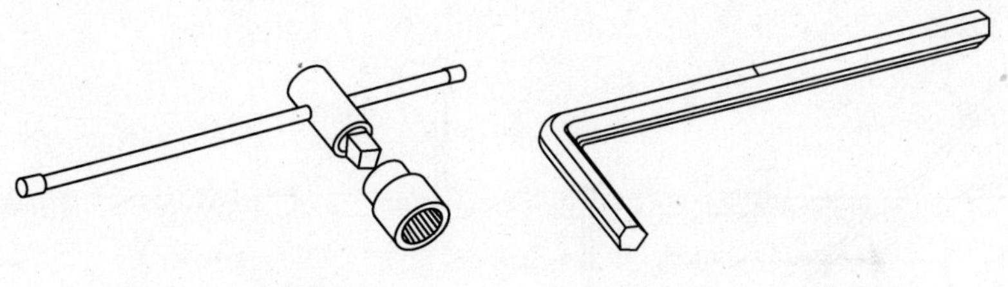

图 2-88　套筒扳手　　图 2-89　内六角扳手

(五) 电工刀

电工刀一般由刀片、刀柄构成，如图 2-90 (a) 所示。另外，还有各种多功能电工刀，除了有刀片外，还带有尺子、锯子、锥子等。

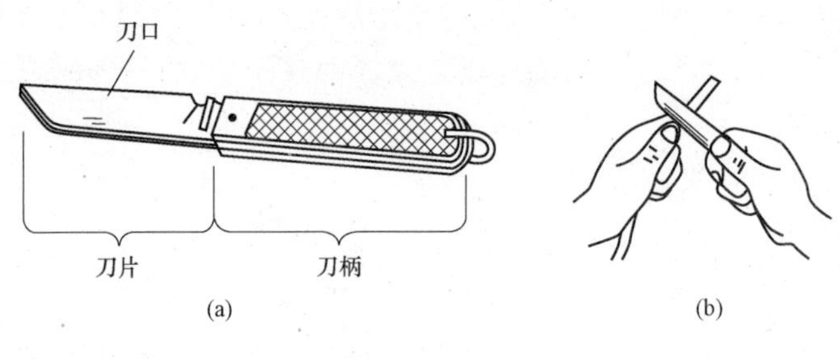

图 2-90 电工刀
(a) 结构示意图；(b) 握刀姿势

电工刀主要用于剥削导线绝缘层、切割木台缺口、切削木楔等。使用时，应将刀口朝外剖削，如图 2-90（b）所示。剥削导线绝缘层时，应将刀面与导线成较小的锐角，以免割伤导线芯。电工刀用完后，随即将刀片折入刀柄。由于电工刀刀柄不是绝缘装置，所以不能带电操作，以免触电。

三、常用的几种导线的连接方法

导线连接是电工作业中一项十分重要的基本工序。导线连接的质量直接关系到线路和电气设备能否安全可靠地长期运行。导线的连接处往往是事故多发处，如果导线连接不合要求，极易发生断线、短路、电气火灾等事故，所以要认真对待导线的连接工作。对导线连接的基本要求是：连接紧密牢固，触头电阻小（连接部分的电阻值不大于原导线的电阻值），稳定性好，机械强度高（触头处的机械强度不低于原导线机械强度的 80%），耐腐蚀，耐氧化，电气绝缘性能好。

导线常用的连接方法有绞合连接、紧压连接、焊接等。应根据导线种类和连接形式选择合适的连接方法。目前室内配线中最常用的是铜导线，所以主要介绍铜导线的连接方法。

导线连接前要剥削导线连接部位的绝缘层、清除氧化物。注意剥削绝缘层时不可损伤导线的线芯。

1. 单股铜导线的直线连接

小截面单股铜导线直线连接的方法如图 2-91 所示，先将两导线线头剥去绝缘层，露出一定长度的线芯，清除线芯表面氧化层，将两线芯作 X 形交叉，如图 2-91（a）所示。把线头相互绞绕 2～3 圈，再扳直线头，将扳直的两线头向两边各紧密绕 5～7 圈，如图 2-91（b）所示。剪去多余线头，并修平线头末端，如图 2-91（c）所示。

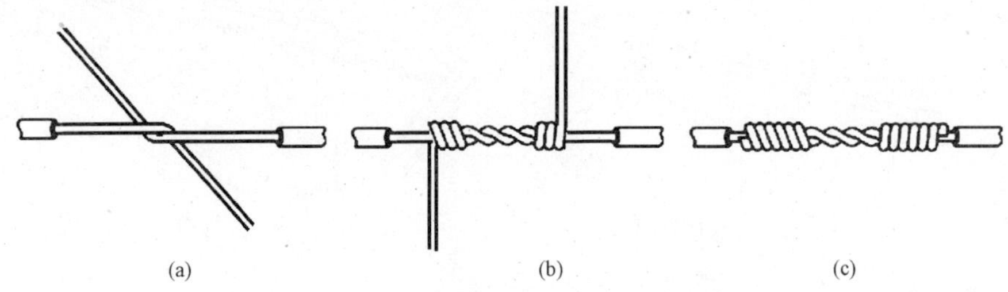

图 2-91 小截面单股铜导线的直线连接
(a) 两线芯作 X 形交叉；(b) 相互绞绕 2～3 圈后扳直线头密绕 5～7 圈；(c) 剪去多余线头

大截面单股铜导线连接方法如图 2 - 92 所示，先在两导线的芯线重叠处填入一根相同直径的芯线，如图 2 - 92（a）所示，再用一根较细的裸铜线（截面积约 1.5mm²）在其上紧密缠绕，缠绕长度为导线直径的 10 倍左右。然后将被连接导线的芯线线头分别折回，如图 2 - 92（b）所示。再将两端的缠绕裸铜线继续缠绕 5～6 圈，如图 2 - 92（c）所示，剪去多余线头，并修平线头末端。

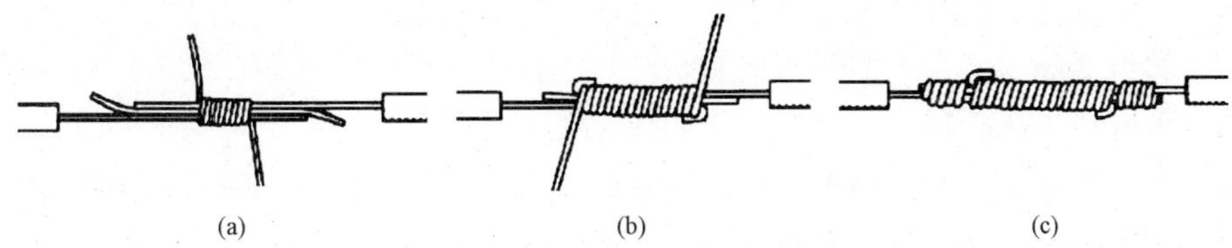

图 2 - 92　大截面单股铜导线的直线连接

（a）填入一根相同直径的芯线；（b）将被连接导线的线头分别折回；（c）继续缠绕

不同截面单股铜导线连接方法如图 2 - 93 所示，先将细导线的芯线在粗导线的芯线上紧密缠绕 5～6 圈，如图 2 - 93（a）所示。然后将粗导线芯线的线头折回紧压在缠绕层上，如图 2 - 93（b）所示。再用细导线芯线在其上继续缠绕 3～4 圈，如图 2 - 93（c）所示。剪去多余线头，并修平线头末端。

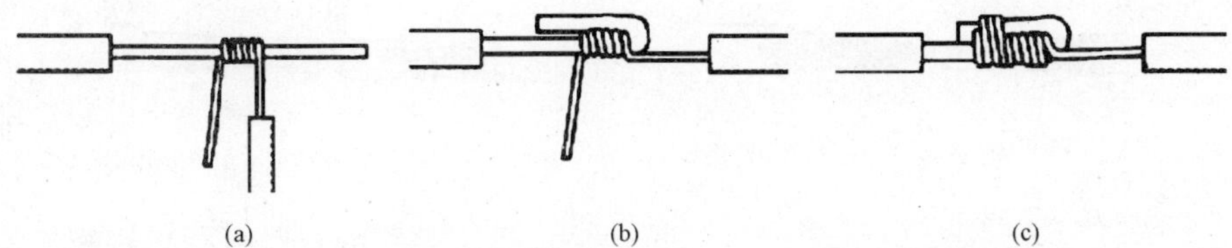

图 2 - 93　不同截面单股铜导线的直线连接

（a）细线芯在粗线芯上紧密缠绕；（b）折回压紧；（c）继续缠绕

2. 单股铜导线的 T 字形分支连接

单股铜导线的 T 字分支连接如图 2 - 94 所示，先剥除两导线连接部位的绝缘层。对于较大截面的导线，先把支路芯线的线头和干路芯线十字相交，然后将支路芯线的线头紧密缠绕在干路芯线上 5～8 圈，剪去多余线头，并修平线头末端，如图 2 - 94（a）所示。

对于较小截面的导线，可先支路芯线线头和干路芯线十字相交，并将支路芯线的线头绕干路芯线一圈打一个环绕结，然后紧密缠绕 5～8 圈，剪去多余线头，并修平线头末端，如图 2 - 94（b）所示。

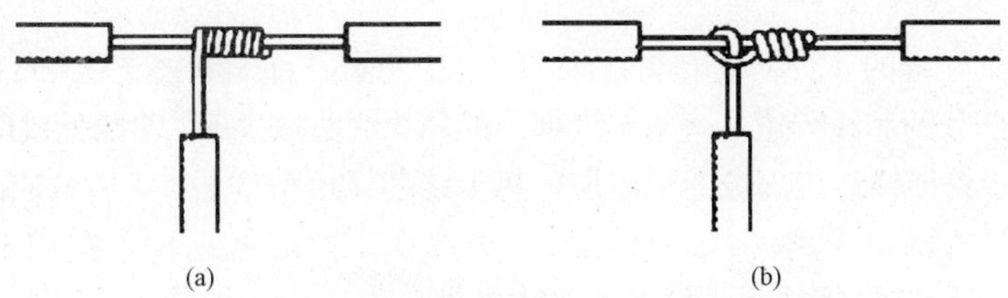

图 2 - 94　单股铜导线的 T 字形分支连接

（a）较大截面的导线；（b）较小截面的导线

3. 多股铜导线的直线连接

多股铜导线中常见的是7股铜导线，它的直线连接如图2-95所示。首先将剥去绝缘层的多股芯线拉直，把靠近绝缘层的1/3部分的芯线绞紧，余下2/3部分的芯线头散开成伞骨状，如图2-95（a）所示。把两个伞骨状的芯线一根隔一根地相对着互相插在一起，如图2-95（b）所示。捏平互相交叉插入的芯线，如图2-95（c）所示。然后将每一边的芯线线头分成三组，7股芯线按2、2、3股分三组。将第一组的2股线扳起，如图2-95（d）所示，顺时针紧密缠绕2圈，把余下的线头向右与芯线平行方向扳平，如图2-95（e）所示。将第二组2股线扳起，再压着第一组2股扳平的线顺时针紧密缠绕2圈，将余下的线头向右与芯线平行方向扳平，如图2-95（f）所示。将第三组3股线扳起，再用同样的方法紧密缠绕3圈，如图2-95（g）所示。剪去多余线头，并修平线头末端，如图2-95（h）所示。用同样方法缠绕另一边的芯线线头。

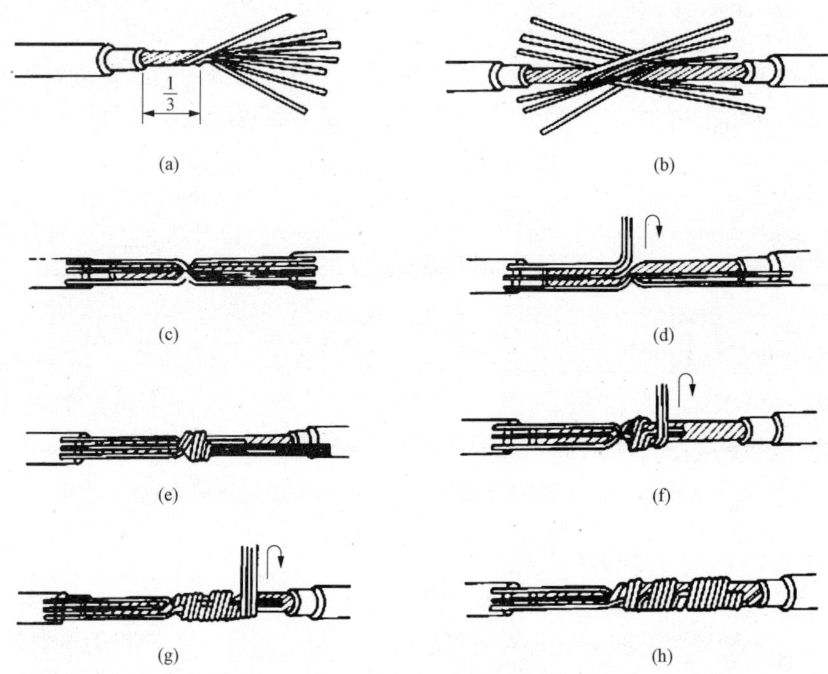

图2-95 多股铜导线的直线连接

（a）散开成伞骨状；（b）交叉插入；（c）捏平；（d）扳起第一组线；（e）扳平余下的线头；（f）扳起第二组线；（g）扳起第三组线；（h）剪去多余线头

4. 多股铜导线的T字形连接

常见的7股铜导线的T字形连接方法如图2-96所示。首先剥去支路导线的绝缘层，把靠近绝缘层的1/8部分的芯线绞紧，余下7/8部分的芯线线头按3股、4股分成两组，如图2-96（a）所示。剥除干路导线连接部位的绝缘层，将干路芯线也按3股、4股分成两组。把一组支路芯线（4股）插入两组干路芯线中间，另一组放在干路芯线前面，并向右缠绕4～5圈，如图2-96（b）所示。再将插入干路芯线当中的那一组向左边缠绕4～5圈，如图2-96（c）所示。剪去多余线头，并修平线头末端，如图2-96（d）所示。

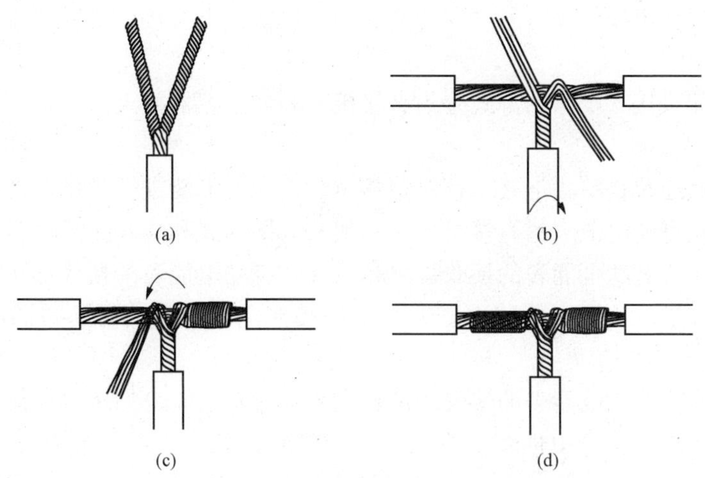

图 2-96　多股铜导线的 T 字形连接

(a) 分成两组；(b) 插入干路芯线当中；(c) 另一组向左边缠绕 4～5 圈；(d) 剪去多余线头

5. 导线绝缘层的恢复

导线线头连接完成后，必须对导线连接处破损的绝缘层进行恢复，且恢复后的绝缘强度不应低于原有绝缘层的绝缘强度。

连接处绝缘层的恢复一般用包缠法。一般方法是先包两层绝缘带，然后再包一层黑胶带。绝缘带要从导线完整端的绝缘层上开始包缠，最少要绕缠有两个绝缘带的宽度后才进入芯线连接部分，结束时也应如此。绝缘带与导线要保持约 45°绕缠前进，且必须叠压 1/2 的绝缘带的宽度，结束后，再用黑胶带从另一端包缠到起点，方式一样。绝缘带包缠时，必须要缠紧，不能过松或过稀，更不能露出芯线，以免发生短路或触电事故。

四、单相电能表

随着经济的飞速发展，各行各业对电的需求越来越大，为了进行计划生产和经济核算，电能的测量在电力企业管理中占非常重要的地位，在发电厂、变电站和用户处均需安装电能测量仪表。用来测量电能的仪表称为电能表，俗称电度表、火表。作为测量电能的专用仪表，在电力系统的发电、供电和用电等各个环节中广泛应用。

(一) 电能表的选择

为了能正确选用符合测量要求的电能表，一般要注意：

(1) 形式的选择。根据被测电路电流的种类（直流或交流）、被测电路的类型（如单相、三相三线制、三相四线制）、电能表的用途（如无功电能表、最大需量表、多费率电能表、损耗电能表）选择不同形式的电能表。

(2) 量程的选择。直接接入电路的电能表，其额定电压应与被测电路相同。经电压互感器接入的电能表，其额定电压一般为 100V。电能表电流量程的选择，应使正常负载电流等于或接近电能表的标定电流，负载的最大电流不超过电能表的额定最大电流，负载的最小电流不低于标定电流的 10%。

(3) 准确度的选择。应根据测量要求以及被测对象的类型、容量有关规定选择确定。

(二) 电能表的接线

电能表的接线较复杂，容易接错。在接线前应查看电能表的说明书，根据说明书上的接线原理图，把进线和出线依次对号接在电能表的接线端钮上。接好线后，经反复检查无误后才能合闸使用。

单相有功电能表接入电路的方式分为直接接入和经互感器接入。

1. 直接接入法

将电能表直接连接在单相电路中，对单相负载消耗的电能进行测量，这种接线方法称为直接接入法。单相有功电能表的直接接入法一般分为跳入式和顺入式两种类型。

(1) 单相跳入式有功电能表的接线。单相跳入式有功电能表的接线如图 2-97 所示。接线特点是：相线 1 进 2 出，中性线 3 进 4 出，进端接电源，出端与断路器、熔断器、负载连接。

(2) 单相顺入式有功电能表的接线。单相顺入式有功电能表的接线如图 2-98 所示。接线特点是：相线 1 进 4 出，中性线 2 进 3 出，进端接电源，出端与断路器、熔断器、负载连接。

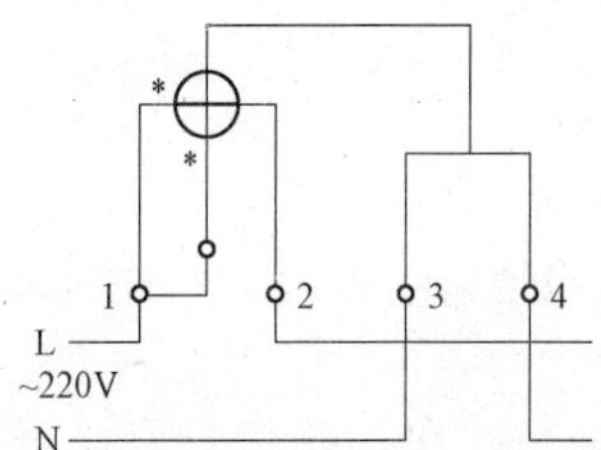

图 2-97 单相跳入式有功电能表的接线图

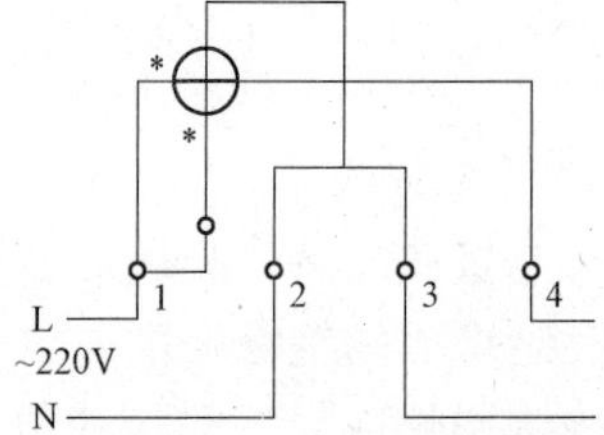

图 2-98 单相顺入式有功电能表的接线图

直接接入式有功电能表接线时应注意以下几点：

(1) 电能表的额定电压应与电源电压一致；其额定电流应等于或略大于负荷电流。

(2) 应使用绝缘铜导线，其截面应满足负荷电流的需要，但不应小于 2.5mm^2（有增容可能时，其截面可适当再大些）。

(3) 相线、中性线不可接错。

(4) 表外线不得有触头。

(5) 电源的相线要接电流线圈。

(6) 有些电能表的接线特殊，应仔细阅读使用说明书，严格按照说明书和接线端钮盒盖板上的接线原理图接线。

2. 经互感器接入法

如果被测负载电流较大，不宜将电能表直接接入电路，可以将电能表与电流互感器配合起来计量负载消耗的电能。单相有功电能表经电流互感器接入电路常用的接法有两种：一种是表内连接片断开的接线，如图 2-99 (a) 所示；另一种是表内连接片不断开的接线，如图 2-99 (b) 所示。

单相有功电能表经电流互感器接入电路时应注意以下几点：

(1) 电流互感器的准确度等级应比电能表的准确度高两个等级，且准确度不低于 0.5 级。

(2) 配用的电流互感器，一次额定电流应等于或略大于负载电流。

(3) 电能表的额定电压应与电源电压一致，电能表的额定电流应与电流互感器二次额定电流相适应，一般为 5A。

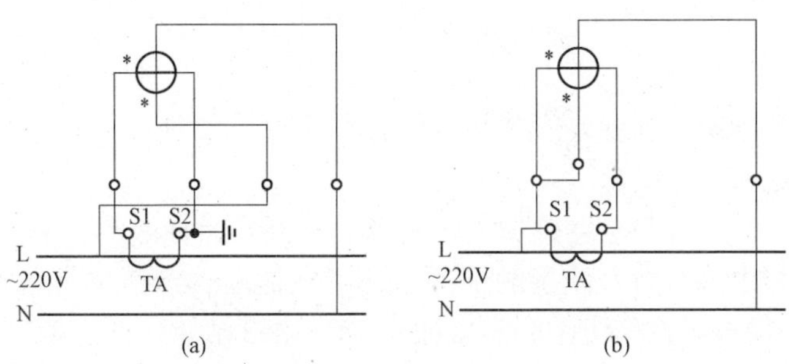

图 2-99　单相有功电能表经电流互感器接入电路的接线图

（a）表内连接片断开的接线；（b）表内连接片不断开的接线

（4）电流互感器应接在相线上。

（5）电流互感器的极性要接对。在表内短接片断开情况下，如图 2-99（a）所示，电流互感器的二次绕组的 S2 端应接地。若表内短接片没有断开，如图 2-99（b）所示，则互感器的 S2 端子禁止接地。

（6）电能表配电流互感器使用时，二次侧连接导线应使用绝缘铜导线，中间不得有触头，且不能装设断路器或熔断器。电能表的电流回路导线截面应满足负荷电流的需要，应选用截面积不小于 2.5mm^2 的单股绝缘铜芯导线，电能表的电压回路应选用截面积不小于 1.5mm^2 的单股绝缘铜芯导线。

（7）电能表配电流互感器使用时，电能表所有接线端子与导线连接的压接螺钉要拧紧，导线端头要有清楚明显的编号。

关于三相电能表的接线，将在本书的项目三中介绍。

（三）电能表的安装

安装电能表前应查看电能表的说明书，按照说明书上的要求进行安装。电能表应安装在干燥、通风的地方，电能表的底板应牢固无震动。电能表通常采取垂直安装方式，安装后电能表应垂直不倾斜，如果表体倾斜超过规定范围将会增大测量误差。

（四）电能表的维护

（1）电能表的工作环境应符合其对温度、湿度、防震等要求。

（2）正常使用的电能表应定期检修校验，方能保证准确度，使其处于良好的技术状态。

（3）应严格按使用说明书规定的条件、操作程序和注意事项使用电能表，严禁违章操作。使用过程中若发现有异常现象，应立即停止使用，并及时汇报且做好记录，以便同有关部门妥善处理。

（4）电能表应轻拿轻放，运输和拆封时不应受到剧烈冲击或挤压，应采取可靠的防震措施，避免颠震而损坏。

（5）非专业人员不得拆开电能表及其配套设备，更不得改变内部结构和接线等。

五、低压断路器的安装要求

常用的低压断路器一般以空气作为灭弧介质，故又称为空气断路器、空气开关。空气开关既有手动开关的作用，又有在电路发生过载、短路、欠压等故障时自动切断电路的作用，在低压配电网络和电力拖动系统中应用非常广泛。

安装前应检查低压断路器的各项参数是否符合规定的使用要求。低压断路器根据标准规定垂直安装，倾斜度不大于5°。电源进线必须接在低压断路器的上方，即外壳上标有“电源”或“进线”端；出线均接在下方，即标有“负载”或“出线”端。脱扣器整定的电流及其他电气参数厂家已按要求调好，安装和运行时不要轻易改动。

六、漏电断路器的安装要求

漏电断路器是一种具有漏电保护功能的空气断路器，又称漏电开关。漏电断路器对电气设备的漏电电流极为敏感。当人体接触了漏电的用电器时，产生的漏电电流只要达到10～30mA，就能使漏电保护器在极短的时间（如0.1s）内跳闸，切断电源有效地防止了触电事故的发生。

安装前应检查漏电断路器的各项参数是否符合规定的使用要求。漏电断路器的安装点，视其保护范围而定。如要对一个用电单元进行保护，则应安装在此用电单元的进线上；如要对某用设备进行保护，则可安装在此用电设备的电源端（如插座）。漏电断路器的外形和安装方式通常与一般的空气断路器相似。电源进线必须接在漏电断路器的上方，即外壳上标有“电源”或“进线”端；出线均接在下方，即标有“负载”或“出线”端。并且应该垂直安装，倾斜度不得超过5°。漏电断路器是一种安全保障型电器，一般都设有一个试验按钮。安装结束后，应按试验按钮进行试验，检查漏电断路器是否能可靠动作。一般情况下应试验三次以上，并且都能正常动作才能投入使用。

七、熔断器的安装要求

低压熔断器广泛用于低压供配电系统和控制系统中，主要用作电路的短路保护，有时也可用于过负载保护。使用时串联在被保护的电路中，当电路发生短路故障，通过熔断器的电流达到或超过某一规定值时，熔断器以其自身产生的热量使熔体熔断，从而自动分断电路，起到保护作用。

安装前检查熔断器的型号、额定电流、额定电压、额定分断能力等参数是否符合规定要求。安装位置及相互间距除保证足够的安全距离外，还应便于拆卸、更换熔件。应保证各导电连接部位接触良好，以免接触不良使温度升高，发生误熔断。安装熔体时，要检查熔体是否有机械损伤，否则准确性会降低。螺旋式熔断器在接线时，要注意瓷底座的下接线端应接电源，上接线端应接负载。瓷插式熔断器安装熔丝时，熔丝应顺着螺钉旋紧方向绕过去，同时注意不要划伤熔丝，也不要把熔丝绷紧，以免减小熔丝截面尺寸或拉断熔丝。更换熔体时应切断电源，并应换上同型号同规格的熔体，不能随意更改。对运行中的熔断器应经常检查，以便及时发现故障。

八、照明开关的安装要求

照明开关是控制灯具的电气元件，起控制照明电灯的亮与灭的作用（即接通或断开照明线路）。

室内照明电路中，最常见的是一个开关控制一盏灯，如图2-100（a）所示，接线时开关和灯应串联，开关必须接在相线（火线）上，中性线接灯座，使开关断开后灯座上无电压，以保证安全。在楼梯间、走廊等地方还常用二个开关控制一盏灯，如图2-100（b）所示，在楼上和楼下或走廊两端各装一个双联开关（单刀双掷开关），两个开关均可控制同一盏灯。

开关安装要牢固，进线和出线应采用同一种颜色的导线，导线端头应紧压在接线端子内，外部应无裸露的导线。开关盒内导线应留有一定余量。开关安装的位置应便于操作，开关边缘距门框的距离宜为 150～200mm，扳把式开关距地面宜为 1.2～1.4m，拉线式开关距地面宜 2.2～2.8m，且拉线出口应垂直向下，这样装拉线不易拉断。在多尘、潮湿场所和户外，应采用防潮防水型开关或加装保护箱。在易燃、易爆和特别潮湿的场所，应采用防爆型、密闭型开关，或把开关安装在其他地方控制。

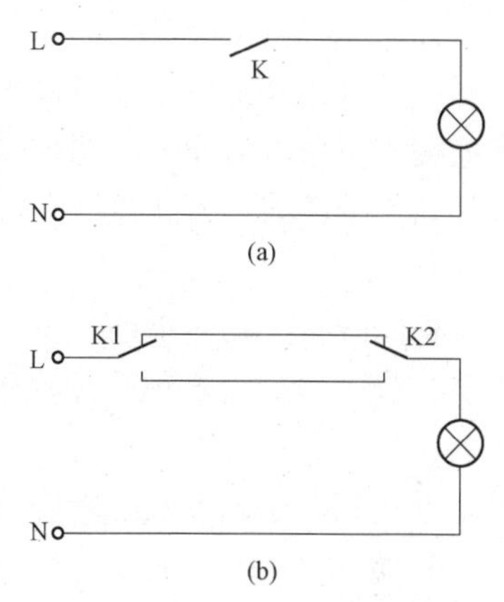

图 2-100　照明开关的安装
(a) 一个开关控制一盏灯；
(b) 两个开关控制一盏灯

九、灯座（灯头）的安装要求

在安装前，先要检查灯座是否符合电压标准、质量是否过关、灯座的导线是否符合规定要求、是否损坏等等问题。常用的灯座有卡口式、螺口式两种。卡口灯座上的两个接线端子，可任意连接中性线和来自开关的相线；但是螺口灯座上的接线端子，必须把中性线连接在连通螺纹圈的接线端子上，把来自开关的相线连接在连通中心铜簧片的接线端子上。

十、插座的安装要求

根据电源电压的不同，插座可分为三相四孔插座和单相三孔或二孔插座；照明一般都是单相插座。根据安装形式不同，插座又可分为明装式和暗装式。单相两孔插座有横装和竖装两种。横装时，接线原则是左零右相；竖装时，接线原则是上相下零；单相三孔插座的接线原则是左零右相上接地。另外在接线时也可根据插座后面的标识，L 端接相线，N 端接中性线，E 端接地线。根据标准规定，相线（火线）是红色线，中性线（零线）是黑色线，接地线是黄绿双色线。插座的安装必须牢固，面板上不得有外露的金属。插座的导线载流量应与插座额定电流相匹配。不同电压等级的插座应有明显的区别，使其不能混用。在特别潮湿、有易燃易爆气体及粉尘的场所，不应安装插座。

任务实施

设计某室内照明电路，并按要求正确安装。包括常用电工工具的使用和单相电能表、空气开关、照明灯具等设备的安装。

1. *布局*

根据设计的照明电路图，确定各元器件安装的位置，使电路图布局合理、结构紧凑、控制方便、美观大方。

2. *布线*

先处理好导线，将导线拉直，消除弯、折，布线要横平竖直、整齐、转弯成直角，并做到高低一致或前后一致，少交叉，应尽量避免导线触头。多根导线并拢平行走。而且在走线的时候牢记左零右火（即左边接零线，右边接火线）的原则。

3. *接线*

接线顺序是由上至下，先串后并。要求接线正确、牢固，各连接点不能松动，敷线平直整齐，无漏铜、反圈、压胶，每个接线端子上连接的导线根数一般不超过两根，绝缘性能好，外形美观。红色线接电源相线（L），黑色线接中性线（N），黄绿双色线专作地线（PE）。

4. 检查线路

使用万用表进行电路的基本检查。参照设计的照明电路安装图检查每条线是否严格按要求连接，每条线有没有接错位，注意电能表有无接反，漏电保护器、熔断器、断路器、插座等元器件的接线是否正确。

5. 通电

检测线路一切正常后，方可在老师指导下进行通电试验。通电时必须有专人监护，确保安全操作。送电由电源端开始往负载依次送电，先合上漏电断路器，然后合上控制白炽灯的开关，白炽灯正常发亮；合上控制日关灯开关，日光灯正常发亮；插座可以正常工作，电能表根据负载大小决定表盘转动快慢，负荷大时，表盘就转动快，用电就多。

6. 故障排除

出现故障，应立即断开电源，可以用万用表欧姆挡检查线路，判断故障类型和部位，要注意人身安全和万用表挡位的选择。

7. 整理现场

任务完成后，断开电源，并整理好现场。

2-1 已知工频正弦电流 $I=50\text{mA}$，$\varphi_i=-30°$，工频正弦电压 $U=220\text{V}$，电压超前电流 60°相位角，试写出该电压、电流瞬时值解析式。

2-2 写出下列正弦量所对应的相量：

(1) $u=220\sqrt{2}\sin(100\pi t+10°)\text{V}$；(2) $u=100\sin\left(\omega t-\frac{\pi}{3}\right)\text{V}$；

(3) $i=-15\sqrt{2}\sin\left(100\pi t-\frac{\pi}{4}\right)\text{A}$；(4) $u=-48\cos(100\pi t-10°)\text{V}$。

2-3 写出下列电压、电流相量所对应的正弦电压和电流（设角频率为 ω）：

(1) $\dot{U}=220\text{V}$；(2) $\dot{U}=(-400-\text{j}300)\text{V}$；(3) $\dot{U}=220\sqrt{2}\angle -\frac{2\pi}{3}\text{V}$；

(4) $\dot{I}=-5\text{mA}$；(5) $\dot{I}_m=-5\text{mA}$。

2-4 将下列复数转换为极坐标形式，并在复平面上画出表示它们的矢量。

(1) $1.2+\text{j}1.6$；(2) $1.2-\text{j}1.6$；(3) j；(4) j^2；(5) j^3；(6) j^4。

2-5 已知 $A=4+\text{j}4$，$B=5\angle -36.9°$。求 $A+B$，$A-B$，AB，$\frac{A}{B}$。

2-6 图 2-101 所示电路为正弦交流电路的一部分，已知电阻电流为 $i_R=30\sqrt{2}\sin100\pi t\text{mA}$，电感电流为 $i_L=180\sqrt{2}\sin(100\pi t-90°)\text{mA}$，电容电流为 $i_C=140\sqrt{2}\sin(100\pi t+90°)\text{mA}$，求总电流 i。

2-7 如图 2-102 所示无源二端网络，若 $u=90\sqrt{2}\sin(314t-15°)\text{V}$，$i=20\sqrt{2}\sin(314t-75°)\text{mA}$。试求无源二端网络 N 的等效阻抗。

2-8 已知某无源二端网络的等效阻抗为 $(160+\text{j}150)\Omega$，求其等效导纳。

2-9 正弦电压 $\dot{U}=90\text{V}$ 施加于 $R=900\ \Omega$的电阻元件上，在关联参考方向下，求通过该电阻元件的电流相量 $\dot{I}$ 。

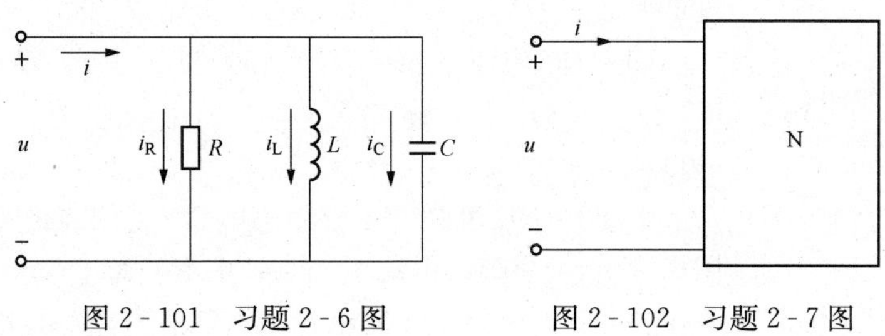

图 2-101　习题 2-6 图　　　图 2-102　习题 2-7 图

2-10　正弦电压 $\dot{U}=90V$ 施加于感抗 $X_L=900\ \Omega$ 的电感元件上，在关联参考方向下，求通过该电感元件的电流相量 $\dot{I}$。

2-11　正弦稳态电路中，已知电容元件的电流 $\dot{I}=0.1\angle\frac{\pi}{2}A$，容抗 $X_C=900\ \Omega$。在关联参考方向下，求该电容元件的电压相量 $\dot{U}$。

2-12　已知在关联参考方向下，电路中某元件上的电压、电流分别为 $u=80\cos 200t V$、$i=-2\sin 200t A$。问（1）元件的性质；（2）元件的阻抗；（3）储存能量的最大值。

2-13　在 RLC 串联的正弦交流电路中，已知电阻 $R=32\Omega$，感抗 $X_L=54\Omega$，容抗 $X_C=54\Omega$，求该串联电路的等效阻抗。

2-14　RC 串联的正弦交流电路，当电路的频率为 50Hz 时，其等效阻抗 $Z=(30-j40)\Omega$。当电路的频率为 100Hz 时，求其等效阻抗。

2-15　RL 串联的正弦交流电路，当电路的频率为 50Hz 时，其等效阻抗 $Z=(30+j40)\Omega$。当电路的频率为 100Hz 时，求其等效阻抗。

2-16　RLC 串联电路如图 2-103 所示，已知 $u=220\sqrt{2}\sin 314t V$，$R=30\Omega$，$L=445mH$，$C=32\mu F$。求电路中的电流 i，并判断电路性质。

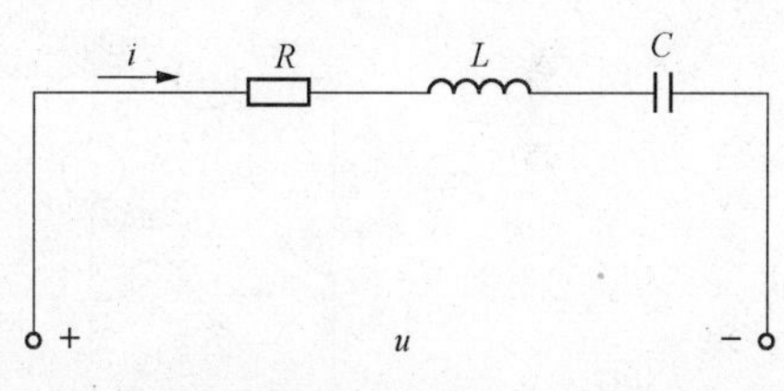

图 2-103　习题 2-16 图

2-17　已知图 2-104 所示各正弦稳态电路中的电压表 PV1、PV2 的读数均为 100V，求电压表 PV 的读数。

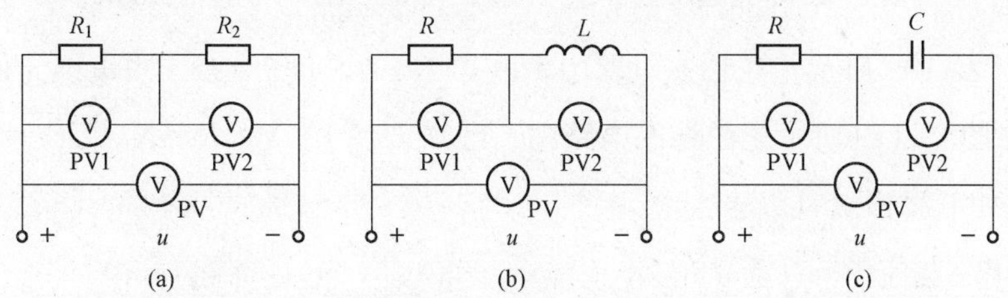

图 2-104　习题 2-17 图

（a）纯电阻串联电路；（b）RL 串联电路；（c）RC 串联电路

2-18　图 2-105 所示正弦稳态电路中，电压表 PV1 的读数为 50V，电压表 PV2 的读数为 40V，试求电流表 PA 的读数。

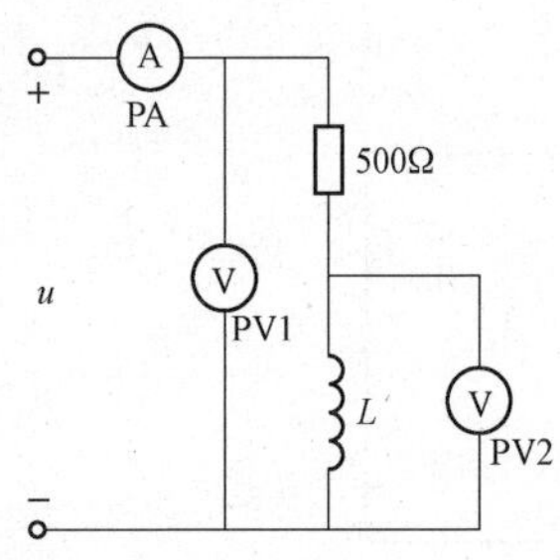

图 2-105 习题 2-18 图

2-19 计算正弦交流电路的阻抗，下列结果哪几个是合理的？

(1) RC 电路 $Z=(356+j450)\Omega$； (2) RL 电路 $Z=(75-j75)\Omega$； (3) RLC 电路 $Z=500\ \Omega$； (4) LC 电路 $Z=(400+j600)\Omega$

2-20 RL 串联的正弦稳态电路，已知端电压 $U=150V$，电感电压 $U_L=90V$，电流 $I=2A$。求 R、X_L。

2-21 图 2-106 所示各正弦稳态电路中，电流表 PA1 的读数为 3A，电流表 PA2 的读数为 4A，试求电流表 PA 的读数。

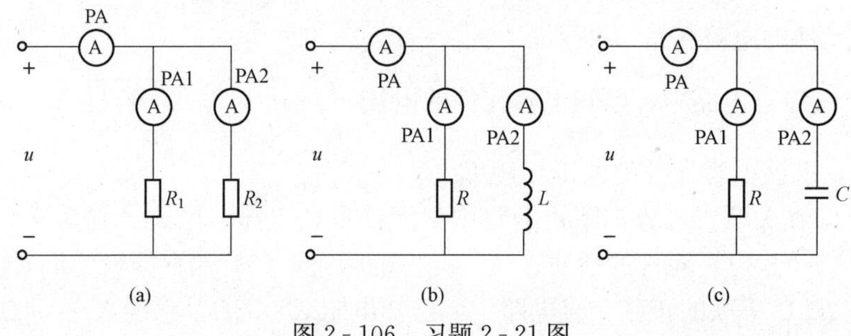

图 2-106 习题 2-21 图

(a) 纯电阻并联电路；(b) RL 并联电路；(c) RC 并联电路

2-22 在图 2-107 所示稳态电路中，已知正弦电压源 u_S 的角频率为 ω 时，电流表 A1 和 A2 的读数分别为 0 和 2A。若 u_S 的频率变为 $\omega/2$，而幅值不变，试求电流表 PA 的读数。

2-23 图 2-108 所示正弦稳态电路中，电流表 PA 的读数为 6A。试求 $\dot{U}$ 和 $\dot{I}$ 的有效值。

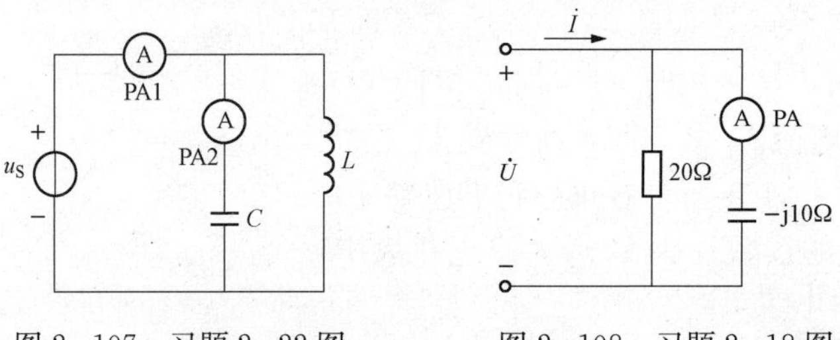

图 2-107 习题 2-22 图　　图 2-108 习题 2-18 图

2-24 图 2-109 所示正弦稳态电路中，已知 $I_1\neq0$，且 $I=I_2$。求电感元件的感抗 X_L。

2-25 在图 2-110 所示正弦稳态电路中，已知 $\dot{U}=100V$，$R=X_L=X_C=50\Omega$。求该电路的等效阻抗和电流相量 $\dot{I}$。

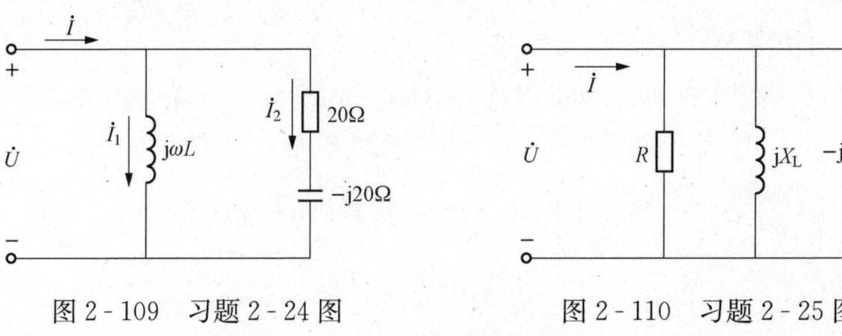

图 2-109 习题 2-24 图　　图 2-110 习题 2-25 图

2-26　在图2-111所示正弦稳态电路中，已知感抗 $X_L=200\Omega$，开关S开和闭合时，电流表的读数均为80mA。试求容抗 X_C。

2-27　在图2-112所示正弦稳态电路中，已知 $\dot{U}=220\underline{/0^\circ}$V，$R_1=R_2=X_L=X_C$，试作相量图，并根据相量图求 $\dot{U}_{ab}$。

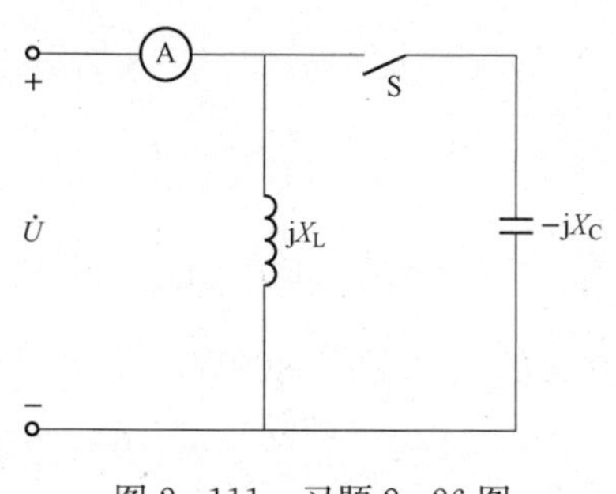

图2-111　习题2-26图

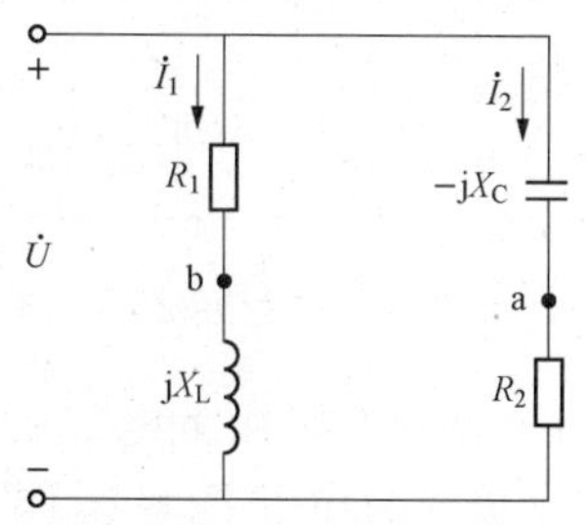

图2-112　习题2-27图

2-28　收音机的调谐回路可视为 RLC 串联电路，已知 $L=0.2$mH，可调电容的变化范围为 $C=49.7\sim507$pF。试求此串联电路谐振频率的范围。

2-29　图2-113所示正弦稳态电路，当发生并联谐振时，测得 $I_1=100$mA，$I_2=80$mA，画出相量图并求 I 的大小。

2-30　当图2-114所示正弦电路发生谐振时，电压表PV1的读数为200V，电压表PV2的读数为160V，求电压表PV读数。

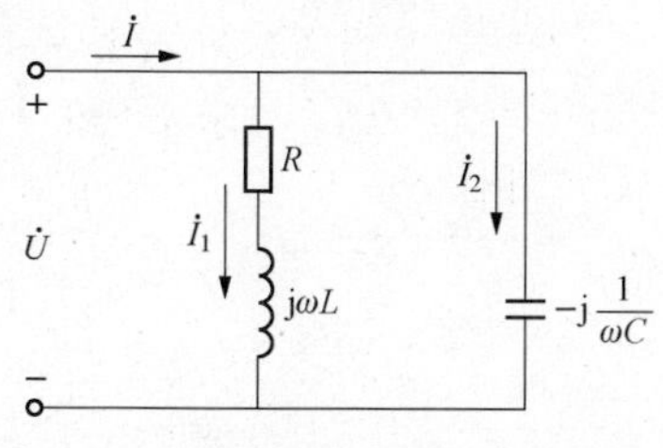

图2-113　习题2-29图

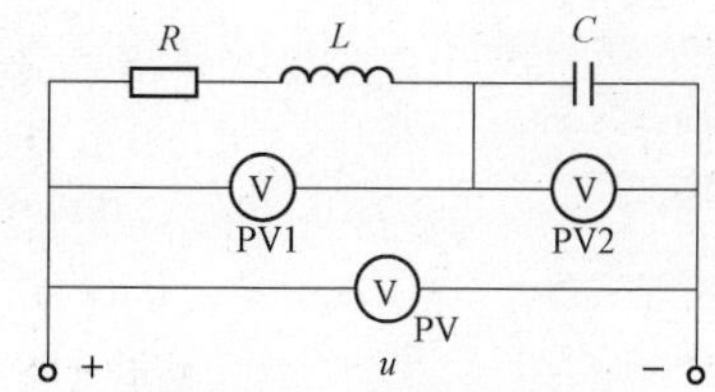

图2-114　习题2-30图

2-31　RL 串联正弦稳态电路中，已知 $U_R=U_L$，求该电路的功率因数。

2-32　RL 串联正弦稳态电路中，$P=400$W，$Q=300$var，求该电路的功率因数。

2-33　正弦稳态电路中，已知 $P=300$W，$Q=400$var，求 S。

2-34　RLC 并联正弦稳态电路中，若 $I_R=5$A，$I_L=29$A，$I_C=24$A，求该电路的功率因数。

2-35　已知 RLC 串联电路，端口电压 $u=220\sqrt{2}\sin 314t$V，$R=30\Omega$，$L=445$mH，$C=32\mu$F。求电路的有功功率及功率因数。

2-36　用电压表、电流表和功率表测量电感线圈的参数，电路如图2-115所示。已知电压表的读数为150V，电流表读数为1A，功率表读数分别为120W，电源频率为50Hz。求线圈的等效电阻 R 和等效电感 L。

2-37　用三只电压表测量电感线圈的参数，电路如图2-116所示，已知与线圈串联的电阻 $R_1=50\Omega$，电压表PV1的读数为50V，电压表PV2读数为50V，电压表PV3读数为

89.44V，电源频率为50Hz。求线圈的等效电阻R和等效电感L。

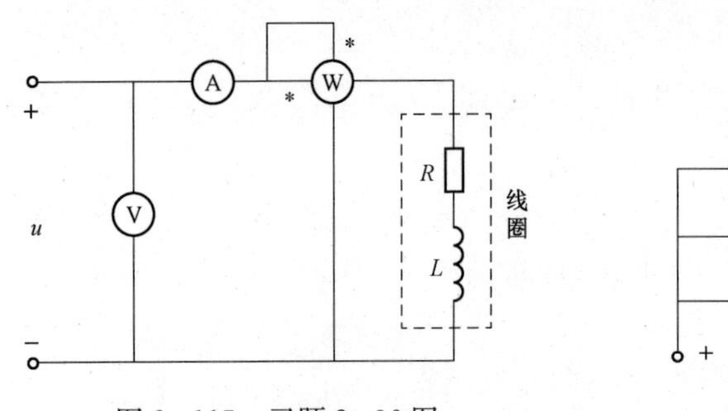

图2-115 习题2-36图

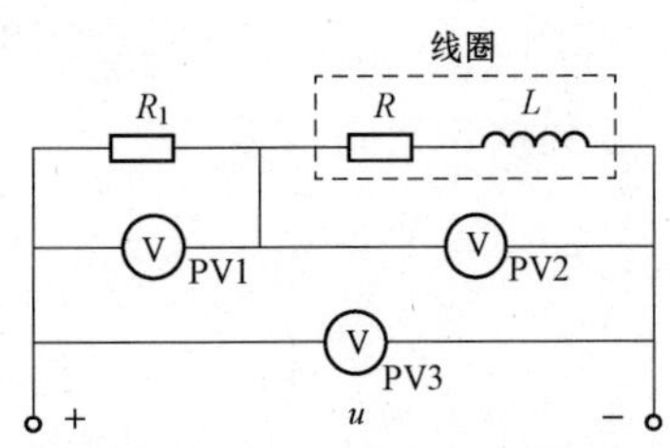

图2-116 习题2-37图

2-38 两个负载并联接上电源后，一个负载的功率$P_1=900$W，功率因数为$\lambda_1=0.6$（感性）。另一个负载的功率$P_2=160$W，功率因数$\lambda_2=0.8$（容性）。试求这两个负载并联电路的总有功功率、无功功率、视在功率和功率因数。

2-39 一盏日光灯接在电压为220V，频率为50Hz的正弦电压源上。已知日光灯的功率为40W，功率因数为0.5。若要将日光灯的功率因数提高到0.9，问应并联多大电容。

2-40 将有功功率为60kW，无功功率为80kvar的感性负载的功率因数提高到0.8，试求所需并联的电容器的无功功率。

评价表

项目：单相交流电路的测量与安装

评价内容		分值	评分
目标认知程度	工作目标明确，工作计划具体，结合实际，具有可操作性	10	
学习态度	工作态度端正，注意力集中，能使用网络资源进行相关资料搜集	10	
团队协作	积极与他人合作，共同完成工作任务	10	
专业能力要求	理解正弦量的有效值、角频率、周期、频率、初相、相位差、超前、滞后的概念。掌握正弦量的相量表示法。掌握基尔霍夫定律的相量形式。掌握正弦电路中的电阻、电感和电容元件的伏安关系。理解有功功率、无功功率、视在功率的概念。理解提高功率因数的意义及方法。能够分析计算简单正弦交流电路的电压、电流和功率。能够根据电路图进行电气设备的安装与连接。熟练掌握交流电压表、电流表、功率表的使用方法	70	
总分			

学生自我总结：

指导老师评语：

项目完成人签字：　　　　　　　　　　日期：　　年　　月　　日

指导老师签字：　　　　　　　　　　　日期：　　年　　月　　日

项目三　三相电路的测量与安装

引导文

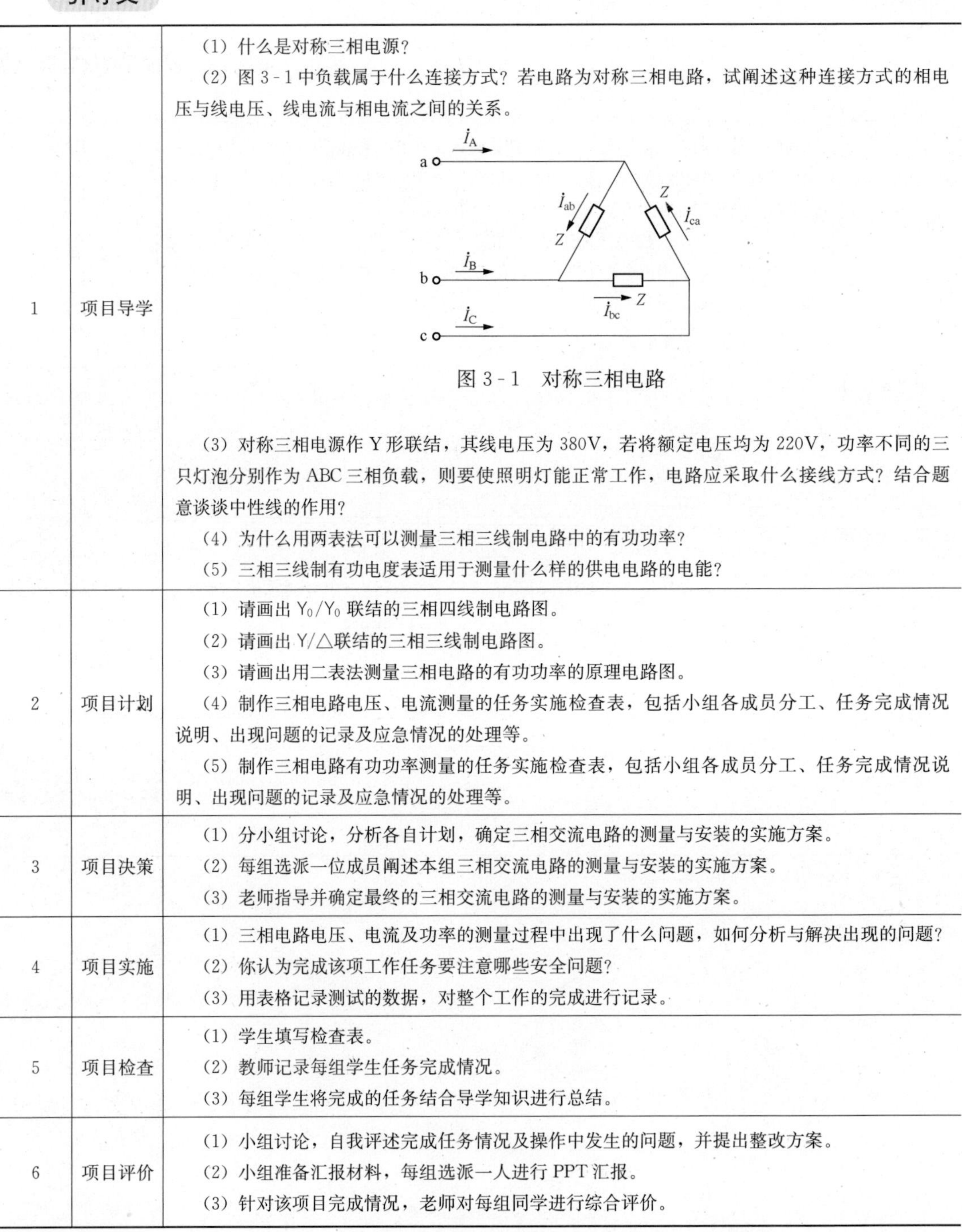

1	项目导学	(1) 什么是对称三相电源？ (2) 图 3-1 中负载属于什么连接方式？若电路为对称三相电路，试阐述这种连接方式的相电压与线电压、线电流与相电流之间的关系。 图 3-1　对称三相电路 (3) 对称三相电源作 Y 形联结，其线电压为 380V，若将额定电压均为 220V，功率不同的三只灯泡分别作为 ABC 三相负载，则要使照明灯能正常工作，电路应采取什么接线方式？结合题意谈谈中性线的作用？ (4) 为什么用两表法可以测量三相三线制电路中的有功功率？ (5) 三相三线制有功电度表适用于测量什么样的供电电路的电能？
2	项目计划	(1) 请画出 Y_0/Y_0 联结的三相四线制电路图。 (2) 请画出 Y/△联结的三相三线制电路图。 (3) 请画出用二表法测量三相电路的有功功率的原理电路图。 (4) 制作三相电路电压、电流测量的任务实施检查表，包括小组各成员分工、任务完成情况说明、出现问题的记录及应急情况的处理等。 (5) 制作三相电路有功功率测量的任务实施检查表，包括小组各成员分工、任务完成情况说明、出现问题的记录及应急情况的处理等。
3	项目决策	(1) 分小组讨论，分析各自计划，确定三相交流电路的测量与安装的实施方案。 (2) 每组选派一位成员阐述本组三相交流电路的测量与安装的实施方案。 (3) 老师指导并确定最终的三相交流电路的测量与安装的实施方案。
4	项目实施	(1) 三相电路电压、电流及功率的测量过程中出现了什么问题，如何分析与解决出现的问题？ (2) 你认为完成该项工作任务要注意哪些安全问题？ (3) 用表格记录测试的数据，对整个工作的完成进行记录。
5	项目检查	(1) 学生填写检查表。 (2) 教师记录每组学生任务完成情况。 (3) 每组学生将完成的任务结合导学知识进行总结。
6	项目评价	(1) 小组讨论，自我评述完成任务情况及操作中发生的问题，并提出整改方案。 (2) 小组准备汇报材料，每组选派一人进行 PPT 汇报。 (3) 针对该项目完成情况，老师对每组同学进行综合评价。

任务一　三相电路电压和电流的测量

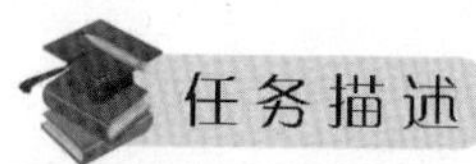

任务描述

在电力系统中，三相电压、电流是最基本的电量，无论是发电厂、变电站还是大型用户的配电房都必须对它们进行监测，通过测量三相电压、电流的大小，可以分析了解系统的运行状况。本项任务是通过对三相正弦交流电路的电压、电流的测量，达到以下目标：

（1）掌握对称三相正弦量的概念、相序的概念。

（2）掌握三相电源与负载的连接方式以及三相电路中的基本物理量。

（3）掌握对称三相电路的线电压与相电压、线电流与相电流的关系。

（4）掌握对称三相电路的特点和电压、电流的计算。

（5）了解三相星形联结负载不对称时电压、电流的计算，理解三相四线制中线的作用。

（6）能熟练地用交流电压表、交流电流表测量三相电路中的电压与电流。

（7）能根据测量的结果分析三相电路的运行情况。

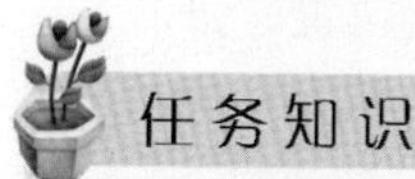

任务知识

自从19世纪末世界上首次出现三相制以来，它几乎占据了电力系统的全部领域。目前世界上电力系统所采用的供电方式绝大多数是属于三相制电路。三相交流电比单相交流电更具优越性：在用电方面，三相电动机比单相电动机结构简单，价格便宜，性能好；在送电方面，采用三相制，比单相输电线路更节约材料。实际上我们家庭用电的电源就是三相电源中的一相，因此学习三相电路具有非常重要的意义。

一、对称三相正弦量

三个有效值相等、频率相同且相位互差120°的正弦电压（或电流）称为对称三相正弦电压（或电流）。

三相交流电通常是三相同步发电机产生的。三相发电机的定子安装有三个完全相同的绕组，分别称为A相、B相、C相绕组。三相绕组在空间位置上彼此相差120°，如图3-2（a）所示，当转子以ω的角速度旋转时，三相绕组中将感应出电动势，如图3-2（b）所示，并在绕组的两端产生电压，如图3-2（c）所示。由于结构上采取了措施，一般三相发电机的电动势与电压总是近乎对称的，而且也尽量做到为正弦量，即它们是频率相同、有效值相等且相位依次相差120°的对称三相正弦量。三相绕组电压的参考正极性叫做始端，用字母A、B、C表示，电压的参考负极性叫做末端，用字母X、Y、Z表示。

对称三相电源是由三个有效值相等、频率相同且相位互差120°的正弦电压源按一定方式连接而成的。在忽略电源内部阻抗的情况下，称为对称三相正弦理想电压源。

若以A相电源电压u_A为参考正弦量，对称三相电源电压的瞬时值表达式为

$$u_A = U_m\sin\omega t = \sqrt{2}U\sin\omega t$$

$$u_B = U_m\sin(\omega t - 120°) = \sqrt{2}U\sin(\omega t - 120°)$$

$$u_C = U_m\sin(\omega t + 120°) = \sqrt{2}U\sin(\omega t + 120°)$$

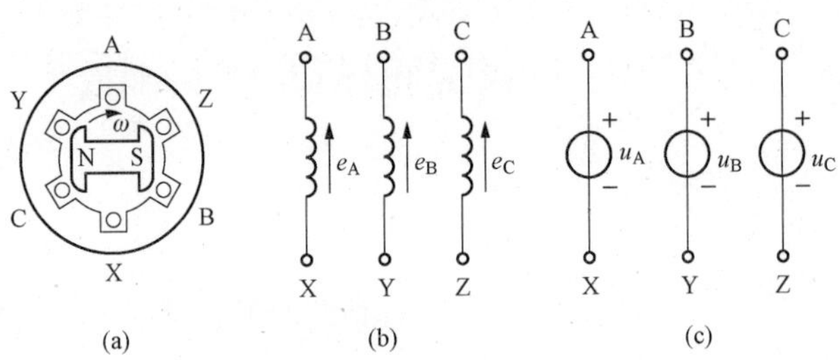

图 3-2 三相交流发电机

(a) 三相发电机剖面图；(b) 发电机三相绕组电动势；(c) 发电机三相绕组电压

对应的电压相量分别为

$$\dot{U}_A = U\angle 0^\circ$$

$$\dot{U}_B = U\angle -120^\circ$$

$$\dot{U}_C = U\angle 120^\circ$$

其对应三相正弦量的波形图与相量图如图 3-3 所示。作相量图时，一般将参考相量画在水平位置，如图 3-3（b）所示。也可将参考相量画在垂直位置或其他指定位置，如图 3-3（c）所示。无论参考相量画在水平位置还是垂直位置，都是将初相角为零度的参考相量先画出来。

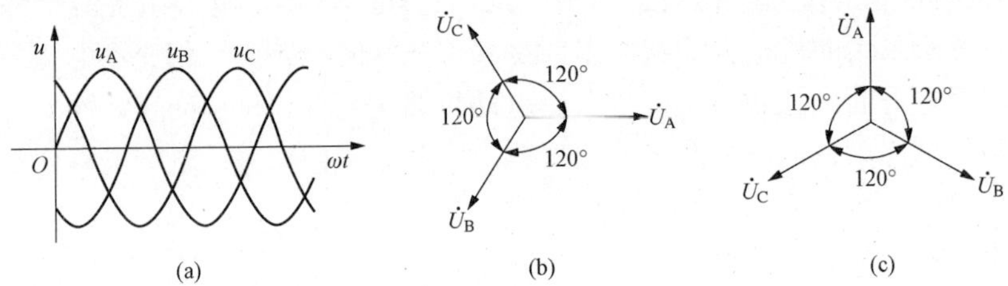

图 3-3 对称三相电压波形图与相量图

(a) 对称三相电压波形图；(b) 参考相量画在水平位置的相量图；(c) 参考相量画在垂直位置的相量图

由波形图可以看出，对称三相正弦量的瞬时值之和恒等于零，即

$$u_A + u_B + u_C = 0 \tag{3-1}$$

由相量图可以看出，对称三相正弦量的相量和为零，即

$$\dot{U}_A + \dot{U}_B + \dot{U}_C = 0 \tag{3-2}$$

对称三相正弦量到达同一量值（如零值）的先后次序叫做相序。从波形图上看，若对称三相正弦量到达对应的峰值或零值的先后次序为 A→B→C→A，则称为正序或顺序。从相量图分析，若相量图中 A、B、C 三相的相量是按顺时针的方向出现，则称为正序或顺序。反之，从波形图上看，若对称三相正弦量到达对应的峰值或零值的先后次序为 A→C→B→A，则称为负序或逆序。从相量图分析，若相量图中 A、B、C 三相的相量是按逆时针的方向出现，则称为负序或逆序。图 3-3 为正序电压的波形图和相量图。一般情况下，无特殊说明，三相电源的相序均是正序。

三相发电机在并网发电时，必须考虑相序的问题，否则会引起重大事故，为了防止接线错误，电力系统分别以不同的颜色区分各相，黄色表示A相，绿色表示B相，红色表示C相。

三相电动机在正序电压供电时正转，改为负序电压供电时则反转。因此，一些需要正反转的设备可通过改变供电电压的相序来控制三相电动机的正反转。

二、三相电源和负载的连接

（一）三相电源的连接方式

三相电源的基本连接方式有星形和三角形两种。

1. 三相电源的星形联结

将三相电源的三个末端X、Y、Z连在一起形成一个公共节点，从三个始端A、B、C分别引出三根导线与负载相连，如图3-4所示，这种连接方式称为星形联结，又称为Y联结。

从始端引出的导线称为端线（又称火线、相线）。三个末端连在一起形成一个公共节点N，称为中性点，简称中点。从中性点也可以引出一根导线，从中性点引出的导线称为中性线，简称中线。当中性点接地时，中性线又称零线。

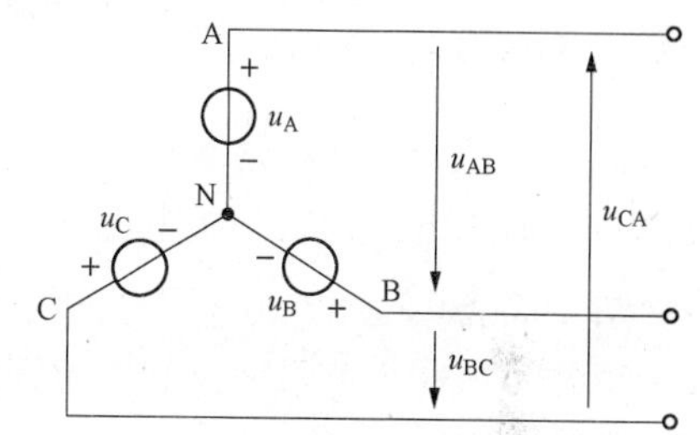

图3-4　三相电源的星形联结

在三相电路中，每相电源（或负载）两端的电压称为相电压。星形联结的三相电源，相电压的参考方向是从端线到中性点的方向，如图3-4中的相电压u_A、u_B、u_C。

两根端线之间的电压称为线电压。三个线电压的参考方向习惯上规定从A指向B、从B指向C、从C指向A，如图3-4所示，三个线电压分别记为u_{AB}、u_{BC}、u_{CA}。

在图3-4中，由KVL得

$$\left.\begin{aligned}u_{AB}&=u_A-u_B\\u_{BC}&=u_B-u_C\\u_{CA}&=u_C-u_A\end{aligned}\right\}\qquad(3-3)$$

即Y联结电路中，线电压等于相应的两个相电压之差，这一关系不限于正弦电压，也不限于对称情况。

在正弦电路中，式（3-3）可用相量表示为

$$\left.\begin{aligned}\dot{U}_{AB}&=\dot{U}_A-\dot{U}_B\\\dot{U}_{BC}&=\dot{U}_B-\dot{U}_C\\\dot{U}_{CA}&=\dot{U}_C-\dot{U}_A\end{aligned}\right\}\qquad(3-4)$$

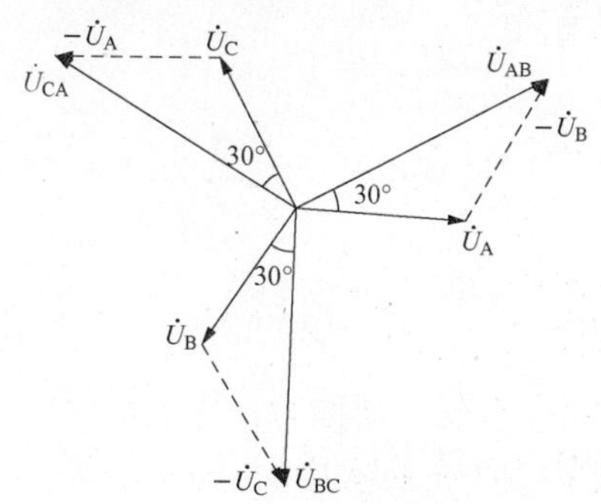

图3-5　对称三相Y联结电源相电压和线电压的相量图

如果三个相电压是一组对称正弦量，可按相量关系式画出相电压和线电压的相量图，如图3-5所示。

由相量图可知，对称三相电源Y联结时，三个相电压是一组对称正弦量，三个线电压也是一组对称正弦量，线电压有效值等于相电压有效值的$\sqrt{3}$倍。若相电压的有效值用U_P表示，线电压的有效值用U_L表示，则有

$$U_L=\sqrt{3}U_P\qquad(3-5)$$

线电压与相电压的相位关系是：线电压 $\dot{U}_{AB}$超前相电压 $\dot{U}_{A}30°$，$\dot{U}_{BC}$超前 $\dot{U}_{B}30°$，$\dot{U}_{CA}$超前 $\dot{U}_{C}30°$。即线电压超前对应的相电压 30°。这里的对应是指线电压与线电压下标的第一个字母对应的相电压相比较。

在三相电路中，由 KVL 可知，三个线电压之和恒等于零，即

$$u_{AB}+u_{BC}+u_{CA}=0 \tag{3-6}$$

在正弦电路中，式（3-6）可用相量表示

$$\dot{U}_{AB}+\dot{U}_{BC}+\dot{U}_{CA}=0 \tag{3-7}$$

不论线电压是否对称，也不论是星形还是三角形联结，线电压的上述特点总是成立的。

在对称三相电路中，一般所说的电压都是指线电压，而且线电压有效值的下标可以省略，直接用 U 表示。

【例 3-1】 已知一对称电源作 Y 形联结，其中 A 相的电压为 $\dot{U}_{A}=220\underline{/30°}$V，试写出其他两相的相电压和三个线电压的解析式。

解 因为 $\dot{U}_{A}=220\underline{/30°}$V，根据对称关系得

$$\dot{U}_{B}=220\underline{/-90°}\text{V}$$

$$\dot{U}_{C}=220\underline{/150°}\text{V}$$

由 Y 形对称电路线电压与相电压的关系可知

$$\dot{U}_{AB}=380\underline{/60°}\text{V}$$

$$\dot{U}_{BC}=380\underline{/-60°}\text{V}$$

$$\dot{U}_{CA}=380\underline{/180°}\text{V}$$

则相电压、线电压对应解析式分别为

$$u_{A}=220\sqrt{2}\sin(\omega t+30°)\text{V}$$

$$u_{B}=220\sqrt{2}\sin(\omega t-90°)\text{V}$$

$$u_{C}=220\sqrt{2}\sin(\omega t+150°)\text{V}$$

$$u_{AB}=380\sqrt{2}\sin(\omega t+60°)\text{V}$$

$$u_{BC}=380\sqrt{2}\sin(\omega t-60°)\text{V}$$

$$u_{CA}=380\sqrt{2}\sin(\omega t+180°)\text{V}$$

【例 3-2】 已知一对称电源作 Y 形联结，其中 AB 端线间的线电压表达式为 $u_{AB}=380\sqrt{2}\sin(\omega t-75°)$V，试问 A、B、C 三相的相电压的相量为何值？

解 已知 $\dot{U}_{AB}=380\underline{/-75°}$V，则根据对称关系可知：$\dot{U}_{BC}=380\underline{/165°}$V，$\dot{U}_{CA}=380\underline{/45°}$V；由 Y 形联结对称电路线电压与相电压的关系可知：

$$\dot{U}_{A}=220\underline{/-105°}\text{V};\ \dot{U}_{B}=220\underline{/135°}\text{V};\ \dot{U}_{C}=220\underline{/15°}\text{V}$$

2. 三相电源的三角形联结

把一相电源的末端与另一相电源的始端依次相连，即将 A 相电源的末端与 B 相电源的首端相连，B 相电源的末端与 C 相电源的首端相连，C 相电源的末端与 A 相电源的首端相连，然后从每两相的连接处引出一根导线与负载相连，如图 3-6 所示，这种连接方式称为

三角形联结，又称为△联结。从每两相电源之间的连接点引出的导线称为端线（又称火线、相线）。

当电源采取三角形联结时，若其电源不对称或连接不正确，如任何一相电源接反，三个相电压之和不为零，在三角形联结的闭合回路中将产生很大的环行电流，将电源烧坏，造成严重后果。因此电源作三角形联结，在其闭合之前，一定要在三角形开口处并联一块电压表，如图 3 - 7 所示，若电压表的读数为 0，则说明连线正确，此时只要将电压表去掉，将开口三角形连成闭口三角形即可。若其中任何一相接反，电压表的读数为一相电压的 2 倍，此时必须将其中一相电源的首尾端对调，而后再次测量开口电压，直至端口电压为 0。由于实际发电机发出的电压不是理想的对称三相正弦电压，所以，发电机一般不作三角形联结。

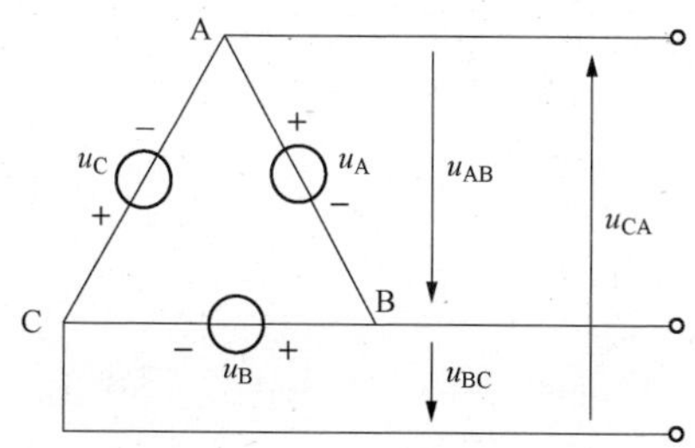

图 3 - 6　三相电源的三角形联结

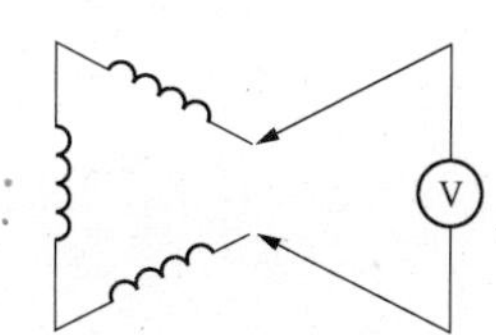

图 3 - 7　电源的开口三角形联结图

从图 3 - 6 可以看出，三角形连接的电源的线电压等于对应的相电压，即

$$\left.\begin{aligned} u_{AB} &= u_A \\ u_{BC} &= u_B \\ u_{CA} &= u_C \end{aligned}\right\} \tag{3-8}$$

在△联结电路中，线电压等于对应的相电压，这一关系不限于正弦电压，也不限于对称情况。

在正弦电路中，式（3 - 8）可用相量表示为

$$\left.\begin{aligned} \dot{U}_{AB} &= \dot{U}_A \\ \dot{U}_{BC} &= \dot{U}_B \\ \dot{U}_{CA} &= \dot{U}_C \end{aligned}\right\} \tag{3-9}$$

对称三相电源△联结时，线电压有效值等于相电压有效值。若相电压的有效值用 U_P 表示，线电压的有效值用 U_L 表示，则有

$$U_L = U_P \tag{3-10}$$

（二）三相负载的连接方式

三相负载的基本连接方式有星形和三角形两种。

1. 三相负载的星形联结

将三相负载的三个末端连在一起形成一个公共节点，从三个始端分别引出三根端线与电源相连，如图 3 - 8 所示，这种连接方式称为负载的星形联结，又称为负载的 Y 联结。

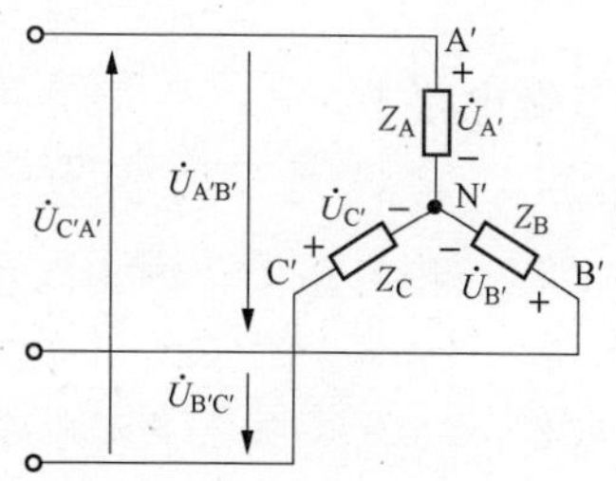

图 3 - 8　三相负载的星形联结

星形联结负载的线电压与相电压的关系仍服从式（3 - 3）和式（3 - 4），即线电压等于相应的两个相电压之差。

与对称星形联结电源一样，对称星形联结负载的线电压有效值等于相电压有效值的$\sqrt{3}$倍，线电压超前对应的相电压 30°。

三相电路中，流过每相电源或负载的电流称为相电流。习惯上规定电源相电流的参考方向与该相相电压的参考方向相反，负载相电流的参考方向与该相相电压的参考方向一致。

流过端线的电流称为线电流。习惯上规定线电流的参考方向从电源指向负载，如图 3-9（a）和图 3-9（b）中的线电流相量 $\dot{I}_A$、$\dot{I}_B$、$\dot{I}_C$。

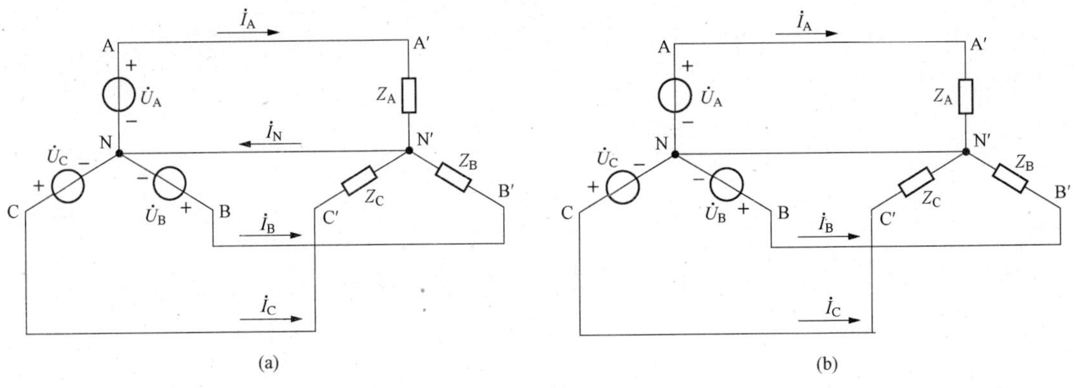

图 3-9 星形联结的三相电路

（a）三相四制电路；（b）三相三线制电路

由 KCL 可知，在星形联结的三相电路中，每相线电流等于该相的相电流。

图 3-9 所示三相电路，电源和负载均为星形联结。电源中性点与负载中性点之间有中性线相连的三相电路称为三相四线制电路，没有中性线的三相电路称为三相三线制电路。

中性线的电流称为中性线电流，习惯上规定中性线电流的参考方向从负载中性点指向电源中性点，如图 3-9（a）中的中性线电流相量 $\dot{I}_N$。

在三相三线制电路中，由 KCL 可知，三个线电流之和恒等于零，即

$$i_A + i_B + i_C = 0 \tag{3-11}$$

在正弦电路中，式（3-11）可用相量表示为

$$\dot{I}_A + \dot{I}_B + \dot{I}_C = 0 \tag{3-12}$$

不论线电流是否对称，也不论是星形联结还是三角形联结，在三相三线制电路中线电流的上述特点总是成立的。

在三相四线制电路中，由 KCL 可知，三个线电路之和等于中性线电流，即

$$i_A + i_B + i_C = i_N \tag{3-13}$$

在正弦电路中，式（3-13）可用相量表示为

$$\dot{I}_A + \dot{I}_B + \dot{I}_C = \dot{I}_N \tag{3-14}$$

在对称三相电路中，因为线电流是一组对称正弦量，它们之和等于零，所以中性线电流 $i_N=0$。

2. 三相负载的三角形联结

将三相负载的首尾依次相连，再在每两相的连接处引出一根端线与电源相连，如图 3-10 所示，这种连接方式称为负载的三角形联结，又称为负载的△联结。

三角形联结负载的线电压与相电压的关系仍服从式(3-8)和式(3-9)，即线电压等于对应的相电压。

根据 KCL 得

$$\left.\begin{aligned} i_A &= i_{A'B'} - i_{C'A'} \\ i_B &= i_{B'C'} - i_{A'B'} \\ i_C &= i_{C'A'} - i_{B'C'} \end{aligned}\right\} \quad (3-15)$$

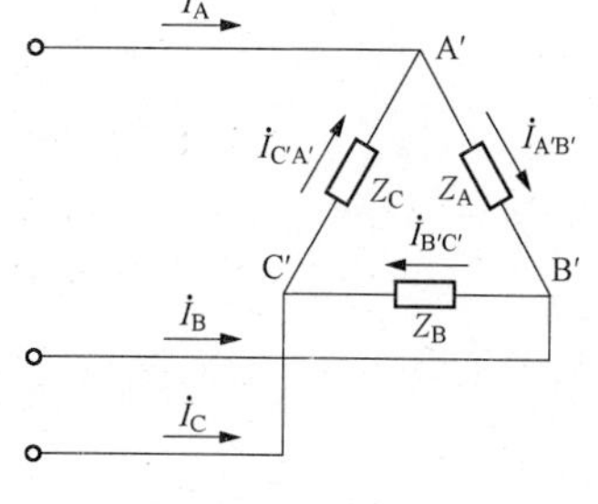

图 3-10　三相负载的三角形联结

即△联结电路中，线电流等于相应的两个相电流之差，这一关系不限于正弦电压，也不限于对称情况。

在正弦电路中，式(3-15)可用相量表示为

$$\left.\begin{aligned} \dot{I}_A &= \dot{I}_{A'B'} - \dot{I}_{C'A'} \\ \dot{I}_B &= \dot{I}_{B'C'} - \dot{I}_{A'B'} \\ \dot{I}_C &= \dot{I}_{C'A'} - \dot{I}_{B'C'} \end{aligned}\right\} \quad (3-16)$$

如果三个相电流是一组对称正弦量，可按相量关系式画出相电流和线电流的相量图，如图 3-11 所示。

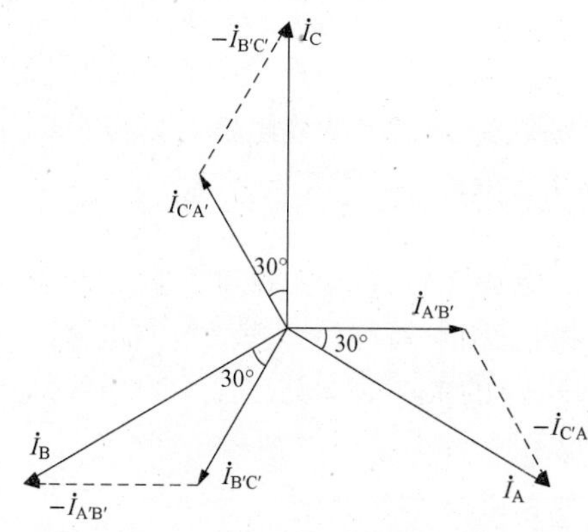

图 3-11　对称三相△联结负载相电流和线电流的相量图

由相量图可知，对称三相负载△联结时，若三个相电流是一组对称正弦量，则三个线电流也是一组对称正弦量，线电流有效值等于相电流有效值的$\sqrt{3}$倍。若相电流的有效值用 I_P 表示，线电流的有效值用 I_L 表示，则有

$$I_L = \sqrt{3} I_P \quad (3-17)$$

线电流与相电流的相位关系是：线电压 $\dot{I}_A$滞后相电流 $\dot{I}_{A'B'}$ 30°，$\dot{I}_B$滞后 $\dot{I}_{B'C'}$ 30°，$\dot{I}_C$滞后 $\dot{I}_{C'A'}$ 30°。即线电流滞后对应的相电流 30°。这里的对应是指相电流与相电流下标的第一个字母对应的线电流相比较。

在对称三相电路中，一般所说的电流都是指线电流，而且线电流有效值的下标可以省略，直接用 I 表示。

三相电源与三相负载连接起来，就构成了完整的三相电路。结合三相电源与负载的连接方式，在三相电路中，电源与负载的组合连接方式有 Y/Y、Y_0/Y_0、Y/△、△/Y、△/△五种，其中只有 Y_0/Y_0 联结为三相四线制，其他四种均为三相三线制连接方式。三相四线制(由三根端线和一根中性线组成)通常在低压配电系统中采用，连接如图 3-9(a)所示。

通过电路结构可知，在三相四线制电路中，一定有 $\dot{I}_N = \dot{I}_A + \dot{I}_B + \dot{I}_C$；通过电路结构可知，在三相三线制电路中，不管电路性质如何，一定有 $\dot{I}_A + \dot{I}_B + \dot{I}_C = 0$(由 KCL 定律决定，与电路的性质无关)。无论是三相三线制电路还是三相四线制电路，不管电路性质如何，都有 $\dot{U}_{AB} + \dot{U}_{BC} + \dot{U}_{CA} = 0$(由 KVL 定律决定，与电路的性质无关)。

特别强调，在三相电路中，一般我们所说的电压、电流都是指线电压、线电流。因为三相电机从外部只能测量线电压与线电流。例如，某 220kV 的线路，就是指该线路的线电压

有效值为220kV；变压器高压侧的电压为500kV，就是指该变压器高压侧的线电压的有效值为500kV。

【例3-3】 已知一组对称负载作△形后接到对称电源上，已知相电流 $\dot{I}_{A'B'}=10\angle 15^\circ A$，试写出其他两相的相电流及三个线电流的相量式。

解 已知 $\dot{I}_{A'B'}=10\angle 15^\circ A$，根据对称关系得 $\dot{I}_{B'C'}=10\angle -105^\circ A$，$\dot{I}_{C'A'}=10\angle 135^\circ A$

根据对称△形联结电路线电流与相电流的关系可知：

$$\dot{I}_A=10\sqrt{3}\angle -15^\circ A, \dot{I}_B=10\sqrt{3}\angle -135^\circ A, \dot{I}_C=10\sqrt{3}\angle 105^\circ A$$

三、对称三相电路的特点和计算

对称三相电路是指以一组或一组以上的对称三相电源（频率相同、有效值相等、相位角互差120°），通过对称的输电线路（三相端线阻抗均相等）接到一组或多组的对称三相负载（三相负载的阻抗均相等）连接而成的三相电路。若考虑电源内阻抗，则三相电源内阻抗均相等，并且上述的条件必须同时满足，缺一不可。

（一）对称三相电路的特点

三相电路实质上就是一个多分支、多电源的复杂交流电路，因此在单相正弦电路中分析电路的有关的理论、基本定律与分析方法对三相电路同样适用，并且对称的三相电路还具有自身的特点。下面以图3-12（a）电路为例来说明其特点，该电路只有2个节点，因而应用弥尔曼定理计算较为方便。电路中 Z_L 和 Z_N 分别为三相端线阻抗和中性线阻抗，以电源的中性点N为参考点，则负载中性点N′到电源中性点N的电压 $\dot{U}_{N'N}$ 为

$$\dot{U}_{N'N}=\frac{\dfrac{\dot{U}_A}{Z_L+Z}+\dfrac{\dot{U}_B}{Z_L+Z}+\dfrac{\dot{U}_C}{Z_L+Z}}{\dfrac{1}{Z_L+Z}+\dfrac{1}{Z_L+Z}+\dfrac{1}{Z_L+Z}+\dfrac{1}{Z_N}}=\frac{\dfrac{1}{Z+Z_L}(\dot{U}_A+\dot{U}_B+\dot{U}_C)}{\dfrac{3}{Z+Z_L}+\dfrac{1}{Z_N}}=0$$

由分析可见，对称的三相四线制电路，负载中性点N′与电源中性点N等电位。

根据KVL可知

$$\dot{U}_A=(Z_L+Z)\dot{I}_A+\dot{U}_{N'N}$$
$$\dot{U}_B=(Z_L+Z)\dot{I}_B+\dot{U}_{N'N}$$
$$\dot{U}_C=(Z_L+Z)\dot{I}_C+\dot{U}_{N'N}$$

各相电流（即线电流）为

$$\dot{I}_A=\frac{\dot{U}_A-\dot{U}_{N'N}}{Z_L+Z}=\frac{\dot{U}_A}{Z_L+Z}$$

$$\dot{I}_B=\frac{\dot{U}_B-\dot{U}_{N'N}}{Z_L+Z}=\frac{\dot{U}_B}{Z_L+Z}$$

$$\dot{I}_C=\frac{\dot{U}_C-\dot{U}_{N'N}}{Z_L+Z}=\frac{\dot{U}_C}{Z_L+Z}$$

中性线电流为

$$\dot{I}_N=\frac{\dot{U}_{N'N}}{Z_N}=0 \text{或} \dot{I}_N=\dot{I}_A+\dot{I}_B+\dot{I}_C=0$$

负载相电压

$$\dot{U}_{A'} = Z\dot{I}_A$$

$$\dot{U}_{B'} = Z\dot{I}_B$$

$$\dot{U}_{C'} = Z\dot{I}_C$$

在三相对称的 Y/Y 联结电路中，若不考虑端线阻抗（$Z_L=0$），则电源与负载的相电压相等，电源侧线电压与负载侧线电压相等；若考虑端线阻抗（$Z_L\neq0$），则电源与负载的相电压不相等，电源侧线电压与负载侧线电压不相等。

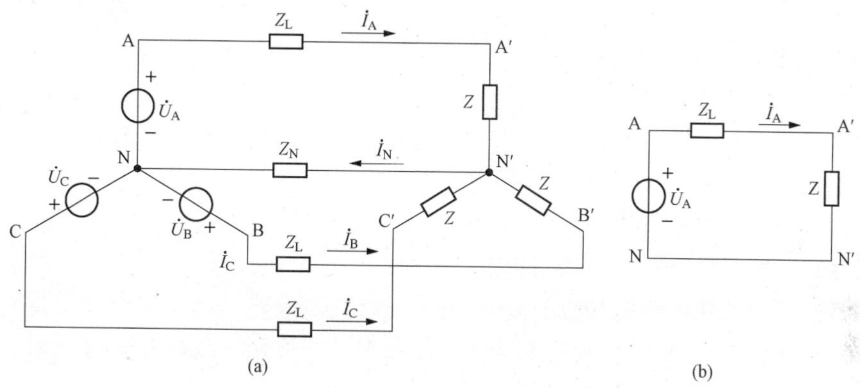

图 3-12　对称三相电路

（a）对称三相四线制电路；（b）单线图

通过以上分析可见，在三相对称的 Y/Y 联结电路中，线电压、相电压、电流均完全对称，并且各相之间完全独立，与其他两相毫无关系。

对称三相四线制电路的特点总结如下：

（1）中性线不起作用。中性点电压 $\dot{U}_{N'N}=0$，即电源与负载的中性点等电位，中性线电流 $\dot{I}_N=0$，所以不论有没有中性线，中性线阻抗为何值，对电路都没有影响。

（2）每相的电流、电压仅由该相的电源与阻抗决定，与其他两相无关，即各相的电压、电流的计算具有独立性。

（3）电路中的电流、电压都是和电源电压同相序的对称正弦量。

（二）对称三相电路的计算

根据对称三相电路的特点，对于对称三相电路，只要分析其中一相的电压与电流，其他两相可根据对称关系直接写出，不必再去计算，也就是说对称三相电路的计算可归结为一相的计算。分析计算时，可单独画出其中一相的等效电路图（一般作 A 相的电路图），如图 3-12（b）所示。等效的一相计算电路（如 A 相）的画法很简单，只要画出 A 相的电源与负载，然后用一根假想的导线将电源与负载的中性点连接起来即可。特别注意的是：做 A 相的计算电路千万不能将中性线的阻抗画出，因为 $\dot{U}_{N'N}=0$，中性线阻抗不起作用，应视为短路。

由以上分析计算可知，计算对称三相电路的一般步骤是：

（1）将电路中所有三角形联结的电源和负载，用等效星形联结的电源和负载替代。若已知对称三相电源的线电压，则无须考虑电源的实际连接方式，可将电源看成星形联结，并根据对称情况下线电压与相电压的关系确定电源的相电压。

（2）画出等效的一相计算电路。画出一相（一般取 A 相）的电源与负载，然后将所有的中性点用阻抗为零的假想导线连接起来，画出一相电路的计算电路。

（3）根据一相计算电路，求出一相（一般取 A 相）的电压、电流。

（4）回到原电路，根据对称线电流与相电流、线电压与相电压的关系，求出三角形负载的相电流和相电压。

（5）根据对称关系，直接写出其他两相的电压、电流。

【例 3-4】 已知星形联结的对称三相负载，每相阻抗为 $40\underline{/25^\circ}\Omega$；对称三相电源的线电压为 380V。求负载相电流与线电流。

解 已知星形联结的对称三相负载，电源线电压 $U_L=380\text{V}$，所以相电压 $U_P=220\text{V}$，负载相电流与线电流为

$$I_L = I_P = \frac{U_P}{|Z|} = \frac{220}{40}\text{A} = 5.5\text{A}$$

【例 3-5】 某一对称三相负载，每相的 $R=8\Omega$，$X_L=6\Omega$，连成三角形，接于线电压为 380V 的电源上，试求其相电流和线电流的大小。

解 由于负载为△形联结，则有 $U_L=U_P=380\text{V}$，三角形负载相电流为

$$I_P = \frac{U_P}{|Z|} = \frac{U_P}{|\sqrt{R^2+X_L^2}|} = \frac{380}{\sqrt{8^2+6^2}}\text{A} = 38\text{A}$$

根据对称三角形联结电路线电流与相电流的关系可知线电流为

$$I_L = \sqrt{3}I_P = 38\sqrt{3}\text{A}$$

【例 3-6】 已知对称三相电源线电压为 380V，如图 3-13（a）所示，电源内阻抗为 $Z_0=(1+\text{j}2)\Omega$，负载阻抗为 $Z=(6.4+\text{j}4.8)\Omega$，端线阻抗为 $Z_L=(2+\text{j}2)\Omega$，中性线阻抗为 $Z_N=(5+\text{j}8)\Omega$。求各相负载的相电流与相电压。

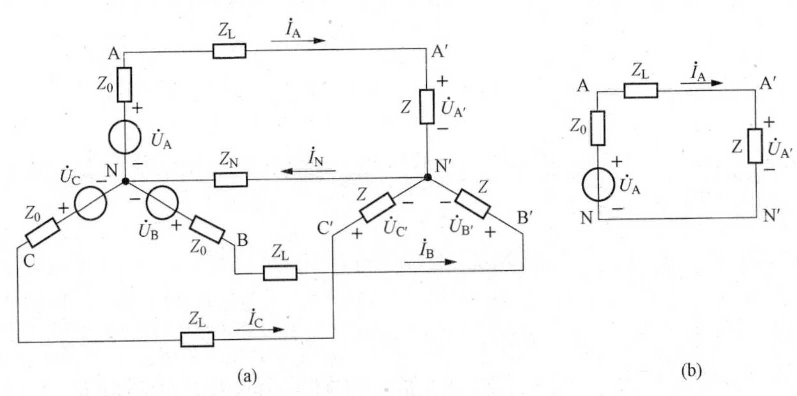

图 3-13 【例 3-6】图

（a）原电路；（b）一相计算电路

解 电源为 Y 形联结，则电源的相电压有效值为 220V，并设 $\dot{U}_A=220\underline{/0^\circ}\text{V}$，画出等效的一相计算电路如图 3-13（b）所示，则

$$\dot{I}_A = \frac{\dot{U}_A}{Z+Z_L+Z_0} = \frac{220\underline{/0^\circ}}{6.4+4.8\text{j}+1+2\text{j}+2+2\text{j}}\text{A} = \frac{220\underline{/0^\circ}}{9.4+8.8\text{j}}\text{A} = 17.09\underline{/-43.1^\circ}\text{A}$$

根据对称关系得

$$\dot{I}_B = 17.09\angle -163.1^\circ \text{A}$$

$$\dot{I}_C = 17.09\angle 76.9^\circ \text{A}$$

负载相电压为

$$\dot{U}_{A'} = \dot{I}_A Z = 17.09\angle -43.1^\circ \times (6.4 + 4.8\text{j})\text{V} = 136.72\angle -6.2^\circ \text{V}$$

$$\dot{U}_{B'} = 136.72\angle -126.2^\circ \text{V}$$

$$\dot{U}_{C'} = 136.72\angle 113.8^\circ \text{V}$$

【例 3-7】 对称三相电路如图 3-14（a）所示，已知电源线电压 $U_L=380\text{V}$，三角形负载阻抗 $Z=(33+\text{j}45)\Omega$，端线阻抗 $Z_L=(2+\text{j})\Omega$，求端线电流 I_L 与负载电流 I_P。

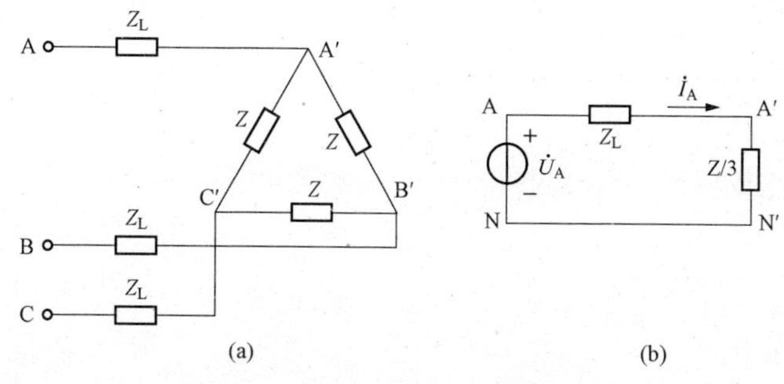

图 3-14　【例 3-7】图

（a）原电路；（b）一相计算电路

解　此题与【例 3-5】区别是考虑了端线阻抗，所以要将三角形联结的负载用等效星形联结负载替代。电源线电压 $U_L=380\text{V}$，所以相电压 $U_P=220\text{V}$，设 $\dot{U}_A=220\angle 0^\circ \text{V}$，画出等效的一相计算电路如图 3-14（b）所示，则

$$\dot{I}_A = \frac{\dot{U}_A}{Z_L + \frac{Z}{3}} = \frac{220\angle 0^\circ}{2+\text{j}+\frac{33+\text{j}45}{3}}\text{A} = 11\angle 53.1^\circ \text{A}$$

于是得到负载线电流 $I_L=11\text{A}$，根据三角形对称负载线电流与相电流的关系可得负载的相电流为

$$I_P = \frac{1}{\sqrt{3}} I_L = 6.35\text{A}$$

【例 3-8】 在图 3-15（a）所示对称三相电路中，电源的线电压为 380V，$Z_1=10\angle 53.1^\circ \Omega$，$Z_2=-\text{j}\frac{50}{3}\Omega$，$Z_N=(1+\text{j}2)\Omega$，求负载的相电流及线电流的相量。

解　画出一相计算电路，如图 3-15（b）图所示。电源线电压 $U_L=380\text{V}$，所以相电压 $U_P=220\text{V}$，设 $\dot{U}_A=220\angle 0^\circ \text{V}$，则

$$\dot{I}_{A'} = \frac{\dot{U}_A}{Z_1} = \frac{220\angle 0^\circ}{10\angle 53.1^\circ}\text{A} = 22\angle -53.1^\circ \text{A}$$

$$\dot{I}_{A''} = \frac{\dot{U}_A}{Z_2} = \frac{220\angle 0^\circ}{-\text{j}50/3}\text{A} = 13.2\angle 90^\circ \text{A}$$

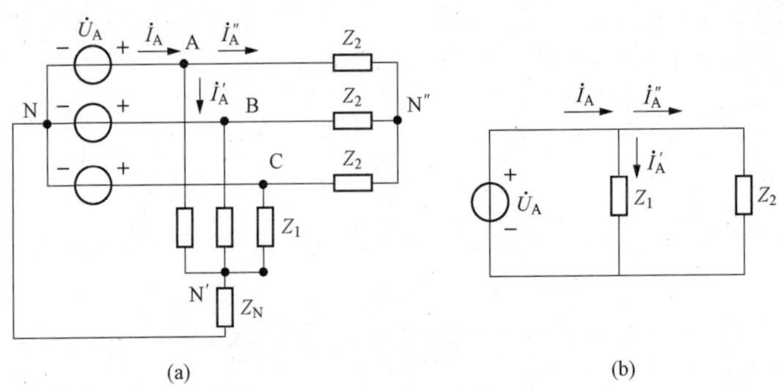

图 3-15 【例 3-8】图

(a) 原电路；(b) 一相计算电路

由 KCL 的相量形式得线电流为

$$\dot{I}_A=\dot{I}'_A+\dot{I}''_A=(22\angle-53.1^\circ+13.2\angle 90^\circ)\text{A}=13.9\angle-18.4^\circ\text{A}$$

根据对称性，得 B 相、C 相的端线的线电流分别为

$$\dot{I}_B=13.9\angle-138.4^\circ\text{A}$$

$$\dot{I}_C=13.9\angle 101.6^\circ\text{A}$$

第一组负载的相电流为

$$\dot{I}'_A=22\angle-53.1^\circ\text{A}$$

$$\dot{I}'_B=22\angle-173.1^\circ\text{A}$$

$$\dot{I}'_C=22\angle 66.9^\circ\text{A}$$

第二组负载的相电流为

$$\dot{I}''_A=13.2\angle 90^\circ\text{A}$$

$$\dot{I}''_B=13.2\angle-30^\circ\text{A}$$

$$\dot{I}''_C=13.2\angle-150^\circ\text{A}$$

四、不对称星形负载三相电路的计算

只要三相电源（包括电源内阻抗）、三相负载和三相输电线路阻抗三者之一不对称，就是不对称三相电路。一般情况下，三相电源都是对称的，所说的不对称，主要是指三相负载不对称。

不对称负载一般采用星形联结方式，所以这里着重讨论不对称星形负载三相电路的计算。星形联结三相电路的节点比较少，用节点法分析计算比较方便。图 3-16 所示电路有两个节点，可用弥尔曼定理计算中性点电压为

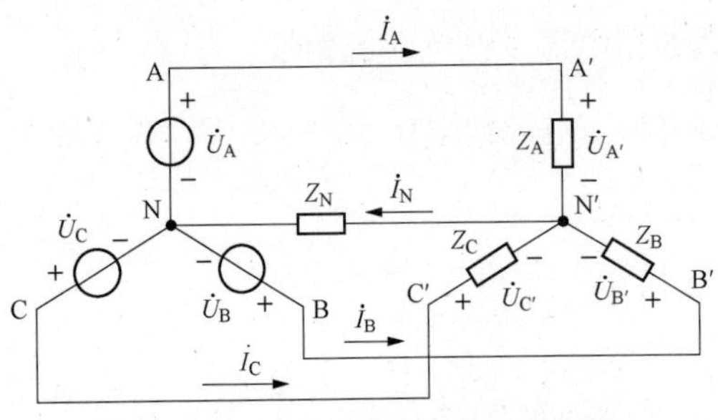

图 3-16 不对称星形负载三相电路

$$\dot{U}_{N'N}=\frac{\dfrac{\dot{U}_A}{Z_A}+\dfrac{\dot{U}_B}{Z_B}+\dfrac{\dot{U}_C}{Z_C}}{\dfrac{1}{Z_A}+\dfrac{1}{Z_B}+\dfrac{1}{Z_C}+\dfrac{1}{Z_N}}\neq 0 \tag{3-18}$$

因为负载不对称 $Z_A \neq Z_B \neq Z_C$，且中性线阻抗 $Z_N \neq 0$，所以中性点电压 $\dot{U}_{N'N} \neq 0$，负载中性点与电源中性点的电位不相等，这种现象称为中性点位移。根据 KVL 可求出各相负载的相电压如下

$$\left.\begin{aligned}\dot{U}_{A'} &= \dot{U}_A - \dot{U}_{N'N}\\ \dot{U}_{B'} &= \dot{U}_B - \dot{U}_{N'N}\\ \dot{U}_{C'} &= \dot{U}_C - \dot{U}_{N'N}\end{aligned}\right\} \tag{3-19}$$

根据欧姆定律可求出各相负载的相电流（线电流）如下

$$\left.\begin{aligned}\dot{I}_A &= \frac{\dot{U}_{A'}}{Z_A} = \frac{\dot{U}_A - \dot{U}_{N'N}}{Z_A}\\ \dot{I}_B &= \frac{\dot{U}_{B'}}{Z_B} = \frac{\dot{U}_B - \dot{U}_{N'N}}{Z_B}\\ \dot{I}_C &= \frac{\dot{U}_{C'}}{Z_C} = \frac{\dot{U}_C - \dot{U}_{N'N}}{Z_C}\end{aligned}\right\} \tag{3-20}$$

中性线电流为

$$\dot{I}_N = \frac{\dot{U}_{N'N}}{Z_N} \text{ 或 } \dot{I}_N = \dot{I}_A + \dot{I}_B + \dot{I}_C$$

如果没有中性线，由于负载不对称 $Z_A \neq Z_B \neq Z_C$，用弥尔曼定理计算中性点电压为

$$\dot{U}_{N'N} = \frac{\dfrac{\dot{U}_A}{Z_A} + \dfrac{\dot{U}_B}{Z_B} + \dfrac{\dot{U}_C}{Z_C}}{\dfrac{1}{Z_A} + \dfrac{1}{Z_B} + \dfrac{1}{Z_C}} \neq 0 \tag{3-21}$$

各相负载的相电压、电流的计算同三相四线制不对称电路（$Z_N \neq 0$）的计算方法一样。

按式（3-19）相量关系画出电压相量图，如图 3-17 所示（图中 $\dot{U}_{N'N}$是任意设的）。从相量图可以看出，由于中性点电压 $\dot{U}_{N'N} \neq 0$，造成负载的相电压 $\dot{U}_{A'}$、$\dot{U}_{B'}$、$\dot{U}_{C'}$不对称，在负载的电流 $\dot{I}_A$、$\dot{I}_B$、$\dot{I}_C$也不对称。在这种情况下，负载的相电压有的高于电源的相电压，有的低于电源的相电压，影响负载的正常工作。当中性点位移较大时，会造成负载相电压严重不对称，造成用电设备损坏。

要使不对称星形联结负载能正常地工作，就必须防止中性点位移现象的发生，即必须保证中性点电压 $\dot{U}_{N'N}=0$。而要使 $\dot{U}_{N'N}=0$，就必须有中性线且中性线阻抗 $Z_N=0$。由此说明，中性线的作用是：它可以强制中性点电压为零，从而保证负载的相电压对称，即保证负载正常工作。在中性线阻抗 $Z_N=0$ 的情况下，由于三相负载阻抗不相等，因而各相负载的相电流（线电流）仍不对称，且中性线电流不等于零，中性线上有电流通过。

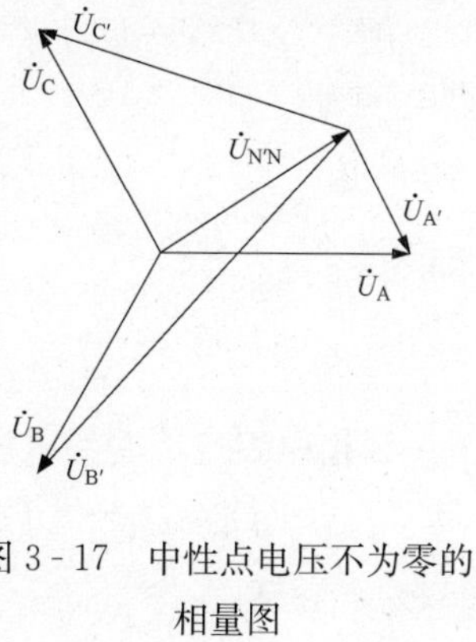

图 3-17　中性点电压不为零的相量图

由以上分析可知，中性线的存在是非常重要的，中性线一旦断开，则负载不对称时必然发生中性点位移，引起负载相电压不对称，造成设备损坏。因此，在低压配电系统中，必须保证中性线连接可靠，且具有一定的机械

强度，为此规定：在采取三相四线制的低压配电系统的总中性线上，不准安装熔断器或开关。

【例 3-9】 已知电路如图 3-18 所示。电源电压 $U_L=380$V，负载的阻抗为 $R=X_L=X_C=10\Omega$。

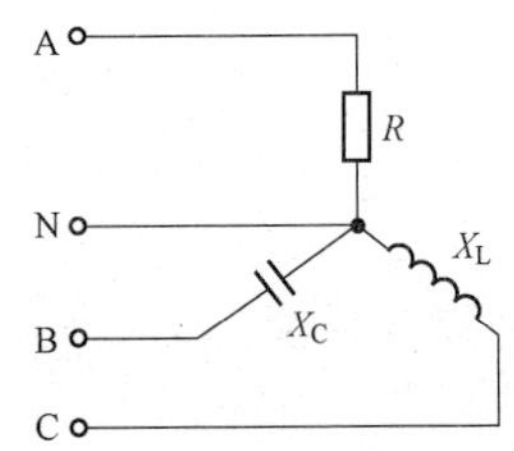

图 3-18 【例 3-9】电路图

(1) 该三相负载能否称为对称负载？为什么？

(2) 计算中性线电流和各相电流。

解 (1) 该三相负载不能称为对称负载，因为三相负载的阻抗角不相同，故不能称为对称负载。

(2) 由于有中性线且不考虑中性线阻抗，所以 $\dot{U}_{N'N}=0$，负载的相电压等于电源的相电压。电源线电压 $U_L=380$V，所以相电压 $U_P=220$V，设 $\dot{U}_A=220\angle 0^\circ$V，则 $\dot{U}_B=220\angle 0^\circ$V，$\dot{U}_C=220\angle 0^\circ$V，各相电流分别为

$$\dot{I}_A=\frac{\dot{U}_A}{R}=\frac{220\angle 0^\circ}{10}\text{A}=22\angle 0^\circ\text{A}$$

$$\dot{I}_B=\frac{\dot{U}_B}{-jX_C}=\frac{220\angle -120^\circ}{-j10}\text{A}=22\angle -30^\circ\text{A}$$

$$\dot{I}_C=\frac{\dot{U}_C}{jX_L}=\frac{220\angle 120^\circ}{j10}\text{A}=22\angle 30^\circ\text{A}$$

中性线电流为

$$\dot{I}_N=\dot{I}_A+\dot{I}_B+\dot{I}_C=(22\angle 0^\circ+22\angle -30^\circ+22\angle 30^\circ)\text{A}=60.1\angle 0^\circ\text{A}$$

【例 3-10】 图 3-19（a）所示是一个相序测定器的结构，它是一个不对称的星形电路其中 A 相接入电容，B、C 两相接入相同功率的白炽灯，设 $R=\dfrac{1}{\omega C}$，电源电压对称，试问如何根据两个白炽灯的明亮程度来判定相序？

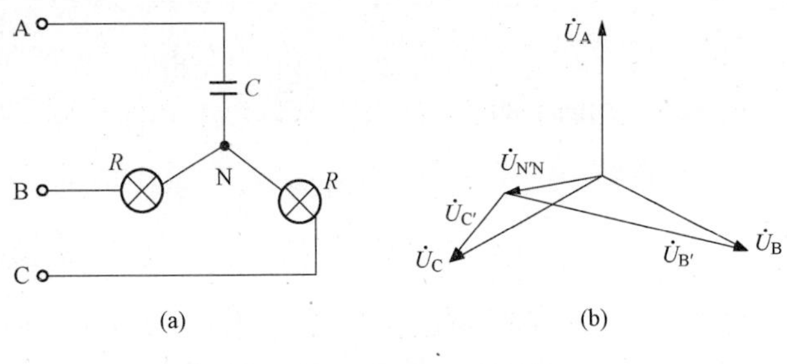

图 3-19 【例 3-10】图

（a）电路图；（b）相量图

解 令 $\dot{U}_A=U_P\angle 0^\circ$V，则中性点电压为

$$\dot{U}_{N'N}=\frac{j\omega C\dot{U}_A+\frac{1}{R}\dot{U}_B+\frac{1}{R}\dot{U}_C}{j\omega C+\frac{1}{R}+\frac{1}{R}}=\frac{jU_P\angle 0^\circ+U_P\angle -120^\circ+U_P\angle 120^\circ}{j+2}$$

$$=(-0.2+j0.6)U_P=0.63U_P\angle 108^\circ$$

B 相白炽灯承受的电压为

$$\dot{U}_{B'}=\dot{U}_B-\dot{U}_{N'N}=U_P\angle -120^\circ-(-0.2+j0.6)U_P=1.5U_P\angle -102^\circ$$

即 $U_{B'}=1.5U_P$

C 相白炽灯承受的电压为

$$\dot{U}_{C'}=\dot{U}_C-\dot{U}_{N'N}=U_P\angle 120^\circ-(-0.2+j0.6)U_P=0.4U_P\angle 138^\circ$$

即 $U_{C'}=0.4U_P$

相量图如图 3-19（b）所示，根据上述结果判定如果电容器所在相位定 A 相，则白炽灯比较亮的为 B 相，较暗的为 C 相。

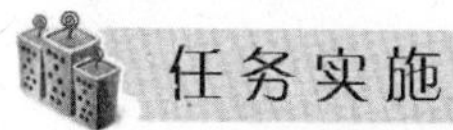

任务实施

一、三相负载星形联结电压和电流的测量

（1）首先检查调压器的把手是否置零，电源隔离开关是否断开。

（2）按图 3-20 进行接线（分有中性线、无中性线两种连接方式），接线完毕，同组同学应自查一遍，然后经指导老师检查，确认无误后，方可接通电源。

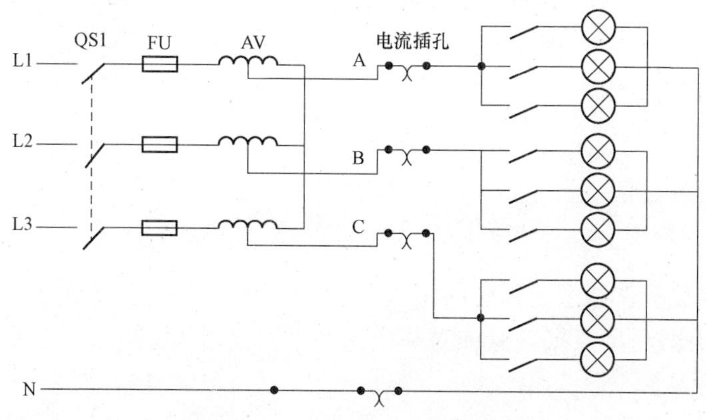

图 3-20　三相负载 Y 形联结

（3）调节调压把手，使每相电源电压输出为 127V，即三相电源的线电压均调为 220V。

（4）测量 Y_0 形与 Y 形对称负载的相电压、线电压、相电流、线电流等，将测量数据记录于表 3-1。

（5）根据测量数据，验证对称电路负载作 Y 形联结时线电压与相电压的关系，线电流与相电流的关系；同时观察 Y_0 形联结与 Y 形联结的两组数据有无不同。根据测量数据，判断在对称的 Y—Y 联结电路中，中性线的存在对电路有无影响。

（6）测量 Y_0 形与 Y 形不对称负载的相电压、线电压、相电流、线电流等，将测量数据记录于表 3-1。

（7）同时注意观察不对称负载在 Y_0 形与 Y 形电路的现象（灯泡的明暗变化），根据现象与测量数据，深刻理解中性点位移的概念与中性线的作用。

表 3-1　　三相负载 Y 形联结测量数据表

任务与测量数据	线电流(mA)			线电压(V)			相电压(V)			中性线电流(mA)	中性点电压(V)
	I_A	I_B	I_C	U_{AB}	U_{BC}	U_{CA}	$U_{A'}$	$U_{B'}$	$U_{C'}$	I_N	$U_{N'N}$
Y_0形联结对称负载											
Y 形联结对称负载										—	
Y_0形联结不对称负载											
Y 形联结不对称负载										—	

二、三相负载三角形联结电压和电流的测量

(1) 断开电源，同时检查调压器是否归零。根据图3-21连接负载为△形联结的实训电路，接线完毕，同组同学应自查一遍，然后经指导老师检查，确认无误后，方可接通电源（注意：电源相电压不变，仍然为127V）。

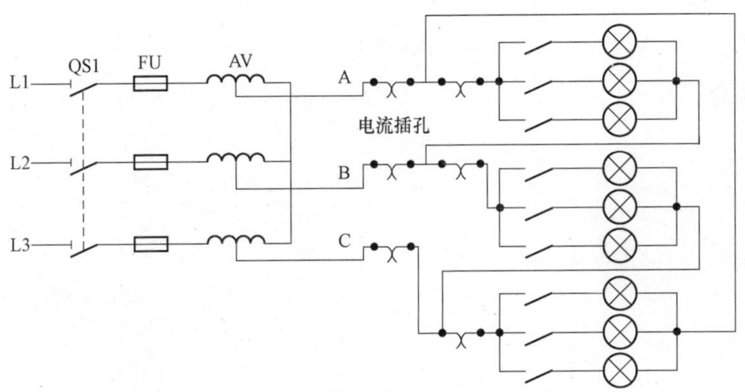

图3-21 三相负载△形联结

(2) 测量对称负载作△形联结时的相电压、线电压、相电流、线电流等，并记录测量数据于表3-2中。根据测量数据，验证对称电路负载作△形联结时线电压与相电压的关系，线电流与相电流的关系。

(3) 测量完毕，须将三相调压器的旋钮调回零位，最后断开空气断路器。

表3-2 **三相负载△形联结测量数据表**

任务与测量数据	线电流(mA)			相电流(mA)			相电压(V)		
	I_A	I_B	I_C	$I_{A'B'}$	$I_{B'C'}$	$I_{C'A'}$	$U_{A'B'}$	$U_{B'C'}$	$U_{C'A'}$
△形联结对称负载									

注意事项：

(1) 接线时，必须严格遵守先接线、后通电，先断电、后拆线的实训操作原则。

(2) 为了安全起见，建议电源的相电压一律调为127V，即电源线电压为220V。

(3) 电源的操作顺序：

1) 送电时，应先检查调压器是否归零，然后合上空气断路器，调节调压把手，使电源电压调到规定值；

2) 断电时，先将调压器归零，方可断开空气断路器。

任务二 三相电路功率的测量

任务描述

在三相电路中，功率是它的一个重要性能指标，其准确的测量对国民生产具有非常重要的现实意义。测量三相电路中的功率可以使用单相功率表或三相功率表来直接测量。本项任

务是通过对三相电路功率的测量，达到以下目标：

(1) 掌握对称三相电路有功功率、无功功率、视在功率的计算及它们三者之间的关系。

(2) 掌握对称三相电路有功功率、无功功率的测量方法。

(3) 能熟练地使用单相功率表测量三相电路中的有功功率和无功功率。

(4) 能熟练地使用三相有功功率表测量三相电路中的有功功率。

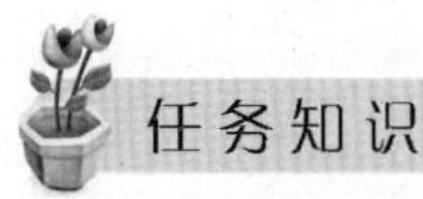

任务知识

一、有功功率

根据有功功率平衡原理，三相电路无论对称与否，三相负载吸收的总的有功功率，应分别等于各相负载吸收的有功功率之和，所以三相有功功率为

$$P = P_A + P_B + P_C = U_A I_A \cos\varphi_A + U_B I_B \cos\varphi_B + U_C I_C \cos\varphi_C \tag{3-22}$$

式中：U_A、U_B、U_C 分别是 A 相、B 相、C 相的相电压的有效值；I_A、I_B、I_C 分别是 A 相、B 相、C 相的相电流的有效值；φ_A、φ_B、φ_C 分别是 A 相、B 相、C 相在关联参考方向下的相电压比相电流超前的相位角，即为各相负载的阻抗角。

在对称三相电路中，由于各相负载吸收的有功功率相等，因此三相有功功率等于其中一相有功功率的三倍，即

$$P = 3U_P I_P \cos\varphi \tag{3-23}$$

式中：U_P 是相电压的有效值；I_P 是相电流的有效值；φ 是关联参考方向下的相电压比相电流超前的相位角，即为各相负载的阻抗角。

对称三相负载 Y 形联结时，有

$$I_P = I_L,\ U_P = \frac{U_L}{\sqrt{3}}$$

对称三相负载△形联结时，有

$$U_P = U_L,\ I_P = \frac{I_L}{\sqrt{3}}$$

不论对称三相负载作 Y 形联结还是△形联结，都有

$$U_P I_P = \frac{U_L I_L}{\sqrt{3}}$$

所以式 (3-23) 可写成

$$P = \sqrt{3} U_L I_L \cos\varphi \tag{3-24}$$

式中：U_L 是线电压的有效值；I_L 是线电流的有效值；而 φ 仍然是关联参考方向下的相电压比相电流超前的相位角，即为各相负载的阻抗角。

常用式 (3-24) 分析计算对称三相电路的总有功功率，因为它对 Y 形和△形联结电路都适合，同时三相设备铭牌上标注的都是线电压、线电流、三相负载设备中最容易测量的也是线电压与线电流。

二、无功功率

根据无功功率平衡原理，三相无功功率为

$$Q = Q_A + Q_B + Q_C = U_A I_A \sin\varphi_A + U_B I_B \sin\varphi_B + U_C I_C \sin\varphi_C \tag{3-25}$$

式中：U_A、U_B、U_C 分别是 A 相、B 相、C 相的相电压的有效值；I_A、I_B、I_C 分别是 A 相、B 相、C 相的相电流的有效值；φ_A、φ_B、φ_C 分别是 A 相、B 相、C 相在关联参考方向下的相电压比相电流超前的相位角，即为各相负载的阻抗角。

对称三相电路，三相无功功率为

$$Q = 3U_P I_P \sin\varphi = \sqrt{3}U_L I_L \sin\varphi \tag{3-26}$$

式中：U_P 是相电压的有效值；I_P 是相电流的有效值；U_L 是线电压的有效值；I_L 是线电流的有效值；φ 是关联参考方向下的相电压比相电流超前的相位角，即为各相负载的阻抗角。

三、视在功率

因为视在功率不遵守功率平衡原理，所以三相总的视在功率一般不等于各相视在功率之和，即

$$S \neq S_A + S_B + S_C$$

而规定三相视在功率为

$$S = \sqrt{P^2 + Q^2} \tag{3-27}$$

式中：$P = P_A + P_B + P_C$ 是三相有功功率；$Q = Q_A + Q_B + Q_C$ 是三相无功功率。

在对称三相电路中，三相视在功率为

$$S = \sqrt{P^2 + Q^2} = 3U_P I_P = \sqrt{3}U_L I_L \tag{3-28}$$

四、功率因数

在三相电路中，三相负载的总功率因数为

$$\lambda = \frac{P}{S} \tag{3-29}$$

式中：P 是三相有功功率；S 是三相视功率。

令 $\frac{P}{S} = \cos\varphi'$，在对称情况下，$\cos\varphi' = \cos\varphi$，总功率因数等于每相的功率因数。$\varphi' = \varphi$ 是关联参考方向下的相电压比相电流超前的相位角，即为各相的功率因数角。

在不对称情况下，φ' 只有计算上的意义。

五、对称三相电路的瞬时功率

对称三相电路中各相的瞬时功率的和为

$$p(t) = p_A(t) + p_B(t) + p_C(t) = u_A i_A + u_B i_B + u_C i_C$$

根据数学三角函数之间的计算可得，对称三相瞬时功率之和为

$$p = 3U_P I_P \cos\varphi = \sqrt{3}U_L I_L \cos\varphi \tag{3-30}$$

式（3-30）表明，对称三相电路中的瞬时功率是一个不随时间变化的常数，其大小等于三相电路的有功功率。瞬时功率为常数的三相电路称为平衡制三相电路。对称三相电路的瞬时功率为常数这一特点，是三相电路的优点之一。由于三相发电机的瞬时功率为常数，因此在正常运行时带动三相发电机的原动机所受的反力矩和三相电动机的输出转矩都是恒定的，故三相电机的震动比单相电机要小。而单相交流电路的瞬时功率是脉动的，不具备这种优点。

【例 3-11】 对称三相负载星形联结，已知每相阻抗为 $Z = (31 + j22)\Omega$，电源线电压为 380V，求三相交流电路的有功功率、无功功率、视在功率和功率因数。

解 对称三相负载星形连接，电源线电压 $U_L = 380V$，所以相电压 $U_P = 220V$，相电流为

$$I_P = I_L = \frac{220}{|Z|} = \frac{220}{\sqrt{31^2+22^2}}\text{A} = 5.79\text{A}$$

功率因数为

$$\cos\varphi = \frac{R}{|Z|} = \frac{31}{\sqrt{31^2+22^2}} = 0.816$$

有功功率为

$$P = \sqrt{3}U_L I_L\cos\varphi = \sqrt{3}\times 380\times 5.79\times 0.816\text{W} \approx 3109.57\text{W}$$

无功功率为

$$Q = \sqrt{3}U_L I_L\sin\varphi = \sqrt{3}\times 380\times 5.79\times\sqrt{1-0.816^2}\,\text{var} = 2205.46\text{var}$$

视在功率为

$$S = \sqrt{3}U_L I_L = \sqrt{3}\times 380\times 5.79\text{V}\cdot\text{A} = 3810.75\text{V}\cdot\text{A}$$

【例 3-12】 三相对称负载三角形联结，其线电流为 $I_L=5.5\text{A}$，有功功率为 $P=7760\text{W}$，功率因数 $\cos\varphi=0.8$，求电源的线电压 U_L、电路的无功功率 Q 和每相负载阻抗 Z。

解 由 $P=\sqrt{3}U_L I_L\cos\varphi$ 得

$$U_L = U_P = \frac{P}{\sqrt{3}I_L\cos\varphi} = \frac{7760}{\sqrt{3}\times 5.5\times 0.8}\text{V} = 1018.27\text{V}$$

电路的无功功率为

$$Q = \sqrt{3}U_L I_L\sin\varphi = \sqrt{3}\times 1018.2\times 5.5\times\sqrt{1-\cos\varphi}\,\text{var} = 5820.02\text{var}$$

负载的相电流为

$$I_P = \frac{I_L}{\sqrt{3}} = \frac{5.5}{\sqrt{3}}\text{A} = 3.18\text{A}$$

每相负载的阻抗模为

$$|Z| = \frac{U_p}{I_p} = \frac{1018.2}{3.176}\Omega = 320.21\Omega$$

每相负载的阻抗角为

$$\varphi = \arccos 0.8 = 36.9^\circ$$

每相负载的阻抗为

$$Z = |Z|\angle\varphi = 320.21\angle 36.9^\circ\Omega$$

【例 3-13】 对称三相电源，线电压 $U_L=380\text{V}$，对称三相感性负载作三角形联结，若测得线电流 $I_L=17.3\text{A}$，三相有功功率 $P=9.12\text{kW}$，求每相负载的电阻和感抗。

解 当对称三相感性负载作三角形联结时，由 $P=\sqrt{3}U_L I_L\cos\varphi$ 得

$$\cos\varphi = \frac{P}{\sqrt{3}U_L I_L} = \frac{9.12\times 10^3}{\sqrt{3}\times 380\times 17.3} = 0.8$$

负载的相电流为

$$I_P = \frac{I_L}{\sqrt{3}} = \frac{17.3}{\sqrt{3}}\text{A} \approx 10\text{A}$$

每相负载的阻抗模为

$$|Z| = \frac{U_P}{I_P} = \frac{U_L}{I_P} = \frac{380}{10}\Omega = 38\Omega$$

每相负载的电阻为

$$R = |Z|\cos\varphi = 38 \times 0.8\Omega = 30.4\Omega$$

每相负载的感抗为

$$X_L = \sqrt{|Z|^2 - R^2} = \sqrt{38^2 - 30.4^2}\Omega = 22.8\Omega$$

六、三相功率的测量方法

（一）三相有功功率的测量方法

1. 一表法

用一只单相功率表测量对称三相电路的有功功率的方法称为一表法。在对称的三相三线制电路中，可以用一只单相功率表来测量它的有功功率。测星形联结对称电路时接法如图 3-22（a）所示，测三角形联结对称电路时接法如图 3-22（b）所示。当星形负载的中性点不能引出或三角形负载的一相不能断线时，可采用人工中性点法，如图 3-22（c）所示，两个附加电阻 R_0 与功率表电压线圈支路的总电阻相等，从而使人工中性点与对称负载的中性点等电位。

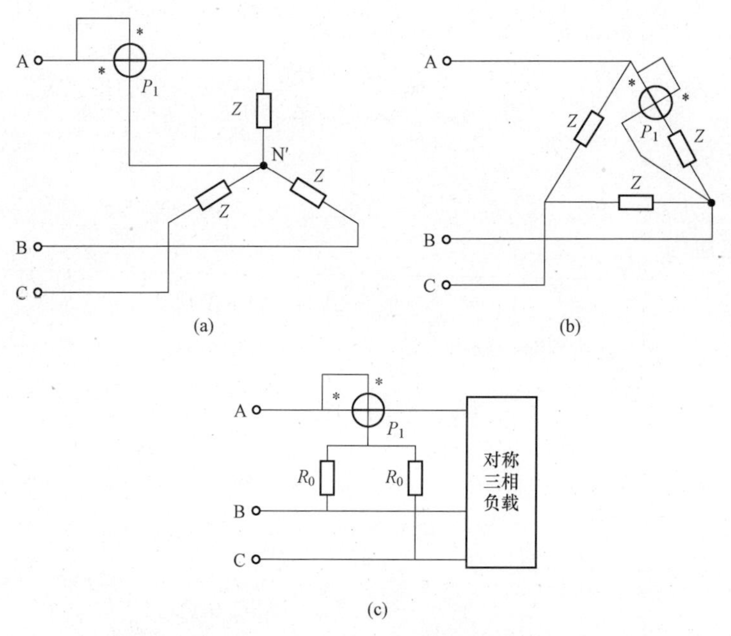

图 3-22 一表法接线图

（a）星形联结对称负载；（b）三角形联结对称负载；（c）人工中性点法

因为对称三相电路的每相有功功率相等，所以只要测量其中一相的有功功率，再将其读数乘以 3 就是三相总有功功率，即

$$P = 3P_1$$

式中：P_1 为功率表的读数。

2. 二表法

用两只单相功率表测量三相有功功率的方法称为二表法。不管电压是否对称，负载是否平衡，负载是三角形联结还是星形联结，都可采用两表法来测量三相三线制电路的有功功率，其接线如图 3-23 所示。

二表法的接线应遵守下述规则：

(1) 两只单相功率表的电流线圈应串接在任意不同的两相端线上，并将其 * 端接到电源侧，使通过功率表电流线圈的电流为三相电路的线电流。

(2) 两只单相功率表电压线圈的 * 端应接到各自电流线圈所在相的端线上，而另一端共同接到没有串接电流线圈的第三相的端线上，使加在电压回路的电压是线电压。

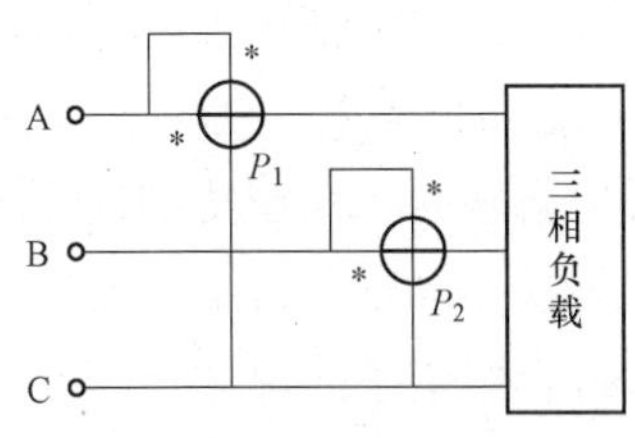

图 3-23　二表法接线图

有功功率是瞬时功率的平均值，在图 3-23 中，两只功率表读数之和也就是瞬时功率 ($p_1+p_2=i_Au_{AC}+i_Bu_{BC}$) 的平均值。因为

$$\begin{aligned}p_1+p_2&=i_Au_{AC}+i_Bu_{BC}=i_A(u_A-u_C)+i_B(u_B-u_C)\\&=i_Au_A+i_Bu_B-u_C(i_A+i_B)=i_Au_A+i_Bu_B+i_Cu_C\end{aligned}$$

所以 $i_Au_{AC}+i_Bu_{BC}$ 等于三相总瞬时功率 p，两只功率表读数之和 (P_1+P_2) 就等于三相总瞬时功率 p 的平均值，也就是三相总有功功率 P。三相总功率 P 等于两功率表读数的代数和，即

$$P=P_1+P_2 \tag{3-31}$$

因为在上述证明过程中应用了 $i_A+i_B+i_C=0$ 的条件，所以二表法可应用于对称或不对称的三相三线制电路三相有功功率的测量，不可用于不对称的三相四线制电路三相有功功率的测量。

必须说明的是：用二表法测量三相电路的功率，单个表的读数无直接的物理意义，只有两只单相功率表的代数和才表示三相有功功率。

在对称三相电路中，两只功率表的读数与负载的功率因数之间有如下的关系：

(1) 当对称三相负载为纯电阻时，$\cos\varphi=1$，两表读数相等。即 $P=2P_1$ (或 $2P_2$)。

(2) 当负载的功率因数 $\cos\varphi=0.5$ 时，即 $\varphi=\pm60°$ 时，两表中有一只表的读数为零。即 $P=P_1$ (或 P_2)。

(3) 当负载的功率因数 $\cos\varphi>0.5$ 时，即 $|\varphi|<60°$ 时，两只功率表的读数都为正值。

(4) 当负载的功率因数 $\cos\varphi<0.5$ 时，即 $|\varphi|>60°$ 时，两只功率表中有一只读数为负值。即 $P=P_1+(-P_2)=P_1-P_2$ 或 $P=(-P_1)+P_2=-P_1+P_2$。

3. 三表法

用三只单相功率表测量三相有功功率的方法称为三表法。三相四线制不对称负载的功率测量，一表法与二表法均不适用。因此，通常采用三只单相功率表分别测出每相有功功率，由功率平衡的原则可知，三块表功率表读数相加，就是三相负载的总有功功率，即 $P=P_1+P_2+P_3$，其接线如图 3-24 所示。三只功率表电压电流线圈应分别接在 ABC 三相的相电压和相电流回路中。

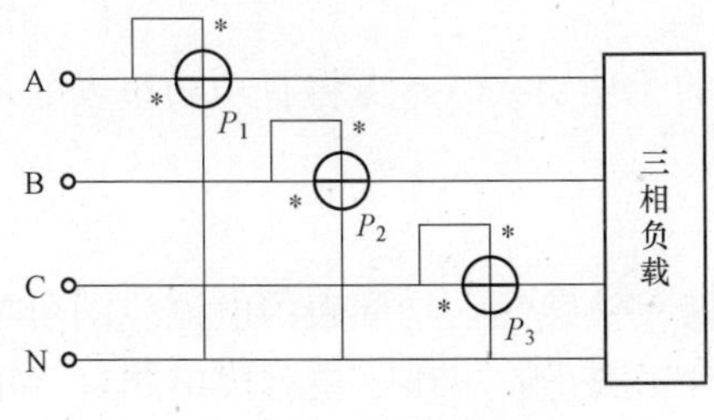

图 3-24　三表法接线图

4. 直接用三相功率表测量

将两只或三只单相功率表的测量机构组合在一起，便可制成三相有功功率表。两元件三相功率表适用于测量三相三线制电路的三相功率，三元件三相功率表适用于测量三相四线制电路的三相功率。两元件三相功率表有两个独立的单元，他们装在同一个支架

上，每个单元就相当于一块单相功率表。两元件三相功率表有 7 个接线柱，其中 4 个为电流端钮，3 个为电压端钮。这里以 D33 - W 型三相功率表为例，图 3 - 25（a）是 D33 - W 型三相功率表的表面布置图，图 3 - 25（b）是接线图。当功率表按图中接线规则接人三相三线制电路时，作用在转轴上的总转矩便反映了三相总有功功率的大小。因而，由仪表指针可直接读出三相功率的值。

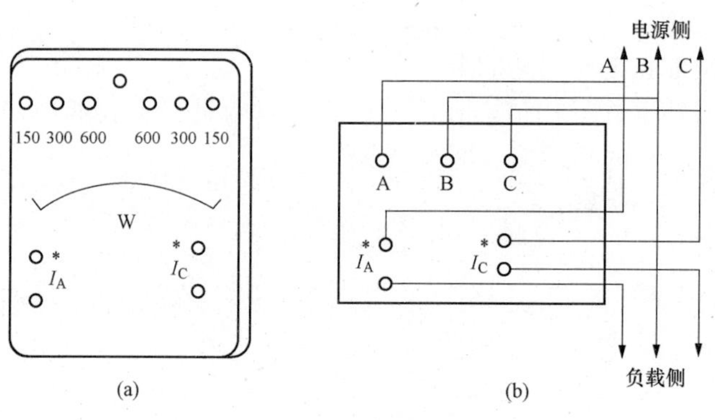

图 3 - 25 D33 - W 型三相功率表

（a）表面布置图；（b）接线图

（二）三相无功功率的测量方法

1. 一表跨相法

在三相电源电压和负载都对称时，可用一只功率表按图 3 - 26 连接来测无功功率。即将电流线圈串入任意一相端线，注意 * 端接在电源侧。电压线圈支路跨接到没接电流线圈的其余两相端线上，注意 * 端接在超前相端线上。根据功率表的原理，并对照图 3 - 26，可知它的读数是与电压线圈两端的电压、通过电流线圈的电流以及两者间的相位差角的余弦的乘积成正比例的，即

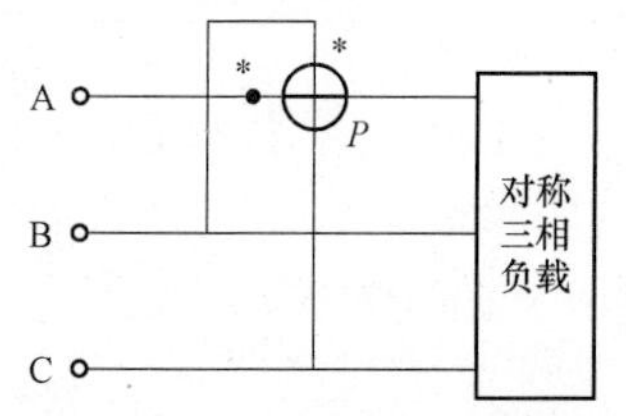

图 3 - 26 一表跨相法接线图

$$P = I_A U_{BC} \cos\theta$$

式中：$\theta = \psi_{U_{BC}} - \psi_{I_A}$，由于 $\dot{U}_{BC}$ 与 $\dot{U}_A$ 间的相位差等于 90°，故有 $\theta = 90° - \varphi$，其中 φ 为对称三相负载每一相的功率因数角。在对称情况下 U_{BC}、I_A 可用线电压 U_L 及线电流 I_L 表示，即

$$P = U_L I_L \cos(90° - \varphi) = U_L I_L \sin\varphi$$

在对称三相电路中，三相负载总的无功功率为

$$Q = \sqrt{3} U_L I_L \sin\varphi$$

即

$$Q = \sqrt{3} P \tag{3 - 32}$$

由上述分析可知，用一块单相功率表测量对称三相电路的无功功率时，需将有功功率表的读数乘上 $\sqrt{3}$ 即可。

2. 二表跨相法

二表跨相法的接线准则是：每只功率表都按照一表跨相法接线，功率表的电流线圈可串接在三相中的任意两相端线上，如图 3 - 27 所示。二表跨相法一般用在三相对称电路，当电路对称时，两块表的读数均为 $P_1 = P_2 = U_L I_L \sin\varphi$，两块功率表测量的功率之和为 $P = P_1 +$

$P_2=2U_LI_L\sin\varphi$，则三相电路的总无功功率为

$$Q=\frac{\sqrt{3}}{2}(P_1+P_2) \qquad (3-33)$$

即用二表跨相法测量三相电路的无功功率时，需将两只单相有功功率表的读数之和乘上$\frac{\sqrt{3}}{2}$。

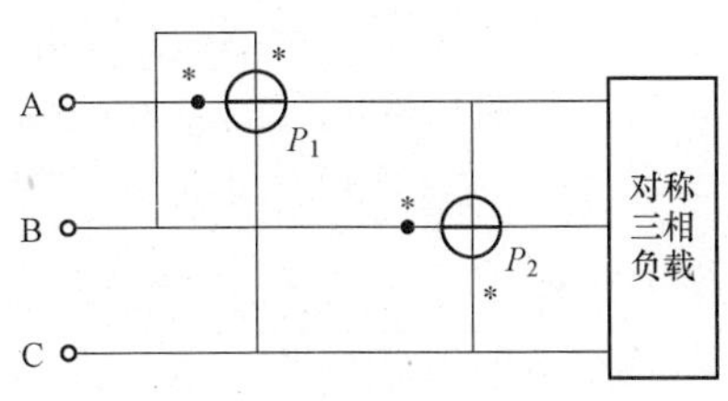

图 3-27　二表跨相法接线图

在三相电压不完全对称时，二表跨相法比一表跨相法的误差小，因此实际上二表跨相法应用较多。

3. 三表跨相法

三表跨相法的接线准则是：每只功率表都按一表跨相法接线，功率表的电流线圈分别串接在 A、B、C 三相的端线上。三表法适用于电源电压对称、负载对称或不对称的三相电路。接线图如图 3-28 所示。当三相负载不对称时，三个线电流有效值 I_A、I_B、I_C 不相等，三个相的功率因数角 φ_A、φ_B、φ_C 也不相同，因此，三只功率表的读数 P_1、P_2、P_3 也各不相同，它们分别是

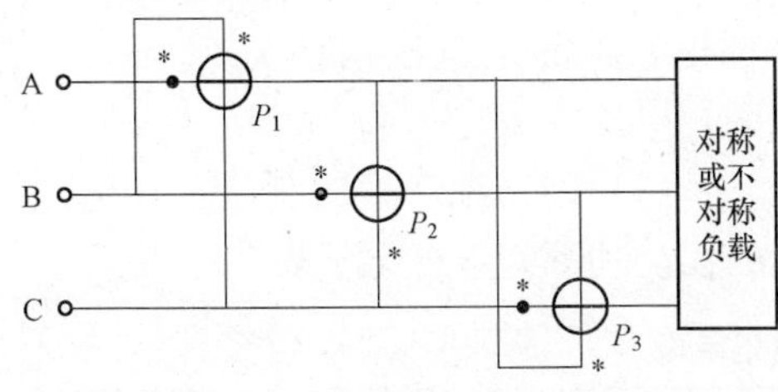

图 3-28　三表跨相法接线图

$$P_1=U_{BC}I_A\cos(90^\circ-\varphi_A)=\sqrt{3}U_AI_A\sin\varphi_A$$

$$P_2=U_{CA}I_B\cos(90^\circ-\varphi_B)=\sqrt{3}U_BI_B\sin\varphi_B$$

$$P_3=U_{AB}I_C\cos(90^\circ-\varphi_C)=\sqrt{3}U_CI_C\sin\varphi_C$$

式中：由于电源电压对称，所以有 $U_{BC}=\sqrt{3}U_A$，$U_{CA}=\sqrt{3}U_B$，以及 $U_{AB}=\sqrt{3}U_C$，则三只功率表读数之和为

$$\begin{aligned}P_1+P_2+P_3&=\sqrt{3}U_AI_A\sin\varphi_A+\sqrt{3}U_BI_B\sin\varphi_B+\sqrt{3}U_CI_C\sin\varphi_C\\&=\sqrt{3}(U_AI_A\sin\varphi_A+U_BI_B\sin\varphi_B+U_CI_C\sin\varphi_C)=\sqrt{3}Q\end{aligned}$$

所以三相电路的总无功功率为

$$Q=\frac{\sqrt{3}}{3}(P_1+P_2+P_3) \qquad (3-34)$$

即用三表跨相法测量三相电路的无功功率时，需将三只单相有功功率表的读数之和乘上$\frac{1}{\sqrt{3}}$。

4. 直接用三相无功率表测量三相无功功率

用单相功率表的二表跨相法和三表跨相法的不足之处是：所用仪表多，接线复杂，并且读数不直观，因此发电厂或变电站一般用一只三相无功功率表进行三相无功功率的测量。

任务实施

一、三相电路有功功率的测量

(1) 检查电源开关是否断开，调压器输出是否为零，然后按下图 3-29 接线（负载分 Y 形与△形联结两种情况），接线完毕，同组同学自查一遍，然后经指导老师检查确定无误后，方可接通电源。

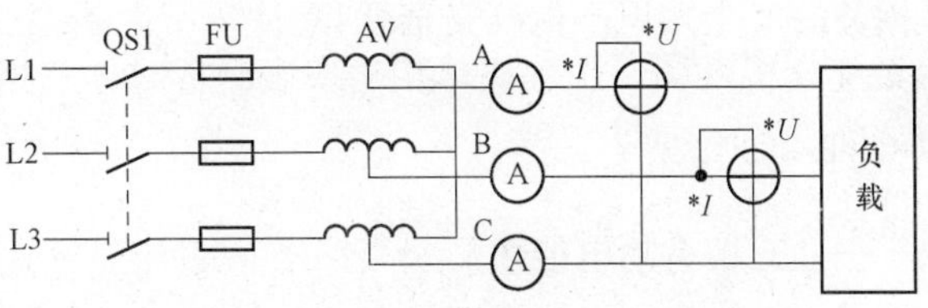

图 3-29　二表法测量三相电路的有功功率

（2）为了负载的安全，建议操作台三相电源的线电压均调为220V，即电源相电压为127V。

（3）分别测量负载为Y形联结与△形联结时对称电路的有功功率，并记录测量数据于表3-3中，在电源电压不变的前提下，比较两种接线功率的比例关系。

表3-3 有功功率的测量数据记录表

项目	$U_{A'}$(V)	$U_{B'}$(V)	$U_{C'}$(V)	I_A(mA)	I_B(mA)	I_C(mA)	P_1(W)	P_2(W)	P(W)
负载Y联结									
负载△联结									

二、三相电路无功功率的测量

（1）检查电源开关是否断开，调压器输出是否为零，然后按图3-30接线，接线完毕，同组同学自查一遍，然后经指导老师检查确定无误后，方可接通电源。

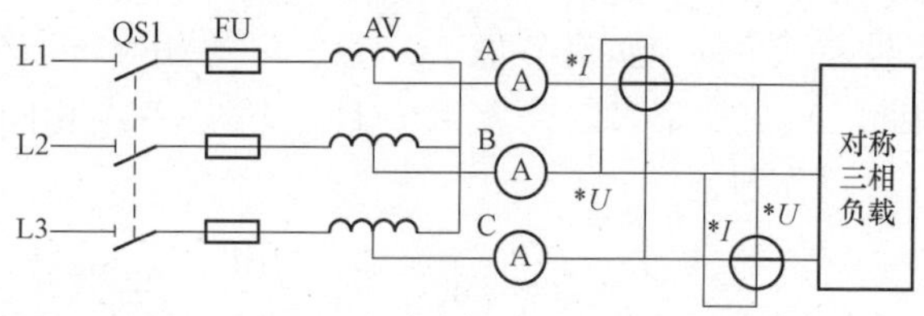

图3-30 二表跨相法测量三相电路的无功功率

（2）为了负载的安全，建议操作台三相电源的线电压均调为220V，即电源相电压为127V。

（3）用二表跨相法测量三相电路中的无功功率，数据记于表3-4中。

表3-4 无功功率的测量数据记录表

项目	$U_{A'}$(V)	$U_{B'}$(V)	$U_{C'}$(V)	I_A(mA)	I_B(mA)	I_C(mA)	P_1(W)	P_2(W)	Q(var)
测量数据									

任务三 三相电路的安装

任务描述

随着经济的飞速发展，各行各业对电的需求越来越大，电工操作与维修技术工种备受关注，因此三相电路的安装技术已成为一个电工操作与维修者必须掌握的重要技能，同时它也是国家劳动部在电工操作与维修实操考试中的必考内容。本项任务是通过对三相电路的安装，达到以下目标：

（1）掌握三相三线制与三相四线制有功电能表的正确接线与接线技巧。

（2）掌握三相电路安装的技术要求，并亲自实践三相典型电路的安装，在操作过程中掌握相关的安全知识，提高安全意识。

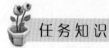

任务知识

一、三相有功电能表

三相电能表用来测量三相电路中的电能，多用于厂矿企业等。三相电能表与单相电能表相比，在结构上大致相同，无非就是在单相电能表结构的基础上多了一组或两组驱动元件，以实现对三相电能的测量。根据被测电能的性质，三相电能表可分为有功电能表和无功电能表。根据用户的进线不同，可分为三相三线制电能表（包括有功与无功）与三相四线制电能表（包括有功与无功）。如果用户是三相动力负荷，如三相电动机、变压器等，就使用三相三线制电能表。如果用户既有单相负荷，又有三相负荷，就使用三相四线制电能表。三相三线制电能表也叫二元件电能表，其结构相当于两个单相电能表的合成；三相四线制电能表也叫三相三元件电能表，其结构相当于三个单相电能表的合成。

（一）三相三线有功电能表的接线

1. 电能表直接接入法

将三相三线有功电能表直接接入三相三线制电路测量有功电能，通常采用如图 3-31 所示接线图进行接线。该接线方式只适合无中性线引出的三相三线制系统，其特点是有两个驱动元件、两个转动元件和一个总的计算机构，实际上它就是两个单相电能表的组合。作用在转轴上的总转矩为两个元件产生的转矩之和，并与三相电路中的有功功率成正比，因此电度表反映三相电路有功电能的大小，并通过积算机构直接将三相电能的数值显示出来。

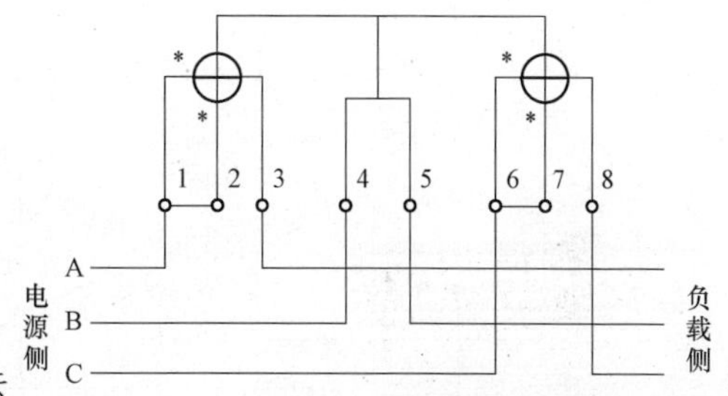

图 3-31　三相三线有功电能表直接接入电路的接线图

2. 电能表经电压互感器、电流互感器接入法

对于高电压、大电流电路，三相电能表的电流线圈和电压线圈应经电流互感器和电压互感器接入电路。

（1）三相三线有功电能表经电流互感器接入电路常用的接线图如图 3-32 所示。这种接线方式仅用于中性点不接地、且无中性线引出的低电压大电流的供电系统。

（2）三相三线有功电能表经电流互感器、电压互感器接入电路常用的接线图如图 3-33 所示。这种接线方式仅用于中性点不接地的、且无中性线引出的高压供电系统。

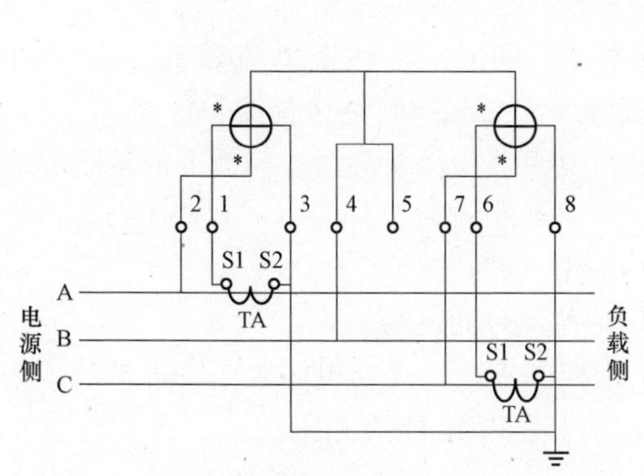

图 3-32　三相三线有功电能表经电流互感器接入电路的接线图

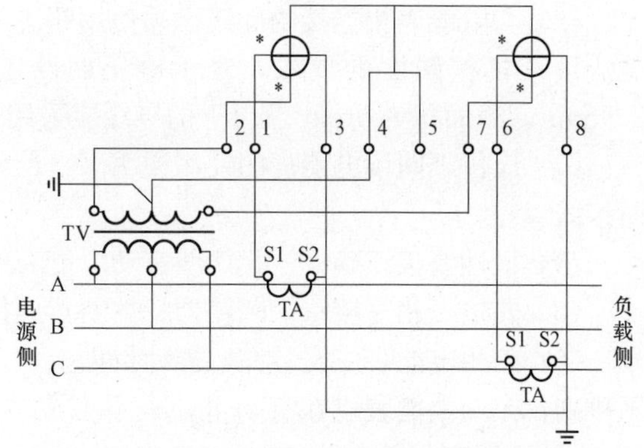

图 3-33　三相三线有功电能表经电流互感器、电压互感器接入电路的接线图

（二）三相四线有功电能表的接线

1. 电能表直接接入法

将三相四线有功电能表直接接入三相四线制电路测量有功电能，常用如图 3-34 所示接

线图进行接线。该接线方式一般属于380V/220V的低压系统，在接线时，千万不能将相序接反，如果接反相序，有功功率表虽然不反转，但会产生附加误差，同时电能表可能潜动。电源中性线不能与三根相线接错位置，若接错了，不但错计电量，还会使其中两个元件的电压线圈承受线电压，是相电压的$\sqrt{3}$倍，可能使电压线圈烧坏。并且电源中性线与电能表电压线圈中性点必须连接可靠，否则，当线路电压不平衡而使中性点有电压时，会出现某相电压过高，导致电能表产生空转或计量不准。

2. 电能表经电流互感器接入法

三相四线有功电能表经电流互感器接入电路常用的接线图如图3-35所示。如果电流大于50A时，则需配置电流互感器。由于是低压配电系统，没有必要采用电压互感器。注意互感器极性不能接错，否则电能表计量不准，甚至反转。

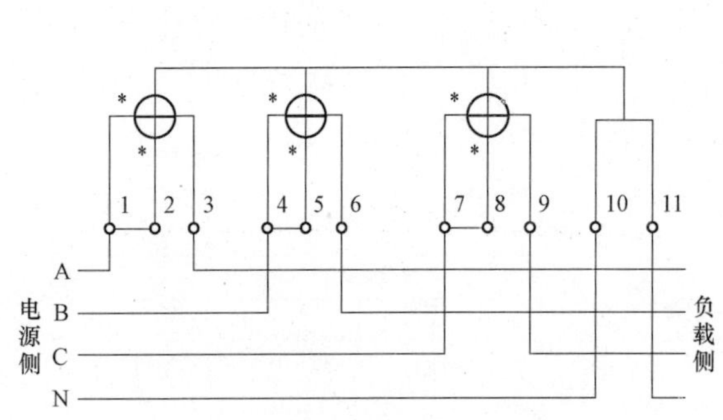

图3-34 三相四线有功电能表直接接入电路的接线图

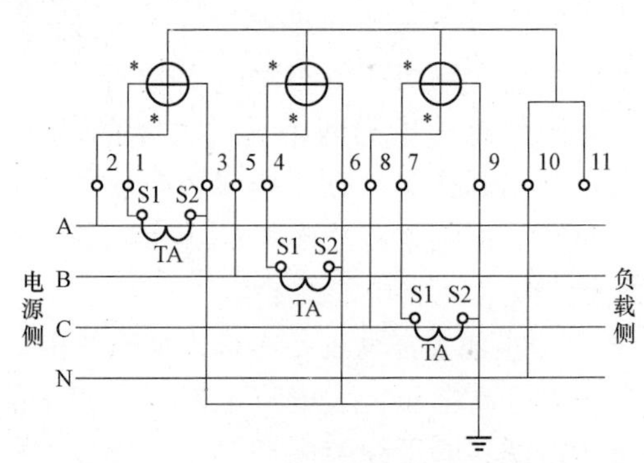

图3-35 三相四线有功电能表经电流互感器接入电路的接线图

（三）三相电能表安装技术要求

（1）接线前要检查电能表的型号、规格与负载的额定参数。电能表的额定电压应与电源电压一致，电能表的额定电流应不小于负载电流。

（2）与电能表相连接的导线必须使用铜芯绝缘导线，导线的截面积应能满足导线的安全载流量及机械强度的要求，对于电压回路不应小于1.5mm^2，对于电流回路不应小于2.5mm^2。截面积为6mm^{2}及以下的导线应采用单股导线。导线中间不得有接头。

（3）应仔细阅读电能表的使用说明书，严格按照说明书和接线端钮盒盖板上的接线原理图接线。

（4）极性要接正确。三相四线有功电能表的中性线一定要接牢。

（5）要按正相序接线，断路器、熔断器应接于电能表的负载侧。

（6）三相电能表应安装在电能计量柜上，每个用户的有功、无功电能表应垂直排列或水平排列，无功电能表应在有功电能表下方或右方，两只三相电能表相距的最小距离应大于80mm，电能表与屏边的最小距离应大于40mm。

（7）室内电能表宜安装在0.8～1.8m（表水平中性线距离地面尺寸）处。

（8）电能表安装应垂直牢固，表中心线向各方向的倾斜度不大于1°。

（9）装于室外的电能表应采用户外电能表。

（10）经电流互感器接入的电能表，其准确度不应低于0.5级，电流互感器的一次额定电流应不小于负载电流。电流互感器的额定电压应不低于连接处的工作电压。电流互感器的极性要接对，所有二次绕组的 S2 端和铁芯以及金属外壳要统一接地。二次回路导线应排列整齐，导线两端应有回路标记和编号的套管。当计量电流超过 250A 时，其二次回路应经专用端子接线，各相导线在专用端子上的排列顺序为从上到下，或从左到右依次为 A、B、C、N。

二、三相电路安装的技术要求

根据三相电路的构成，其除了电源与负载外，剩下的主要是连接导线与一些表计，而表计主要包括电压表、电流表与三相功率表和三相电能表。在技术上，要求各表计测量或计量准确，接线规范，运行可靠，一切都按有关计量技术标准执行。

1. 配电导线截面的选择

配电导线必须采取绝缘导线，并且 ABC 三相导线分别用黄绿红三种颜色区分，中性线用黑色（或蓝色）。若进户线要穿越墙体时，则导线必须采取穿管加以保护，且距地面小于 2.5m 时，应采取防雨措施。室内配线所用导线截面，应根据用户设备的计算负荷确定，铝导线截面应不小于 2.5mm^2，铜导线截面应不小于 1.5mm^2。一般情况下选择铜导线较为普遍，表 3 - 5 是配电铜导线的截面与最大负荷电流的对照表。

表 3 - 5　　配线截面与负荷电流对应情况表

截面（mm^2）	1.5	2.5	4	6	10	16	25
流量（A）	18	25	33	43	59	88	100

2. 施工工艺的要求

（1）安装三相电路的导线在走线时要做到横平竖直、分布均匀，同一水平位置的导线应高低一致，且前后不能交叉。当导线变换走向时应垂直，接入接线柱中的导线，其金属部分不能露出太多。

（2）连接于两螺钉或接线柱之间的一根导线，其间不得有接头。

（3）电流互感器二次回路每只接线螺钉只允许接入两根导线。

（4）当导线接入的端子是接触螺钉，应根据螺钉的直径将导线的末端弯成一个环，其弯曲方向应与螺钉旋入方向相同，螺钉（或螺帽）与导线间应加垫圈。

（5）直接接入时电能表采用多股绝缘导线，应按表计容量选择，若选择的导线过粗时，应采用断股后再接入电能表端钮盒的方式。

（6）当导线小于端子孔径较多时，应在接入导线上加扎线后再接入。

（7）二次回路接好后，应进行接线正确性检查。

（8）电能计量装置安装施工结束后，电能表端钮盒盖、试验接线盒及计量柜（屏、箱）、门等应加封。

（9）电力用户用于高压计量的电压互感器二次回路，应加装电压失压计时仪或其他电压监视装置。

任务实施

三相典型电路的安装训练主要是使学生进一步熟悉电工操作中的相关电工工艺与三相有功电能表的接线，将理论与实践教学有机地结合起来，充分发掘学生的创造潜能，提高学生解决实际问题的综合能力。

1. 配线施工用的工具、材料和设备

(1) 工具：电工钳、剥线钳、尖嘴钳、斜口钳、一字螺丝刀、十字螺丝刀、万用表。

(2) 材料：黄、绿、红及黑色（或蓝色）绝缘导线。

(3) 设备：相应挂箱及部分可替换配件。

(4) 负载：一台小功率三相异步电动机。

2. 施工注意事项

(1) 操作时应注意人身安全，接线时先检查设备的电源线是否断开。

(2) 正确使用工具，避免损坏各元器件或因工具使用不当而伤害自己及他人。

(3) 通电实验用的电源应有可靠的保护，杜绝没有经过老师检查而私自通电，严防触电事故发生。

(4) 注意对 A、B、C 三相引出的导线应分别采用黄、绿、红三色导线，而中性线应采用黑色（或蓝色）导线，使布线符合规范、不易出错、便于检查。

3. 施工布线

根据设计的原理接线图进行接线。

4. 相关工艺要求与通电检查

(1) 所选导线颜色应符合上述规范要求，并导线截面根据负荷性质确定，应满足负荷要求，导线应使用截面最少不小于 1.5mm^2的硬导线。

(2) 仪表等相应器件的安装位置合理、整齐、牢固，并保持完好无损。

(3) 导线与电气元件连接紧固，接触良好，故槽内的导线不得有接头，不可用尖嘴钳将导线拐角，以防损伤线芯与外皮。

(4) 通电前还要特别注意三相电路中的相序，各相导线和电器各端子的接线不能接错，否则三相电度表与三相功率因数表均不能得出正确数据。

(5) 通电前后的接线与拆线顺序规范、正确。实训前各开关都要在断开状态，通电时应先合电源侧开关，再合上负载侧开关，断电与通电顺序相反。

(6) 工作中不掉落元件，操作结束做现场清理，工具、材料齐全、摆放整齐，从各个细节都注意工艺要求及操作安全。

习 题

3-1 已知 u_A、u_B、u_C 是正序对称三相电压，$u_A=220\sin(\omega t-25°)$V。

(1) 写出 u_B、u_C 的解析式；

(2) 写出 $\dot{U}_A$、$\dot{U}_B$、$\dot{U}_C$的相量式；

(3) 画出 $\dot{U}_A$、$\dot{U}_B$、$\dot{U}_C$的相量图；

(4) 求 $t=\frac{T}{4}$时的各相电压及三相电压之和。

3-2 已知对称三相电流中 $\dot{I}_C=12\angle 15°$A，写出 $\dot{I}_A$的表达式；若以 C 相作为参考相量，写出 $\dot{I}_A$的表达式。

3-3 已知同频率三相正弦电流：$\dot{I}_A=5\sqrt{3}+j5$A，$\dot{I}_B=-j10$A，$\dot{I}_C=-5\sqrt{3}+j5$A。

（1）该三相电流是否对称？若对称，则指明相序；

（2）求 $\dot{I}_A+\dot{I}_B+\dot{I}_C$之和并作相量图。

3-4　已知三相发电机发出三相对称电压，其中两相电压 $\dot{U}_A=6300\angle -60^\circ$V，$\dot{U}_C=6300\angle 180^\circ$V，则其电压的相序为正序还是负序？

3-5　某人采用铬铝电阻丝三根，制成三相加热器。每根电阻丝电阻为 40Ω，最大允许电流为 6A。试根据电阻丝的最大允许电流决定三相加热器的接法（电源电压为 380V）。

3-6　三相对称电源作Y形联结，已知相电压 $u_A=220\sqrt{2}\sin(\omega t-90^\circ)$V，写出线电压 u_{AB}、u_{BC}和 u_{CA}的表达式。

3-7　三相对称电源作Y形联结，已知线电压 $\dot{U}_{AB}=380\angle 15^\circ$V，则相电压 $\dot{U}_A$，$\dot{U}_B$，$\dot{U}_C$分别是多少？

3-8　三相对称负载作△形联结，已知相电流 $\dot{I}_{A'B'}=10\angle 75^\circ$A，则线电流 $\dot{I}_A$，$\dot{I}_B$，$\dot{I}_C$分别是多少？

3-9　已知三相对称电源的相电压为 220V，而Y形对称三相负载的相电压是 127V，则三相电路为哪种连接方式？

3-10　已知对称三相正弦交流电路中一组Y形联结负载的线电压 $\dot{U}_{AB}=380\angle 60^\circ$V，线电流 $\dot{I}_A=11\angle -45^\circ$A，试求出各相负载的相电压及相电流的相量，作出相量图，并求出每相负载的复阻抗。

3-11　一对称三相电源，每相绕组电动势的有效值为 220V，相绕组的额定电流为 500A，每相绕组的电阻为 0.01Ω，感抗为 0.25Ω，现将该电源接成△形，若不慎将一相接反，试求电源空载时其回路的电流，并说明可能产生的后果。

3-12　有一对称三相负载，每相阻抗 $Z=(20+j15)$ Ω，若将此负载接成Y形，接在线电压为 380V 的对称三相电源上。

（1）试求负载的相电压、相电流与线电流，并画出电压电流的相量图。

（2）若将三相负载接成△形，接在同一电源上，试求负载相电流与线电流，画出电压电流的相量图。

（3）比较（1）和（2）的计算结果，求两种接法相应的电流之比。

3-13　一台三相交流电动机，定子绕组星形联结于 $U_L=380$V 的对称三相电源上，其线电流 $I_L=2.2$A，$\cos\varphi=0.8$，试求每相绕组的阻抗 Z。

3-14　在如图 3-36 所示电路中，负载 $Z_1=(48+j36)\Omega$，$Z_2=(12+j16)\Omega$，线路阻抗 $Z_l=(1+j2)\Omega$，电源线电压为 380V。试求各相负载的相电流、线电流。

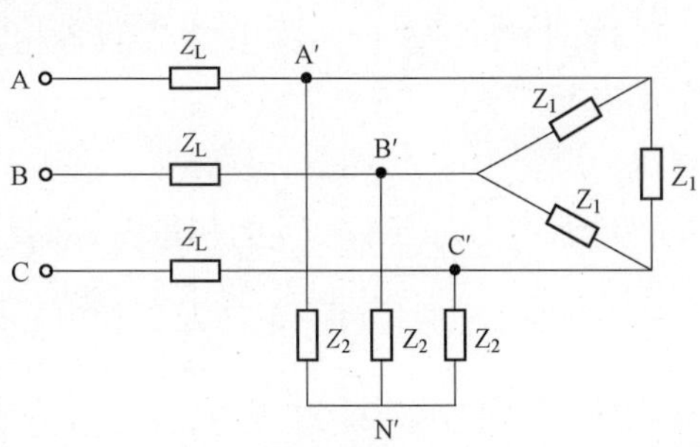

图 3-36　习题 3-14 图

3-15　下列说法正确的是（　　）。

A. 只有对称的三相三线制电路，$\dot{I}_A+\dot{I}_B+\dot{I}_C$的相量和才会等于零；

B. 无论是Y形联结还是△形联结，只有对称的三相正弦交流电路的三个线电压的相量和才等于零；

C. 无论有无中性线，无论中性线阻抗为何值，在 Y－Y 联结的三相正弦交流电路中，负载中性点与电源中性点总是等电位；

D. 对称的三相四线制电路中，中性线电流一定等于 0。

3-16　下列说法错误的是（　　）。

A. 三相正弦电路中，若负载的线电压对称，则相电压也一定对称；

B. 三相正弦电路中，若负载的相电压对称，则线电压也一定对称；

C. 三相正弦电路中，若负载的相电流对称，则线电流也一定对称；

D. 三相三线制的正弦电路中，若三个线电流 $I_A=I_B=I_C$，且每两相电流间的相位差都相等，则这三个线电流一定对称。

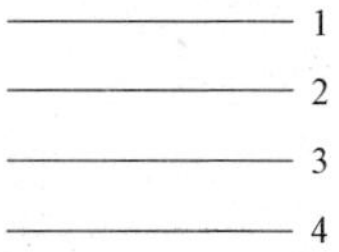

1
2
3
4

图 3-37　习题 3-17 图

3-17　在如图 3-37 所示三相四线制电源中，用电压表测量电源线的电压以确定中性线，测量结果 $U_{12}=380\text{V}$，$U_{23}=220\text{V}$，则哪几号为相线？哪号线为中性线？

3-18　如果给你一个验电笔或者一个量程为 500V 的交流电压表，你能确定三相四线制供电线路中的相线和中性线吗？试说出所用方法。

3-19　在图 3-38 所示电路中，发电机每相电压为 220V，每盏白炽灯的额定电压都是 220V，指出本图连接中的错误，并说明错误的原因。

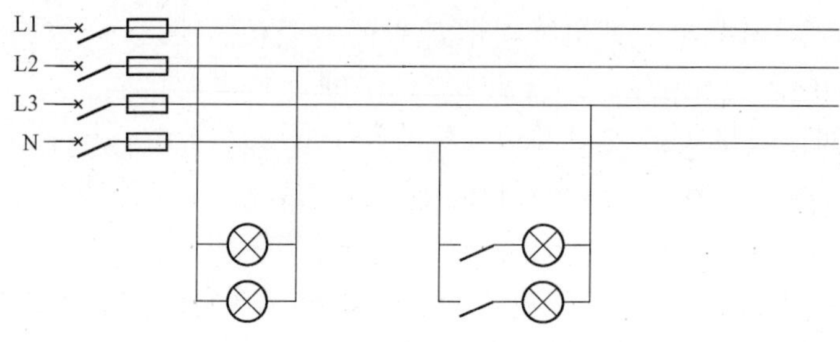

图 3-38　习题 3-19 图

3-20　如图 3-39 所示对称三相电路，正常时电流表 PA 的读数为 17.32A，现将开关 S 断开，问稳态时电流表的读数是多少？

3-21　在图 3-40 所示电路，电源线电压 $U_l=380\text{V}$，三相负载分别为 $Z_U=(8+j6)\Omega$，$Z_V=(3-j4)\Omega$，$Z_W=10\Omega$，试求负载各相电流和中性线电流，并绘出相量图。

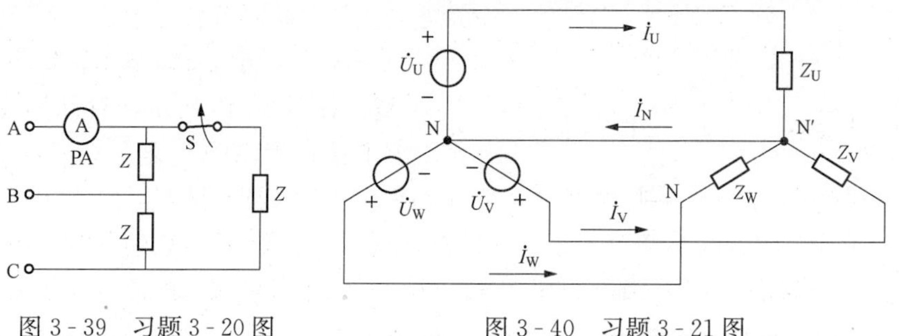

图 3-39　习题 3-20 图　　　图 3-40　习题 3-21 图

3-22　线电压为380V的对称三相电源Y联结，出现了故障。现测得$U_{CA}=380V$，$U_{AB}=U_{BC}=220V$试分析故障的原因。

3-23　如图3-41所示对称三相电路中，电流表读数均为10A（有效值），若因故障发生A相短路（即开关闭合）则电流表PA1的读数为多少？

3-24　已知不对称三相四线制系统中的线电压$U_l=380V$，不对称的负载分别是$Z_A=11\Omega$，$Z_B=Z_C=22\Omega$。试求：

（1）当$Z_N=0$时的线电流、中性线电流和三相总功率；

（2）中性线断开，A相断开时的线电流；

（3）中性线断开，A相短路时的中性点电压与线电流。

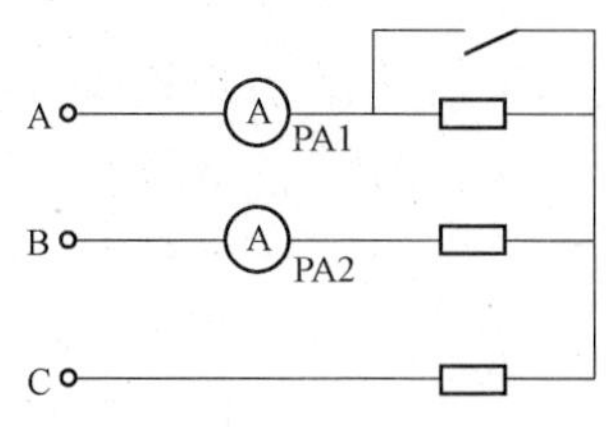

图3-41　习题3-23图

3-25　三相四线制照明电路中，忽有两相电灯变暗，一相变亮，出现故障的原因是什么？

3-26　下列关于三相电路的功率的说法正确的是（　　）。

A. 无论对称与否，三相正弦交流电路中的总的有功功率、无功功率分别等于各相有功功率、无功功率之和；

B. 无论对称与否，无论电路的连接方式如何，三相电路的有功、无功功率可用$p=3U_PI_P\cos\varphi=\sqrt{3}U_lI_l\cos\varphi$，$Q=3U_PI_P\sin\varphi=\sqrt{3}U_lI_l\sin\varphi$公式来计算；

C. 三相正弦交流电路的瞬时功率之和总是等于该三相电路的有功功率；

D. 以上都正确。

3-27　对称三相电路的有功功率公式$P=\sqrt{3}U_LI_L\cos\varphi$，该公式的应用与电路的结构有关吗？$\varphi$是否为$U_L$与$I_L$的相位差？

3-28　有一台三相异步电动机，定子绕组连成△形，接于线电压$U_l=380V$的电源上，电源上所吸收的功率$P=11.43kW$，功率因数$\cos\varphi=0.87$，试求电动机的相电流与线电流。

3-29　三相异步电动机的定子绕组连接成三角形，接于线电压$U_L=380V$的对称三相电源上，若每相等值阻抗$Z=(8+j6)\Omega$，试求此电动机工作时的相电流I_P、线电流I_L和三相电功率P。

3-30　功率为2.4kW，功率因数为0.6的对称三相感性负载与线电压为380V的供电系统相连，试问：（1）线电流I_L为多少？（2）若负载是Y形联结，相阻抗Z_Y为多少？（3）若负载是△形连接，相阻抗$Z_\triangle$为多少？

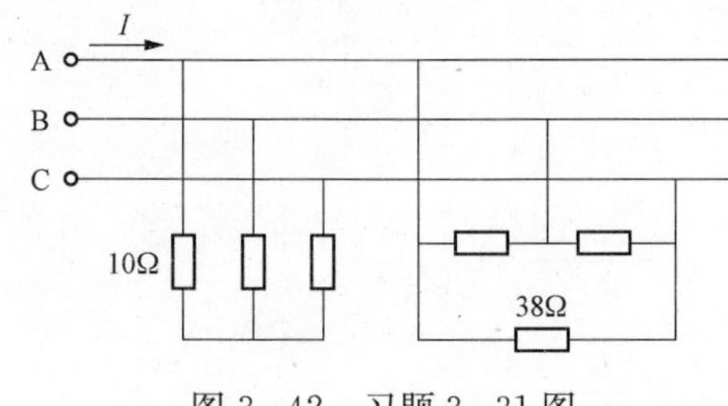

图3-42　习题3-31图

3-31　在线电压为380V的三相电源上，接有两组电阻性对称负载，如图3-42所示。试求线路上的总线电流I和所有负载的总有功功率。

3-32　如图3-43所示，对称负载接成△形，已知电源电压$U_l=220V$，电流表读数$I_l=17.3A$，三相功率$P=4.5kW$，试求：（1）每相负载的电阻和电抗；（2）当AB相负载断开时，图3-43中各电流表的读数及总功率；（3）当A线断开时，图3-43中各电流表的读数及总功率。

3-33　已知三相对称负载三角形联结，其线电流$I_L=5\sqrt{3}A$，总功率$P=2633W$，$\cos\varphi=$

0.8，求线电压 U_L、电路的无功功率 Q 和每相阻抗 Z。

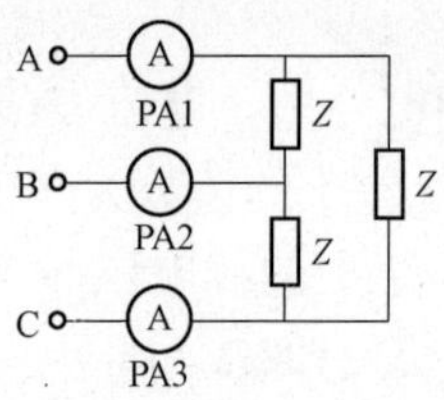

图 3-43 习题 3-32 图

评价表

项目：三相交流电路的测量与安装

评价内容		分值	评分
目标认知程度	工作目标明确，工作计划具体，结合实际，具有可操作性	10	
学习态度	工作态度端正，注意力集中，能使用网络资源进行相关资料收集	10	
团队协作	积极与他人合作，共同完成工作任务	10	
专业能力要求	熟悉对称三相正弦量的概念及相序的概念。掌握对称三相电路中两种连接方式下线电压和相电压、线电流和相电流的关系。掌握对称三相电路的特点和计算，了解中性线的作用并掌握对称三相电路的有功功率、无功功率、视在功率的计算。掌握三相有功功率的测量方法。了解三相电能的测量及三相电路安装的技术要求	70	
总分			

学生自我总结：

指导老师评语：

项目完成人签字：　　　　日期：　年　月　日

指导老师签字：　　　　日期：　年　月　日

项目四　电路过渡过程的观测

引导文

1	项目导学	（1）什么是过渡过程？过渡过程产生的原因是什么？ （2）什么是换路？电阻电路在换路时会不会产生过渡过程？ （3）什么是换路定律？ （4）电路换路时，如何画出换路后 $t=0+$ 时的等效电路图？ （5）什么是零输入响应？ （6）RC 电路的时间常数是什么？RL 电路的时间常数是什么？ （7）什么是零状态响应？ （8）为什么在刚断电的情况下，修理含有大电容的电气设备时，往往容易带来危险？ （9）电路的全响应的两种分解是什么？ （10）如果电路中有储能元件，但其储存的能量不变化，这时对电路进行换路，会发生过渡过程吗？ （11）三要素公式能否应用于零输入响应或零状态响应？ （12）为什么在正弦激励下 RL 电路零状态响应的暂态分量可能为零？
2	项目计划	（1）画出实验电路图。 （2）选择相关仪器、仪表，制定设备清单。 （3）制作任务实施情况检查表，包括小组各成员的任务分工、任务准备、任务完成、任务检查情况的记录、以及任务执行过程中出现的困难及应急情况处理等。
3	项目决策	（1）分小组讨论，分析各自计划，确定 RC、RL 电路过渡过程观测的实施方案。 （2）每组选派一位成员阐述本组 RC、RL 电路过渡过程观测的实施方案。 （3）老师指导并确定最终的 RC、RL 电路过渡过程观测的实施方案。
4	项目实施	（1）选择怎样恰当的电路参数，以便获得比较典型的响应曲线？ （2）改变 R，L，C 的值，会对波形有什么影响？ （3）完成过程中发现了什么问题？如何解决这些问题？ （4）用方格纸记录测试的数据，并画出响应曲线，对整个工作的完成进行记录。
5	项目检查	（1）学生填写检查表。 （2）教师记录每组学生任务完成情况。 （3）每组学生将完成的任务结合导学知识进行总结。
6	项目评价	（1）小组讨论，自我评述完成任务情况及操作中发生的问题，并提出整改方案。 （2）小组准备汇报材料，每组选派代表进行 PPT 汇报。 （3）针对该项目完成情况，老师对每组同学进行综合评价。

任务一　*RC* 电路过渡过程的观测

在前面各项目分析的直流电路及交流电路中，所有响应都是稳恒的，或按周期规律变化的。电路的这种工作状态称为稳定状态（简称：稳态）。电路在稳态时，电路的结构或元件的参数都是不变的。实际中，电路的结构和元件的参数不可能一成不变，当电路结构或参数发生变化时，电路往往不能由原来的稳定状态立即转变到另一个稳定状态，而是要经历一个变化过程，这个过程我们称为过渡过程。

本项目任务是通过对 *RC* 电路过渡过程的观测，达到以下目标：

（1）理解电路的过渡过程的概念，了解过渡过程产生的原因。

（2）掌握换路定律。

（3）掌握初始值的计算方法。

（4）了解 *RC* 电路中零输入响应的变化规律。

（5）了解 *RC* 电路中零状态响应的变化规律。

（6）了解 *RC* 电路中全响应的变化规律。

（7）理解一阶电路全响应的两种分解。

（8）熟练应用三要素法计算 *RC* 电路过渡过程中各元件上的电压、电流。

一、电路的过渡过程

在电路中，由于短路、断路、参数的变化、开关的断开或接通等都会产生过渡过程，这些工作状态的变化称为换路。电路的过渡过程往往时间很短暂（一般只有几毫秒，甚至几微秒），因而称为暂态过程（简称暂态）。暂态过程虽然时间短暂，但在实际工作中却极其重要。

为什么会产生过渡过程呢？是不是只要有换路情况发生就一定会产生过渡过程呢？我们通过以下实验来进行研究。如图 4-1 所示电路，开关 S 闭合前，三个灯泡 D1、D2、D3 都不亮，电路中没有电流，电容也未充电，电路处于稳定状态。将开关 S 闭合，灯泡 D1 在开关闭合瞬间立即发亮，且亮度不再变化，说明该支路没有出现过渡过程，立即达到新的稳态；灯泡 D2 在开关闭合瞬间不亮，然后逐渐变亮，最后亮度稳定不再变化，电路达到新的稳态；灯泡 D2 亮度的变化，说明该支路出现了过渡过程。灯泡 D3 在开关闭合瞬间突然很亮，然后逐渐变暗，最后熄灭，说明该支路也出现了过渡过程。

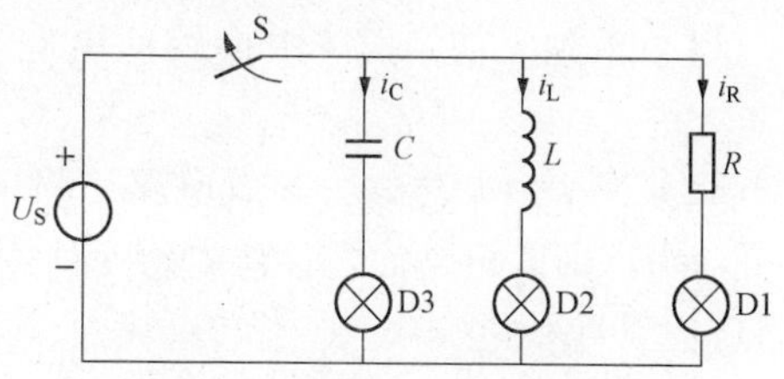

图 4-1　过渡过程实验电路

通过实验我们发现：电路的过渡过程是在电路发生改变（开关 S 闭合）后才出现的，而且电路中必须有储能元件（电感或电容）才会出现过渡过程。这是因为电路的改变可能引起储能元件的储能发生改变。一般而言，储能元件储能的改变只能是渐变，而不能跃变，否则将导致功率 $p=\frac{\mathrm{d}w}{\mathrm{d}t}$ 为无穷大，这在实际中是不可能的。所以储能元件能量的改变是需要一定时间的，从而在电路中出现了过渡过程。电路的过渡过程其实就是储能元件能量转变所经历的过程。

与稳态相比，过渡过程通常是很短暂的，所以过渡过程又称为暂态或动态，储能元件又称为动态元件，含动态元件的电路称为动态电路。

电路的过渡过程有其特殊的性质和规律。利用这些性质和规律可以制成各种控制电器、保护装置，在自动控制、测量、调节、接收系统和计算机系统中的许多电路常常工作在过渡过程中。因此，研究电路的过渡过程，用其利而避其害，具有重要的实际意义。

二、换路定律

由于能量不能跃变，因而与能量有关的某些量也不能跃变。当电容的电流为有限值时，电容的功率为有限值，电容中储存的电场能量 $w_C=\frac{1}{2}Cu_C^2$ 不会跃变，因而电容电压 u_C 不会跃变。当电感的电压为有限值时，电感的功率为有限值，电感中储存的磁场能量 $w_L=\frac{1}{2}Li_L^2$ 不会跃变，因而电感电流 i_L 不会跃变。

电路结构、元件参数等的改变统称为换路。在换路瞬间，当电容电流为有限值时，电容电压不会跃变；当电感电压为有限值时，电感电流不会跃变，这称为换路定律。也就是说假设换路是在瞬间完成，则换路后瞬间电感元件上的电流应等于换路前瞬间电感元件上的电流，换路后瞬间电容元件上的电压应等于换路前瞬间电容元件上的电压。

如果把换路瞬间作为计时起点，记作 $t=0$，则 $t=0_-$ 表示换路前的最后瞬间，$t=0_+$ 表示换路后的最初瞬间。换路定律可表达为

$$\left.\begin{aligned} u_C(0_+) &= u_C(0_-) \\ i_L(0_+) &= i_L(0_-) \end{aligned}\right\} \tag{4-1}$$

三、初始值的确定

由换路定律可知，电容上的电压和电感上的电流不能跃变。那么电容上的电流、电感上的电压，以及电阻元件的电压、电流能不能跃变呢？这就要研究电路元件的电压、电流在换路后最初瞬间（$t=0_+$时）的值。

电路中各元件的电压与电流在换路后的最初瞬间（$t=0_+$时）的值，称为电路的初始值。电容电压和电感电流的初始值，即 $u_C(0_+)$ 和 $i_L(0_+)$ 可由换路定律确定，称为独立初始值。其他电压电流的初始值，称为相关初始值。

确定初始值的一般步骤如下：

（1）求独立初始值。由换路前电路求出 $u_C(0_-)$ 和 $i_L(0_-)$，再根据换路定律确定 $u_C(0_+)$ 和 $i_L(0_+)$。

（2）画 $t=0_+$时刻的等效电路。将电容元件用电压为 $u_C(0_+)$ 的电压源替代。如果 $u_C(0_+)=0$，则以短路代之。将电感元件用电流为 $i_L(0_+)$ 的电流源等效替代。如果 $i_L(0_+)=0$，则以开路代之。

（3）由 $t=0_+$时刻的等效电路，求相关初始值。

【例 4-1】 图 4-2（a）所示电路中，直流电压源 $U_s=100\text{V}$，$R_1=10\Omega$，$R_2=30\Omega$，

$R_3=20\Omega$，电路原已达到稳态。在 $t=0$ 时，断开开关 S。求 i_L、u_L、i_C、u_C、u_{R2}、u_{R3} 的初始值。

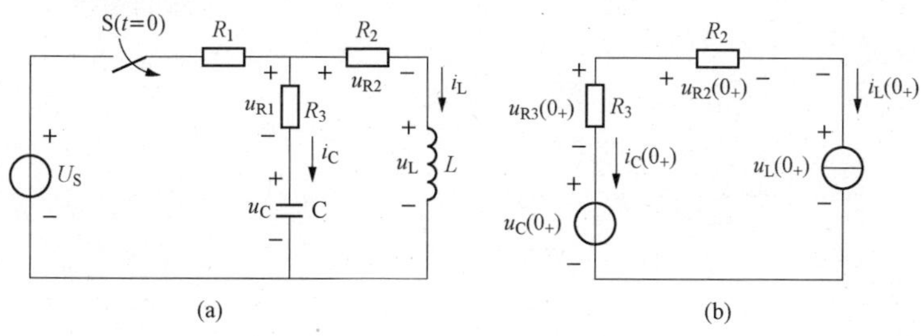

图 4-2　【例 4-1】图

(a) 电路；(b) $t=0_+$ 时刻的等效电路

解　(1) 由换路定律求出 $i_L(0_+)$、$u_C(0_+)$。因为电路换路前已达稳态，所以电感元件做短路处理，电容元件做开路处理，$i_C(0_-)=0$，故有

$$i_L(0_-)=\frac{U_S}{R_1+R_2}=\frac{100}{10+30}\text{A}=2.5\text{A}$$

$$u_C(0_-)=R_2 i_L(0_-)=30\times 2.5\text{V}=75\text{V}$$

由换路定律得

$$i_L(0_+)=i_L(0_-)=2.5\text{A}$$

$$u_C(0_+)=u_C(0_-)=75\text{V}$$

(2) 画 $t=0_+$ 时刻的等效电路。将图 4-2 (a) 中的电容 C 及电感 L 分别用电压为 $u_C(0_+)$ 的等效电压源和电流为 $i_L(0_+)$ 的等效电流源代替，则得 $t=0_+$ 时刻的等效电路图如图 4-2 (b) 所示。

(3) 由 $t=0_+$ 时刻的等效电路，可算出相关初始值，即

$$u_{R2}(0_+)=R_2 i_L(0_+)=30\times 2.5\text{V}=75\text{V}$$

$$i_C(0_+)=-i_L(0_+)=-2.5\text{A}$$

$$u_{R3}(0_+)=R_3 i_C(0_+)=20\times(-2.5)\text{V}=-50\text{V}$$

$$u_L(0_+)=-u_{R2}(0_+)+u_{R3}(0_+)+u_C(0_+)=[-75+(-50)+75]\text{V}=-50\text{V}$$

由计算结果可以看出，其他初始值可能跃变，也可能不跃。如 R_2 上的电压换路前后都为 75V，未发生跃变，但 R_3 上的电压由原来的 0 变为换路后的 −50V，发生了跃变。

【例 4-2】　如图 4-3 所示电路中，直流电压源 $U_s=90\text{V}$，$R_1=10\Omega$，$R_2=30\Omega$，$R_3=20\Omega$，电路原已达到稳态。在 $t=0$ 时，闭合开关 S。求 i_L、u_L、i_C、u_C、u_{R2}、u_{R3} 的初始值。

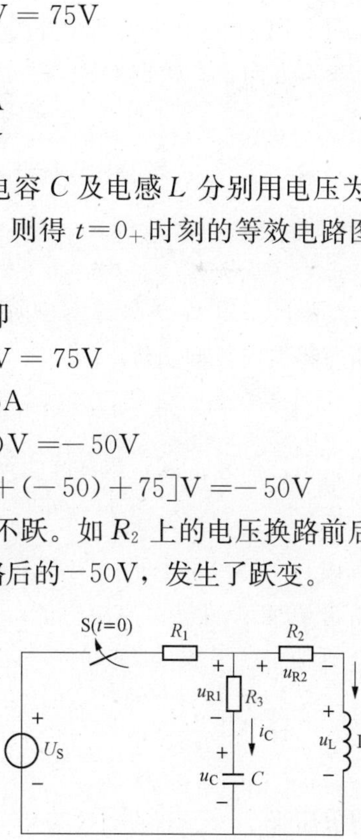

图 4-3　【例 4-2】图

解　(1) 确定独立初始值 $u_C(0_+)$、$i_L(0_+)$。因为电路换路前已达稳态，且开关处于断开状态，由换路定律可得

$$i_L(0_+)=i_L(0_-)=0$$

$$u_C(0_+)=u_C(0_-)=0$$

(2) 画 $t=0_+$ 时刻的等效电路如图 4-4 所示。因为 $u_C(0_+)=0$，所以将电容元件代之以

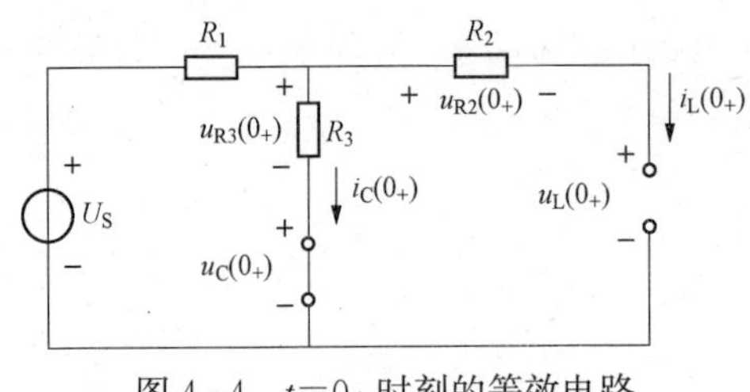

图 4-4 $t=0_+$时刻的等效电路

短路；因为 $i_L(0_+)=0$，所以将电感元件代之以开路。

（3）由 $t=0_+$时刻的等效电路，可算出相关初始值，即

$$i_C(0_+) = \frac{U_S}{R_1+R_3} = \frac{90}{10+20}\text{A} = 3\text{A}$$

$$u_{R2}(0_+) = i_L(0_+)R_2 = 0\text{V}$$

$$u_L(0_+) = u_{R3}(0_+) = \frac{U_S}{R_1+R_3} \times R_3 = \frac{90}{10+20} \times 20\text{V} = 60\text{V}$$

四、零输入响应

在电路分析中，常将电源施加给电路的电流和电压称为激励或输入。由激励在电路中产生的电流和电压称为响应。

所谓零输入响应，就是没有外加电源的激励，仅靠电容或电感这些储能元件储存的能量，在电路中产生的响应，称为零输入响应。

图 4-5 所示电路中，电容 C 在开关 S 闭合前已充电，其电压为 U_0。开关 S 闭合后，电容将通过电阻 R 放电，电路中的响应仅由电容的初始储能引起，故属零输入响应。

$t=0$ 时，开关 S 闭合。开关 S 闭合后，在图 4-5 所示参考方向下，根据 KVL 得

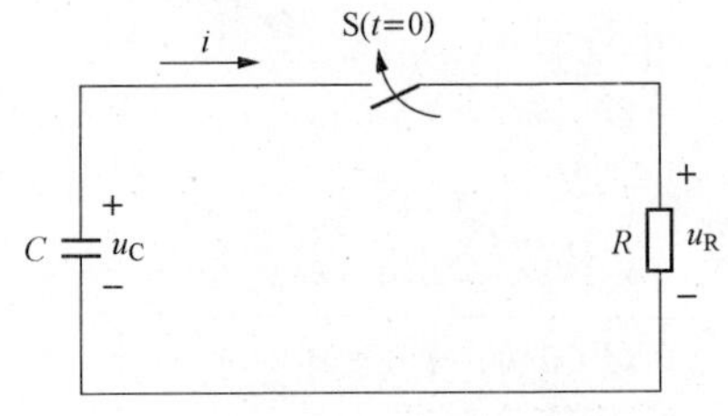

图 4-5 RC 电路的零输入响应

$$u_R - u_C = 0$$

将 $u_R=Ri$，$i=-C\dfrac{du_C}{dt}$代入上式，得

$$RC\frac{du_C}{dt} + u_C = 0$$

这是一个以 u_C 为变量的一阶常系数齐次微分方程，它的通解为指数型函数

$$u_C = Ae^{pt}$$

式中：A 为积分常数；p 为特征方程 $RCp+1=0$ 的特征根，$p=-\dfrac{1}{RC}$。

于是

$$u_C = Ae^{-\frac{t}{RC}}$$

将初始条件 $u_C(0_+)=u_C(0_-)=U_0$ 代入上式，可确定积分常数 A，即

$$u_C(0_+) = Ae^{-\frac{0_+}{RC}} = A = U_0$$

于是，电容电压为

$$u_C = U_0 e^{-\frac{t}{RC}}$$

电阻电压为

$$u_R = u_C = U_0 e^{-\frac{t}{RC}}$$

电路中的电流为

$$i = \frac{u_R}{R} = \frac{U_0}{R} \times e^{-\frac{t}{RC}}$$

从以上表达式可以看出，u_C、u_R、i 均按相同的指数规律变化。因为 $p=-\frac{1}{RC}<0$。所以这些响应都是随时间衰减的，最终趋于零。衰减的快慢取决于 RC 的大小。令

$$\tau = RC \tag{4-2}$$

式中：τ 称为 RC 电路的时间常数，τ 的单位为 s，与时间的单位相同。引入时间常数 τ 后，u_C、u_R 和 i 可表示为

$$u_C = U_0 e^{-\frac{t}{\tau}} \tag{4-3}$$

$$u_R = U_0 e^{-\frac{t}{\tau}} \tag{4-4}$$

$$i = \frac{U_0}{R} e^{-\frac{t}{\tau}} \tag{4-5}$$

u_C、u_R 和 i 随时间变化的曲线如图 4-6 所示。开关 S 闭合后，电容放电，产生放电电流，电容电压也随之逐渐下降。在放电过程中，电容发出能量，电阻吸收能量，电容所储存的电场能量不断被电阻吸收转换成热能。

从理论上讲，$t=\infty$ 时，u_C 才衰减为零，也就是说放电要经历无限长时间才结束。但当 $t=5\tau$ 时，u_C 已衰减为 $0.006\,7U_0$，即为初始值的 0.67%，因此工程上一般认为，换路后经过 $3\tau \sim 5\tau$ 时间过渡过程就告结束。

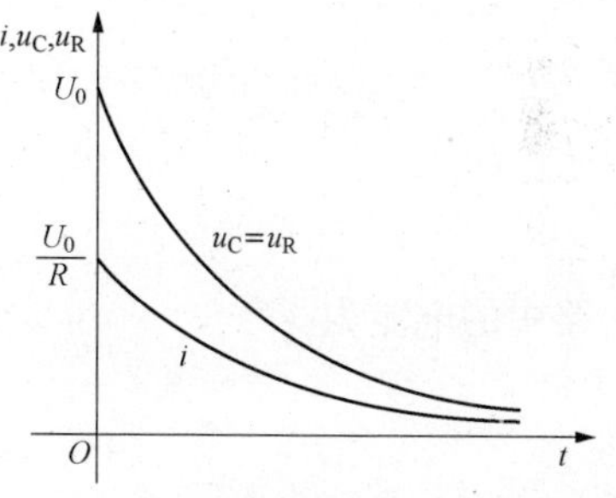

图 4-6　RC 电路的零输入响应曲线

时间常数越小，过渡过程持续的时间越短，因此选择不同的 RC 可以控制放电的快慢。RC 电路的时间常数 τ 与 C 和 R 成正比。在相同的初始电压 U_0 下，电容 C 越大，储存的能量越多，放电时间就越长，所以 τ 与 C 成正比。在 U_0 与 C 相同的情况下，R 越大，越阻碍电荷的移动和能量的释放，放电所需时间越长。所以当 C 值一定时，减小放电电阻 R 可以缩短放电时间，但会增大放电电流的初始值 $\frac{U_0}{R}$。

通过对 RC 电路零输入响应的讨论，可看出：分析电路的过渡过程，首先要根据基尔霍夫定律和元件的电压、电流关系列出换路后的微分方程，然后解微分方程求出电路的响应。这种直接求解微分方程的方法称为经典法。我们把可用一阶微分方程描述的电路称为一阶电路。

【例 4-3】　如图 4-5 所示电路，电容 C 在开关 S 闭合前已充电，其电压为 100V。在 $t=0$ 时，开关 S 闭合，已知 $R=10\text{k}\Omega$，$C=100\mu\text{F}$，问经过多长时间，电容上的电压衰减为 36.8V。

解　由 $u_C=U_0 e^{-\frac{t}{\tau}}$ 可知 $t=\tau$ 时，$u_C=U_0 e^{-1}=0.368U_0$，也就是说 τ 是 RC 电路在放电时，电容上的电压按指数规律衰减到原来 36.8% 时所需的时间。电容电压由初始值的 100V 衰减至 36.8V，即衰减到 $36.8\%U_0$，所需时间为

$$\tau = RC = 10 \times 103 \times 100 \times 10^{-6}\,\text{s} = 1\text{s}$$

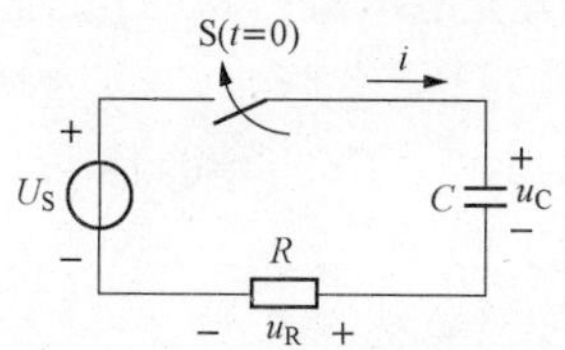

图 4-7　RC 电路的零状态响应

五、零状态响应

零状态响应是在动态元件的初始储能为零的情况下，仅由外施激励引起的响应。图 4-7 所示电路中，电容 C 在开关 S 闭合前没有充电。$t=0$ 时开关 S 闭合。开关闭合后，电源通过电阻对电容充电，电容的初始储能为零，电路中的响应仅由直

流电压源引起，故属零状态响应。

我们用经典法来分析计算这个电路，以 u_C 为变量，根据 KVL 列出换路后的微分方程

$$RC\frac{\mathrm{d}u_C}{\mathrm{d}t}+u_C=U_S$$

这是一个一阶常系数非齐次微分方程，它的解由特解 u_C' 和对应的齐次微分方程的通解 u_C'' 组成，即 $u_C=u_C'+u_C''$。

满足非齐次微分方程的任一个解都可以作为特解，通常取换路后的稳态值作为该方程的特解，即 $u_C'=U_S$。

对应的齐次微分方程 $RC\frac{\mathrm{d}u_C}{\mathrm{d}t}+u_C=0$ 的通解为 $u_C''=A\mathrm{e}^{-\frac{t}{\tau}}$，其中 $\tau=RC$。因此

$$u_C=u_C'+u_C''=U_S+A\mathrm{e}^{-\frac{t}{\tau}}$$

将初始条件 $u_C(0_+)=u_C(0_-)=0$ 代入上式，可求得

$$A=-U_S$$

于是，电容电压为

$$u_C=U_S-U_S\mathrm{e}^{-\frac{t}{\tau}} \tag{4-6}$$

电阻电压为

$$u_R=U_S-u_C=U_S\mathrm{e}^{-\frac{t}{\tau}} \tag{4-7}$$

电路中的电流为

$$i=\frac{u_R}{R}=\frac{U_S}{R}\times\mathrm{e}^{-\frac{t}{\tau}} \tag{4-8}$$

u_C、u_R 和 i 随时间变化的曲线如图 4-8 所示。在充电过程中，电容电压由零开始，按指数规律随时间逐渐增长，最后趋近于稳态值 U_S；充电电流在开始时最大，为$\frac{U_S}{R}$，然后随时间按指数规律衰减，最后趋近于零。在充电过程中，电源发出功率，电容和电阻吸收功率。电源发出的能量，一部分转换成电场能量储存在电容中，另一部分被电阻转换成热能消耗掉。充电的快慢由时间常数 τ 决定。$t=5\tau$ 时，$u_C=0.993\ 3U_S$，可以认为充电已经结束。

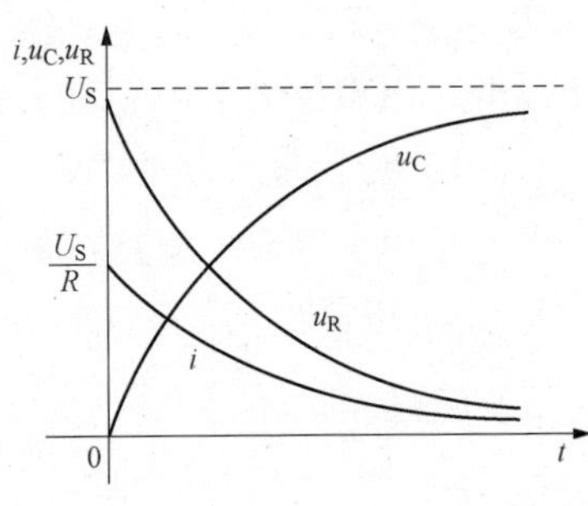

图 4-8 RC 电路的零状态响应曲线

在图 4-1 所示的电路中，当 S 闭合以后，与电容串联的灯泡 D3 的电流在开关闭合瞬间最大，然后随时间按指数规律衰减，最后趋近于零。因此灯泡 D3 在开关闭合瞬间突然很亮，然后逐渐变暗，最后熄灭。

【例 4-4】 图 4-7 所示电路中，已知 $R=1\text{k}\Omega$，$C=100\mu\text{F}$，$U_S=10\text{V}$，开关闭合前电容不带电。试求：(1) S 闭合后 i 的表达式及电路中的最大充电电流；(2) 电路经过 τ 及 5τ 后电流的值。

解 (1) $\tau=RC=1\times10^3\times100\times10^{-6}\text{s}=0.1\text{s}$

因为电容原来不带电，由式 (4-8)，得

$$i=\frac{U_S}{R}\mathrm{e}^{-\frac{t}{\tau}}=\frac{10}{1\times10^3}\times\mathrm{e}^{-\frac{t}{0.1}}\text{A}=10^{-2}\mathrm{e}^{-10t}\text{A}$$

当 $t=0_+$ 时，充电电流 i 最大为

$$i(0_+)=10^{-2}\mathrm{A}$$

（2）当 $t=\tau$ 时，

$$i(\tau)=10^{-2}\mathrm{e}^{-10\tau}=10^{-2}\mathrm{e}^{-10\times0.1}\mathrm{A}=3.68\times10^{-3}\mathrm{A}$$

当 $t=5\tau$ 时，

$$i(5\tau)=10^{-2}\mathrm{e}^{-10\times5\tau}=10^{-2}\mathrm{e}^{-10\times5\times0.1}\mathrm{A}=6.7\times10^{-5}\mathrm{A}$$

不难看出，经过 5τ 后，充电电流已经接近于零。

六、全响应

全响应是由外施激励和动态元件的初始储能共同引起的响应。图 4 - 9 所示电路中，电容 C 在开关 S 闭合前已充电，其电压为 U_0。开关闭合后，电路中的响应是由直流电压源和电容的初始储能共同引起，故属全响应。

列出换路后的微分方程为

$$RC\frac{\mathrm{d}u_C}{\mathrm{d}t}+u_C=U_S$$

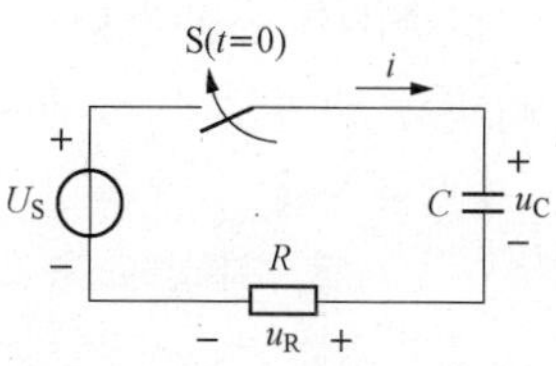

图 4 - 9　RC 电路的全响应

其解为

$$u_C=u'_C+u''_C=U_S+A\mathrm{e}^{-\frac{t}{\tau}}$$

式中：$\tau=RC$。由初始条件 $u_C(0_+)=u_C(0_-)=U_0$ 可求得

$$A=U_0-U_S$$

从而得到

$$u_C=U_S+(U_0-U_S)\times\mathrm{e}^{-\frac{t}{\tau}} \tag{4-9}$$

$$u_R=U_S-u_C=(U_S-U_0)\times\mathrm{e}^{-\frac{t}{\tau}} \tag{4-10}$$

$$i=\frac{u_R}{R}=\frac{U_S-U_0}{R}\times\mathrm{e}^{-\frac{t}{\tau}} \tag{4-11}$$

如 $U_0<U_S$，电容在换路后继续充电，u_C 随时间变化的曲线如图 4 - 10（a）所示；如 $U_0>U_S$，电容在换路后放电，u_C 随时间变化的曲线如图 4 - 10（b）所示；如 $U_0=U_S$，电容在换路后既不充电也不放电，电路不发生过渡过程，u_C 随时间变化的曲线如图 4 - 10（c）所示。

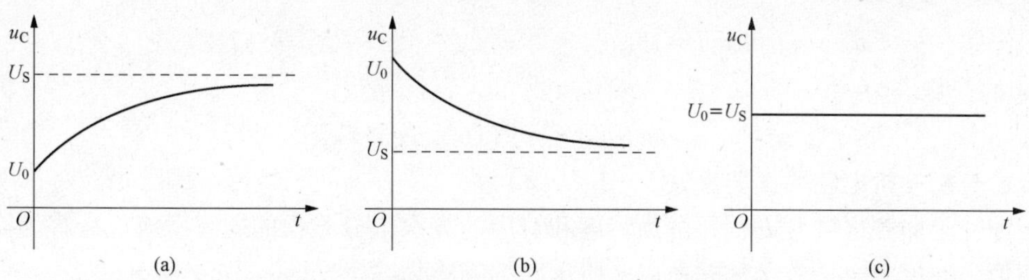

图 4 - 10　RC 电路的全响应 u_C 随时间变化的曲线

（a）在 $U_0<U_S$ 的情况下；（b）在 $U_0>U_S$ 的情况下；（c）在 $U_0=U_S$ 的情况下

七、一阶电路全响应的两种分解

全响应是由外施激励和动态元件的初始储能共同引起的响应。根据叠加定理，线性电路

的全响应等于仅由动态元件的初始储能引起的零输入响应和仅由外施激励引起的零状态响应的叠加，即

全响应=零输入响应+零状态响应

用经典法求解一阶电路的全响应，建立的微分方程是一阶常系数非齐次微分方程，它的解由特解和对应的齐次微分方程的通解两部分组成。特解为换路后的稳态值，称为稳态分量。通解为一指数函数，随时间而衰减，最终趋于零，是一个暂时存在的分量，称为暂态分量。因此，全响应又等于稳态分量与暂态分量的叠加，即

全响应=稳态分量+暂态分量

换路后，既有稳态分量，又有暂态分量，电路进入过渡过程，等到暂态分量衰减为零时，只剩下稳态分量，过渡过程结束，进入新的稳态。暂态分量衰减越慢，过渡过程持续的时间越长。换路后，有暂态分量，则电路出现过渡过程；没有暂态力量，则不出现过渡过程。

把全响应分解为稳态分量与暂态分量，便于分析电路的工作状态。把全响应分解为零输入响应和零状态响应，便于分析响应与激励的因果关系。

【例 4-5】 在图 4-9 所示电路中，已知 $U_S=10V$，$R=25k\Omega$，$C=10\mu F$，$u_C(0_-)=3V$。$t=0$ 时，开关 S 闭合。试求：(1) u_C 的全响应，并将 u_C 的全响应分解为零输入响应和零状态响应；(2) 将 u_C 的全响应分解为稳态分量和暂态分量。

解 (1) 由电路可得其时间常数为

$$\tau = RC = 25 \times 10^3 \times 10 \times 10^{-6}\text{s} = 0.25\text{s}$$

$u_C(0_+)=u_C(0_-)=3V$，电容电压 u_C 的零输入响应为

$$u_{C1} = u_C(0_+)e^{-\frac{t}{\tau}} = 3e^{-\frac{t}{0.25}}\text{V} = 3e^{-4t}\text{V}$$

电容电压 u_C 的零状态响应为

$$u_{C2} = U_S(1-e^{-\frac{t}{\tau}}) = 10(1-e^{-4t})\text{V}$$

u_C 的全响应为

$$u_C = u_{C1} + u_{C2} = [3e^{-4t} + 10(1-e^{-4t})]\text{V} = (10-7e^{-4t})\text{V}$$

(2) u_C 的稳态分量为

$$u'_C = U_S = 10\text{V}$$

u_C 的暂态分量为

$$u''_C = [u_C(0_+) - U_S] \times e^{-\frac{t}{\tau}} = (3-10)e^{-4t}\text{V} = -7e^{-4t}\text{V}$$

u_C 的全响应为

$$u_C = u'_C + u''_C = (10-7e^{-4t})\text{V}$$

八、分析一阶电路的三要素法

因为一阶非齐次微分方程的解由特解和对应的齐次微分方程的通解组成，特解为换路后的稳态值，通解为一指数函数，所以一阶电路的响应为

$$f(t) = f'(t) + f''(t) = f'(t) + Ae^{-\frac{t}{\tau}}$$

常数 A 由初始值确定，由 $f(0_+)=f'(0_+)+A$ 得 $A=f(0_+)-f'(0_+)$。因此，一阶电路响应的一般表达式为

$$f(t) = f'(t) + [f(0_+) - f'(0_+)]e^{-\frac{t}{\tau}} \tag{4-12}$$

只要求出稳态分量 $f'(t)$、初始值 $f(0_+)$ 和时间常数 τ 这三要素，代入式 (4-12) 便可得

到一阶电路的响应，这种分析一阶电路的方法称为三要素法。

在直流电源作用下，因为稳态分量 $f'(t)$ 与稳态分量的初始值 $f'(0_+)$ 是相同的，即 $f'(t)=f'(0_+)=f(\infty)$，式（4-12）可写成

$$f(t) = f(\infty) + [f(0_+) - f(\infty)]e^{-\frac{t}{\tau}} \tag{4-13}$$

要注意的是：

（1）三要素法仅适用于一阶线性电路。

（2）一阶电路的任何响应都具有式（4-12）的形式。

（3）在同一个一阶电路中的各响应具有相同的时间常数。

【例 4-6】　用三要素法求出【例 4-5】的响应 u_C。

解　（1）求初始值。由换路定律得

$$u_C(0_+) = u_C(0_-) = 3V$$

（2）求稳态值。

$$u_C(\infty) = U_S = 10V$$

（3）求时间常数。

$$\tau = RC = 25 \times 10^3 \times 10 \times 10^{-6}s = 0.25s$$

（4）代入式（4-13）得

$$u_C = u_C(\infty) + [u_C(0_+) - u_C(\infty)]e^{-\frac{t}{\tau}} = [10 + (3-10)e^{-\frac{t}{0.25}}]V = (10 - 7e^{-4t})V$$

由此例可见，结果与用微分方程解出的一致，但三要素法更加简单快捷。

【例 4-7】　电路如图 4-11 所示，已知 $i=1A$，$R_1=R_2=1\Omega$，$C=200\mu F$，换路前电路已处稳态。在 $t=0$ 时开关 S 闭合，求换路后的 u。

解　（1）求初始值。换路前电路已处稳态，电容元件相当于开路，

$$u(0_-) = R_1 i = 1 \times 1V = 1V$$

由换路定律得

$$u(0_+) = u(0_-) = 1V$$

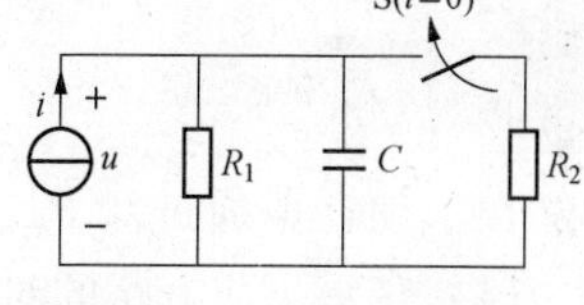

图 4-11　【例 4-7】图

（2）求稳态值。

$$u(\infty) = \frac{R_1 \times R_2}{R_1 + R_2} \times i = \frac{1 \times 1}{1+1} \times 1V = 0.5V$$

（3）求时间常数。

$$\tau = RC = \frac{R_1 \times R_2}{R_1 + R_2}C = \frac{1 \times 1}{1+1} \times 200 \times 10^{-6}s = 1 \times 10^{-4}s$$

（4）代入式（4-13）得

$$u(t) = u(\infty) + [u(0_+) - u(\infty)]e^{-\frac{t}{\tau}} = 0.5 + (1-0.5)e^{-\frac{t}{1\times10^{-4}}}V = 0.5 + 0.5e^{-10000t}V$$

任务实施

RC 电路过渡过程的观测

（1）按图 4-12 连接实验电路。输入电压接方波，用示波器观察输入电压和电容电压波形。选择适当 *R*、*C* 参数、方波周期和峰值，观察完整的电容电压过渡过程，描绘记录波形。

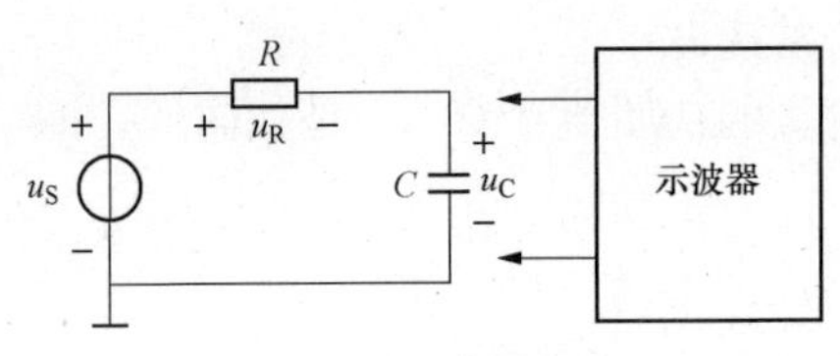

图 4-12 观测 RC 电路的过渡过程实验电路

(2) 研究改变参数 R 或 C 对过渡过程的影响。

1) 增大电阻，观察电压 u_C 波形的变化，记录观察到的现象。

2) 减小电阻，观察电压 u_C 波形的变化，记录观察到的现象。

(3) 根据所观察到的现象，进行分析，得出结论。

实验注意事项：

(1) 实验前，需熟读双踪示波器使用说明。调节电子仪器各旋钮时，动作不要过猛。

(2) 当方波作为 RC 电路电源时，将对电容反复充电、放电。如果电路的时间常数远小于方波周期时，可以看成是零状态响应和零输入响应的多次变化过程。

(3) 测量时间常数时，尽量将一个完整周期的波形放大，以减少误差，必要时可对方波频率进行调整。

(4) 调节 RC 电路的参数，可从示波器上看到不同时间常数时波形的明显差异。

(5) 信号源的接地端与示波器的接地端要连在一起，以防外界干扰而影响测量的准确性。

(6) 示波器的辉度不应过亮，尤其是光点长期停留在荧光屏上不动时，应将辉度调暗，以延长示波管的使用寿命。

任务二 *RL* 电路过渡过程的观测

任务描述

在本项任务通过对 RL 电路过渡过程的观测，达到以下目的：

(1) 掌握 RL 电路的时间常数。

(2) 掌握 RL 电路的零输入响应、零状态响应和全响应。

(3) 掌握用三要素法分析 RL 电路。

任务知识

一、*RL* 电路的零输入响应

图 4-13 所示电路，$t=0$ 时开关 S 断开，S 断开前电感电流为 I_0。

开关 S 断开后，在图 4-13 所示参考方向下，根据 KVL 得

$$u_L + u_R = 0$$

将 $u_L = L\frac{di}{dt}$，$u_R = Ri$ 代入上式得

$$L\frac{di}{dt} + Ri = 0$$

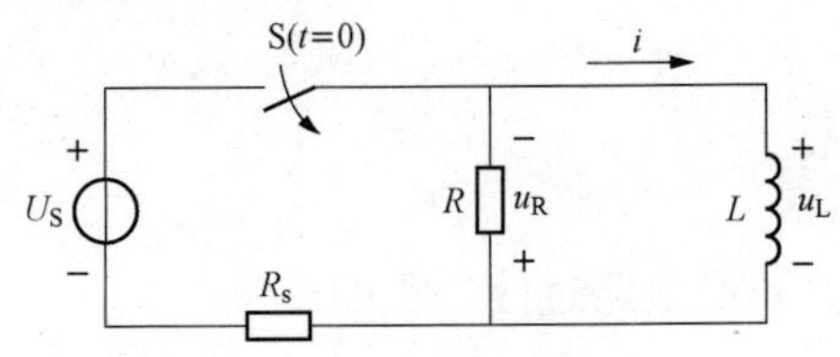

图 4-13 RL 电路的零输入响应

这是一个以 i 为变量的一阶常系数齐次微分方程，它的通解为指数型函数 $i=Ae^{pt}$，其中：A 为积分常数；p 为特征方程 $Lp+R=0$ 的特征根，$p=-\frac{R}{L}$。于是

$$i = Ae^{-\frac{t}{L/R}}$$

将初始条件 $i(0_+)=i(0_-)=I_0$ 代入上式，可确定积分常数 A，即

$$i(0_+) = Ae^0 = A = I_0$$

于是，电感电流为

$$i = I_0 e^{-\frac{t}{L/R}}$$

从以上表达式可以看出，i 按指数规律衰减，最终趋于零。衰减的快慢取决于指数中 $\frac{L}{R}$ 的大小，令

$$\tau = \frac{L}{R} \tag{4-14}$$

式中：τ 称为 RL 电路的时间常数，其单位为 s。要注意的是，在 RL 电路中时间常数 τ 与电阻 R 成反比。在相同的初始电流 I_0 下，电阻 R 越大，消耗能量越多，放电时间越短，时间常数 τ 越小。

图 4-13 所示电路，$t=0$ 时开关 S 断开，S 断开前电感电流为 I_0。开关 S 断开后，电路中的响应仅由电感的初始储能引起，属零输入响应。该电路为一阶电路，可以用三要素法分析该电路的响应。

由换路定律可知图 4-13 所示电路中电流 i 初始值为

$$i(0_+) = i(0_-) = I_0$$

画 $t=0_+$ 时刻的等效电路如图 4-14 所示。

由 $t=0_+$ 时刻的等效电路，可得电阻电压和电感电压的初始值分别为

$$u_R(0_+) = i(0_+)R = I_0R$$

$$u_L(0_+) = -u_R(0_+) = -I_0R$$

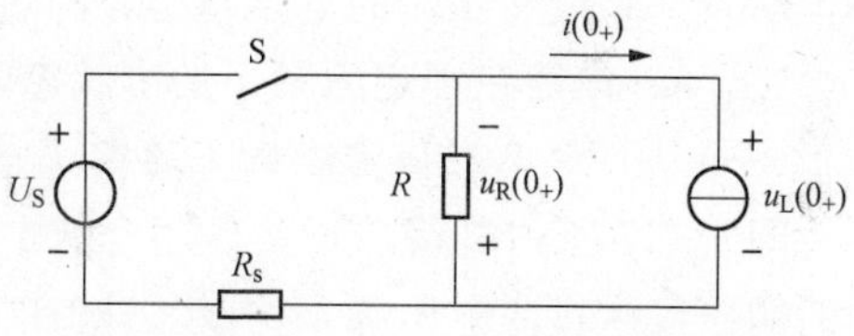

图 4-14　$t=0_+$ 时刻的等效电路

图 4-13 所示电路开关 S 断开后，i、u_R、u_L 的稳态值均为零，即

$$i(\infty) = 0$$

$$u_R(\infty) = 0$$

$$u_L(\infty) = 0$$

分别将 i、u_R、u_L 的初始值、稳态值、时间常数代入式（4-13）得

$$i = I_0 e^{-\frac{t}{\tau}} \tag{4-15}$$

$$u_R = RI_0 e^{-\frac{t}{\tau}} \tag{4-16}$$

$$u_L = -RI_0 e^{-\frac{t}{\tau}} \tag{4-17}$$

由此可见，电路中 u_L、u_R、i 的大小是按指数规律衰减的，其衰减的快慢取决时间常数 τ 的大小。i、u_R、u_L 随时间变化的曲线如图 4-15 所示。图 4-13 所示电路，开关 S 断开后，电感发出能量，电阻吸收能量，电感所储存的磁场能量不断被电阻吸收转换成热能。

【例 4-8】 如图 4-16 所示电路，原已处于稳态。$U_S=250$V，$R=50\Omega$，电压表的内阻

$R_V=10^4\Omega$，量程为 500V，求开关断开瞬间，电压表电压的初始值 $u_V(0_+)$。

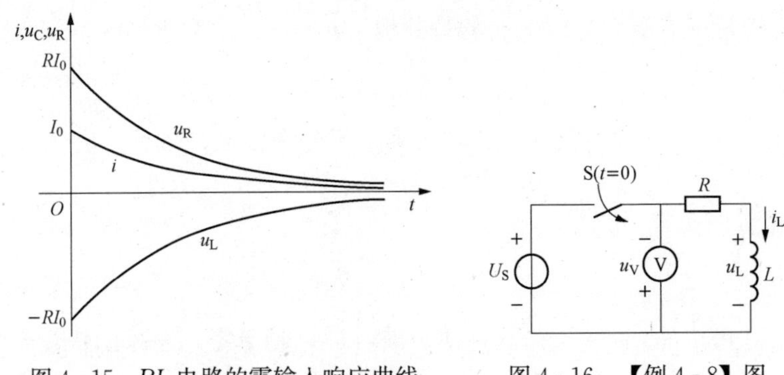

图 4-15　*RL* 电路的零输入响应曲线　　图 4-16　【例 4-8】图

解　$t=0_-$ 时，开关尚未断开，电路已稳定，即

$$i_L(0_-)=\frac{U_S}{R}=\frac{250}{50}\text{A}=5\text{A}$$

由换路定律可得

$$i_L(0_+)=i_L(0_-)=5\text{A}$$

开关断开瞬间电压表端电压为

$$u_V(0_+)=R_Vi_L(0_+)=10^4\times5\text{kV}=5\times10^4\text{kV}=50\text{kV}$$

可见，刚断开开关时，电压表上电压远远超过电压表量程，电压表将被烧坏。

由以上分析可知，若测量完后直接断开开关，断开瞬间电压表两端的电压很高，可能损坏电压表。所以，应先断开电压表，在线圈两端并联一个电阻，再断开电源。并联的电阻越小，断开瞬间线圈两端的电压越小，但过渡过程持续的时间越长。

二、*RL* 电路在恒定激励下的零状态响应和全响应

（一）*RL* 电路在恒定激励下的零状态响应

图 4-17 所示电路，开关 S 闭合前电流为零，电感没有初始储能。开关 S 闭合后，电路中的响应仅由直流电压源 U_S 引起，属在恒定激励下的零状态响应。该电路只有一个动态元件，属于一阶电路，可以用三要素法进行分析计算。

先求初始值。因为开关 S 闭合前电流为零，由换路定律可得

$$i(0_+)=i(0_-)=0$$

画 $t=0_+$ 时刻的等效电路如图 4-18 所示。

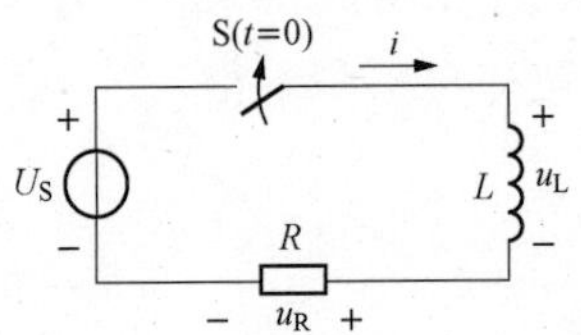

图 4-17　*RL* 电路在恒定激励下的零状态响应

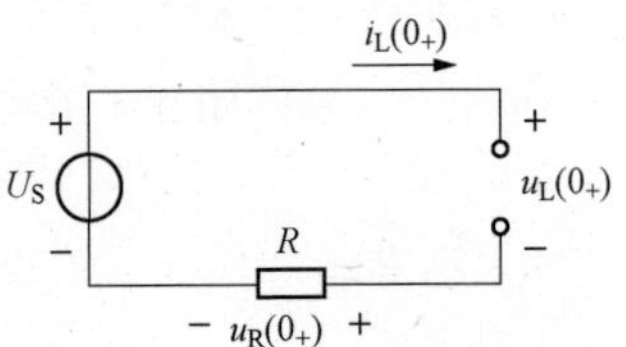

图 4-18　$t=0_+$ 时刻的等效电路

由图 4-18 所示 $t=0_+$ 时刻的等效电路，可得电阻电压和电感电压的初始值分别为

$$u_R(0_+)=i(0_+)R=0$$

$$u_L(0_+)=U_S$$

求稳态值。因为图 4-17 所示电路中的电源是直流电压源，在直流稳态电路中电感元件相当于短路，所以换路后 i、u_R、u_L 的稳态值分别为

$$i(\infty)=\frac{U_S}{R}$$

$$u_R(\infty)=U_S$$

$$u_L(\infty)=0$$

求时间常数。换路后的时间常数为

$$\tau=\frac{L}{R}$$

分别将 i、u_R、u_L的初始值、稳态值、时间常数代入式（4-13）得

$$i=\frac{U_S}{R}-\frac{U_S}{R}e^{-\frac{t}{\tau}} \tag{4-18}$$

$$u_R=U_S-U_Se^{-\frac{t}{\tau}} \tag{4-19}$$

$$u_L=U_Se^{-\frac{t}{\tau}} \tag{4-20}$$

【例 4-9】 如图 4-17 所示，设 U_S=20V，R=4Ω，L=8mH，试求：(1) 时间常数 τ；(2) u_L 及 i 的表达式；(3) 求开关闭合 10ms 后电流 i 的数值。

解　(1) 时间常数为

$$\tau=\frac{L}{R}=\frac{8\times10^{-3}}{4}\text{s}=2\times10^{-3}\text{s}$$

(2) u_L 及 i 的表达式。由式（4-20），得

$$u_L=U_Se^{-\frac{t}{\tau}}=20e^{-\frac{t}{2\times10^{-3}}}\text{V}=20e^{-5\times10^2t}\text{V}$$

由式（4-18）得

$$i=\frac{U_S}{R}\times(1-e^{-\frac{t}{\tau}})=\frac{20}{4}\times(1-e^{-\frac{t}{2\times10^{-3}}})\text{A}=5(1-e^{-5\times10^2t})\text{A}$$

(3) 开关闭合 10ms 后，电流的数值为

$$i\times(10\times10^{-3})=5\times(1-e^{-5\times10^2\times10\times10^{-3}})\text{A}=4.966\text{A}$$

不难看出，RL 电路在经历了 5τ 后，电流已接近稳态值 5A，过渡过程结束。

（二）RL 电路在恒定激励下的全响应

图 4-19 所示电路，t=0 时开关 S 闭合，S 闭合前电感电流为 I_0。开关 S 闭合后，电路中的响应由直流电压源和电感的初始储能共同引起，属在恒定激励下的全响应。该电路只有一个动态元件，属于一阶电路，可以用三要素法进行分析计算。

先求初始值。开关 S 闭合前电感电流为 I_0，由换路定律可得

$$i(0_+)=i(0_-)=I_0$$

画 $t=0_+$ 时刻的等效电路如图 4-20 所示。

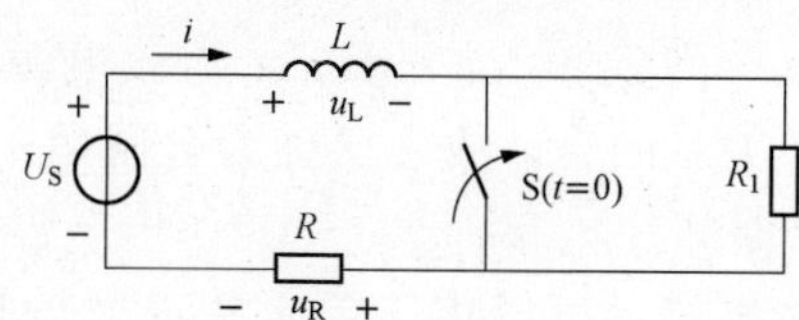

图 4-19　RL 电路在恒定激励下的全响应

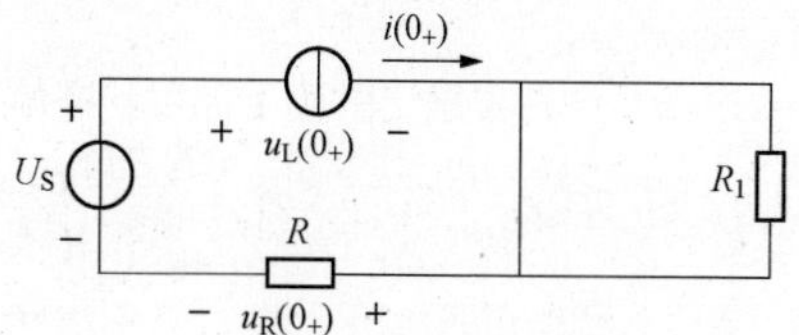

图 4-20　$t=0_+$ 时刻的等效电路

由图 4-20 所示 $t=0_+$ 时刻的等效电路，可得电阻电压和电感电压的初始值分别为

$$u_R(0_+) = i(0_+)R = RI_0$$

$$u_L(0_+) = U_S - u_R(0_+) = U_S - RI_0$$

求稳态值。因为图 4-19 所示电路中的电源是直流电压源，在直流稳态电路中电感元件相当于短路，所以换路后 i、u_R、u_L 的稳态值分别为

$$i(\infty) = \frac{U_S}{R}$$

$$u_R(\infty) = U_S$$

$$u_L(\infty) = 0$$

求时间常数。换路后的时间常数为

$$\tau = \frac{L}{R}$$

分别将 i、u_R、u_L 的初始值、稳态值、时间常数代入式（4-13）得

$$i = \frac{U_S}{R} + \left(I_0 - \frac{U_S}{R}\right)e^{-\frac{t}{\tau}}$$

$$u_R = U_S + (RI_0 - U_S)e^{-\frac{t}{\tau}}$$

$$u_L = (U_S - RI_0)e^{-\frac{t}{\tau}}$$

【例 4-10】 图 4-19 所示电路，已知 $U_S=10V$，$R_1=3\Omega$，$R=2\Omega$，$L=100mH$。$t=0$ 时开关 S 闭合，设换路前电路已处于稳态，求换路后的 i。

解 （1）求初始值。

$$i(0_-) = \frac{U_S}{R_1 + R} = \frac{10}{3+2}A = 2A$$

$$i(0_+) = i(0_-) = 2A$$

（2）求稳态值。

$$i(\infty) = \frac{U_S}{R} = \frac{10}{2}A = 5A$$

（3）求时间常数。

$$\tau = \frac{L}{R} = \frac{100\times 10^{-3}}{2}s = \frac{1}{20}s$$

（4）将 i 的初始值、稳态值、时间常数代入式（4-13）得

$$i = i(\infty) + [i(0_+) - i(\infty)]\times e^{-\frac{t}{\tau}} = 5 + (2-5)\times e^{-20t}A = (5 - 3e^{-20t})A$$

三、*RL* 电路在正弦激励下的零状态响应

图 4-21 所示电路，开关 S 闭合前电流为零，电感没有初始储能。开关 S 闭合后，电路中的响应仅由正弦电压源 u_S 引起，属在正弦激励下的零状态响应。

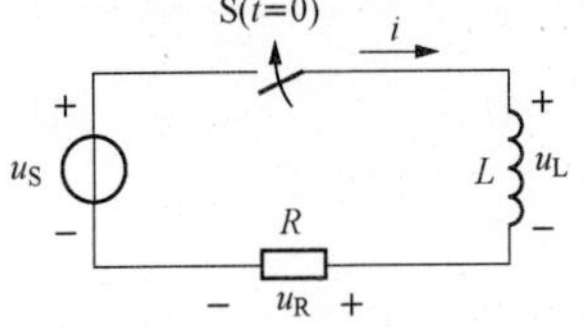

图 4-21　*RL* 电路在正弦激励下的零状态响应

设电源电压 $u_S=\sqrt{2}U\sin(\omega t+\psi)$，$\psi$ 为该电源电压 u_S 的初相，$t=0$ 时开关 S 闭合，故 ψ 又称为合闸角，其值决定于开关 S 闭合的时间。

该电路是一阶电路，可以用三要素法进行分析计算。先求电流 i 的初始值。因为开关 S 闭合前电流为零，由换

路定律可得

$$i(0_+)=i(0_-)=0$$

再求电流 i 的稳态分量。图 4 - 21 所示电路中的电源是正弦交流电压源，正弦稳态电路可用相量法求解。电源电压 u_S 所对应的相量为 $\dot{U}_S=U\angle\psi$，RL 串联电路的阻抗为

$$Z=R+j\omega L=\sqrt{R^2+\omega^2L^2}\angle\arctan\frac{\omega L}{R}=|Z|\angle\varphi$$

式中：$|Z|=\sqrt{R^2+\omega^2L^2}$ 为 RL 串联电路的阻抗模；$\varphi=\arctan\frac{\omega L}{R}$ 为 RL 串联电路的阻抗角。

由相量形式的欧姆定律可得

$$\dot{I}=\frac{\dot{U}_S}{Z}=\frac{U\angle\psi}{R+j\omega L}=\frac{U\angle\psi}{|Z|\angle\varphi}=\frac{U}{|Z|}\angle\psi-\psi$$

则电流 i 的稳态分量为

$$i'=\sqrt{2}\frac{U}{|Z|}\sin(\omega t+\psi-\varphi)=I_m\sin(\omega t+\psi-\varphi)$$

式中：$I_m=\sqrt{2}\frac{U}{|Z|}$ 为电流稳态分量 i' 的最大值。

电流稳态分量的初始值为

$$i'(0_+)=I_m\sin(\psi-\varphi)$$

换路后 RL 串联电路的时间常数为

$$\tau=\frac{L}{R}$$

分别将 i 初始值、稳态分量、时间常数代入式（4 - 12）得

$$\begin{aligned}i&=i'+[i(0_+)-i'(0_+)]e^{-\frac{t}{\tau}}\\&=I_m\sin(\omega t+\psi-\varphi)+[0-I_m\sin(+\psi-\varphi)]e^{-\frac{t}{\tau}}\\&=I_m\sin(\omega t+\psi-\varphi)-I_m\sin(\psi-\varphi)e^{-\frac{t}{\tau}}\end{aligned}\tag{4-21}$$

由上式可知，电流 i 的暂态分量仍以 $\tau=\frac{L}{R}$ 为时间常数按指数规律衰减。但它与直流激励下的响应有以下不同之处有：

（1）稳态分量是正弦函数，而不是恒定值；

（2）稳态分量和暂态分量的起始值均与合闸角 ψ 有关，即与开关合闸的时间有关。而直流激励下的暂态过程与开关合闸时间是无关的。

正弦激励下 RL 电路的零状态响应有两种特殊情况：

（1）$\psi-\varphi=0$，即在电压源电压的初相 $\psi=\varphi$ 时换路，则式（4 - 21）中暂态分量为零，电路换路后无过渡过程，立即进入稳态。换路后电流

$$i=i'=I_m\sin\omega t$$

同样 $\psi-\varphi=180°$时换路，也立即进入稳态。

（2）$\psi-\varphi=\pm90°$时，即在电压源电压的初相 $\psi=\varphi\pm90°$时换路，则式（4 - 21）中暂态分量的初始值最大，等于 I_m。若电路的时间常数很大，暂态分量衰减很慢，则电流 i 的最大值可能几乎达到稳态电流最大值的两倍。例如当 $\psi-\varphi=90°$时换路，换路后电流

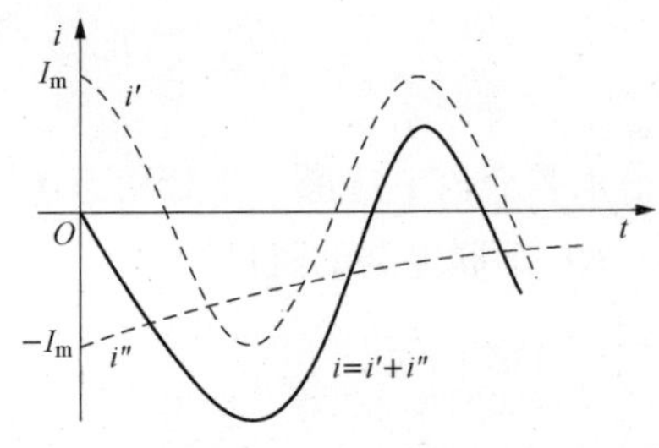

图 4-22 i、i'、i''随时间变化的曲线

$$i=i'+i''=I_m\sin(\omega t+90°)-I_m e^{-\frac{t}{\tau}}$$

式中：$i'=I_m\sin(\omega t+90°)$ 为电流 i 的稳态分量，$i''=-I_m e^{-\frac{t}{\tau}}$为电流 i 的暂态分量。这一情况下的 i、i'、i'' 随时间变化的曲线如图 4-22 所示。从图 4-22 中可见，在换路后约经半个周期电流瞬时值最大。如果电路的时间常数 τ 很大，即 i''衰减很慢，电流 i 几乎为其稳态最大值 I_m 的两倍。

任务实施

RL 电路过渡过程的观测

（1）以小组为单位，讨论观测 RL 电路过渡过程的方案。教师对方案进行指导。

（2）按设计的实验电路图接线，经老师检查后方可合上电源。

（3）用示波器观测 u_L、u_R的波形，在坐标纸上描绘出 u_L、u_R的波形。

（4）研究参数 R 或 L 对过渡过程的影响。

1）增大电阻，观察电压 u_L、u_R的波形的变化，记录观察到的现象。

2）减小电阻，观察电压 u_L、u_R的波形的变化，记录观察到的现象。

（5）根据所观察到的现象，进行分析、总结。

习 题

4-1 4-23 所示电路中，直流电压源 $U_S=10V$，$R_1=5\Omega$，$R_2=15\Omega$，$R_3=10\Omega$，电路原已达到稳态。在 $t=0$ 时，断开开关 S，试求 $t=0_+$ 时，i_L、u_C、u_{R2}、u_{R3}、i_C、u_L 的值。

4-2 电路如图 4-24 所示，直流电压源 $U_S=10V$，$R_1=20\Omega$，$R_2=10\Omega$，$L=0.1H$，$C=1\mu F$，电路原已达到稳态。在 $t=0$ 时，闭合开关 S，试求 $t=0_+$ 时，i_L、u_C、u_{R1}、u_{R2}、i_C、u_L 的值。

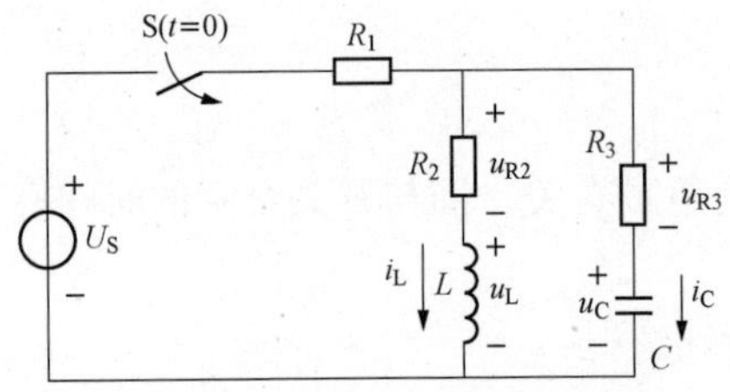

图 4-23 习题 4-1 图

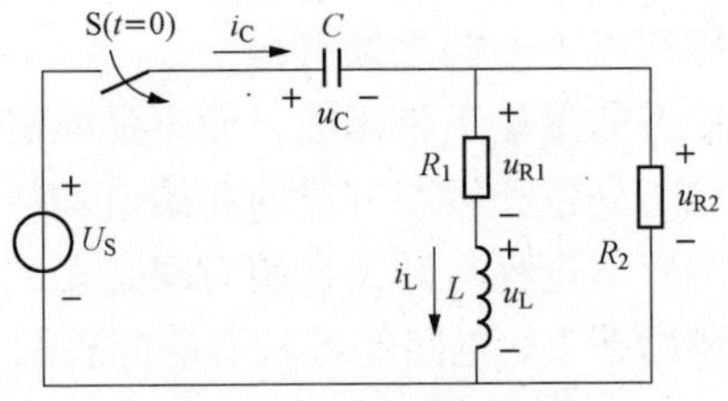

图 4-24 习题 4-2 图

4-3 $C=2\mu F$、$u_C(0_-)=1000V$ 的电容经 $R=10k\Omega$ 的电阻放电。试求：（1）放电电流的最大值；（2）经过 20ms 时的电容电压和电流。

4-4 图 4-25 所示电路为一发电机的励磁线圈，$R=2\Omega$，$L=0.1mH$，接于 $U_S=10V$ 的直流电源稳定运行。现要断开电源，问线圈两端出现不超过 10 倍的工作电压，应接入灭磁电阻 R_f的数值是多少？

4-5　电路如图4-26所示，$U_S=20V$，$R_1=10\Omega$，$R_2=30\Omega$，$R_3=2.5\Omega$，$C=0.05F$，电容未充过电，$t=0$时开关S闭合，求$u_C(t)$。

4-6　试求图4-27所示电路换路后的时间常数。

4-7　图4-28所示各电路中，若$u_C(0_+)=5V$，$U_S=20V$，$R_1=10\Omega$，$R_2=30\Omega$，$R_3=2.5\Omega$，$C=0.05F$，$t=0$时开关S闭合，用三要素法求$u_C(t)$、$i_1(t)$。

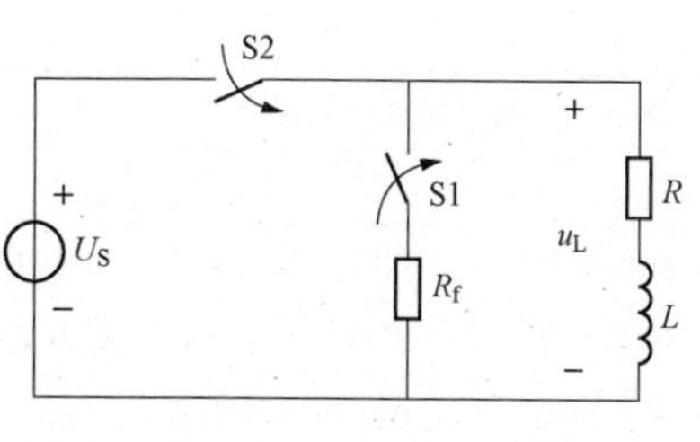

图4-25　习题4-4图

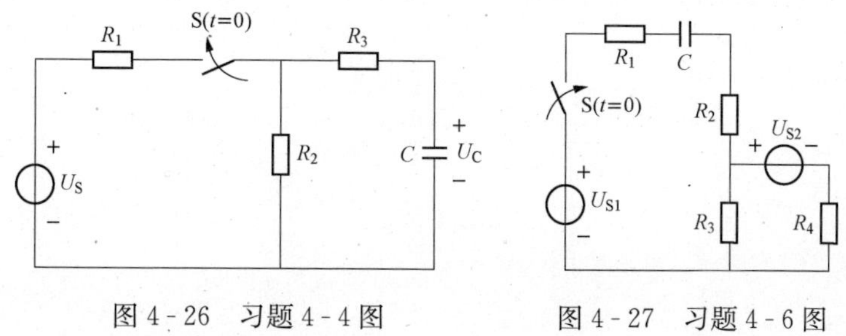

图4-26　习题4-4图　　图4-27　习题4-6图

4-8　图4-29所示电路已达稳定，$t=0$时断开开关S，试用三要素法求电流源的电压u。

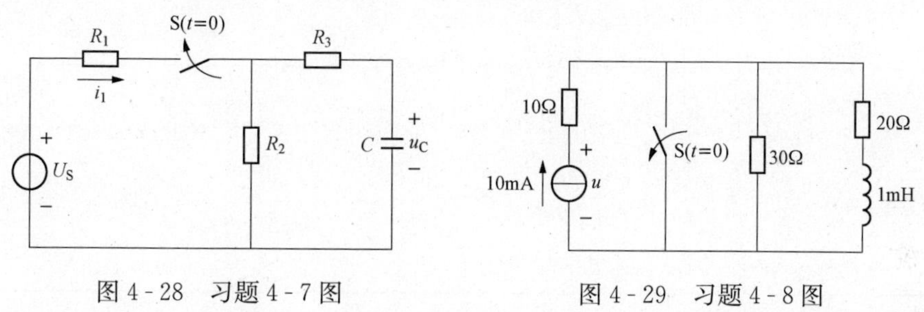

图4-28　习题4-7图　　图4-29　习题4-8图

4-9　电压为100V的电容C对电阻R放电，经过5s，电容的电压为40V。试问再经过5s电容的电压为多少？如果$C=100\mu F$，R为多少？

评价表

项目：电路过渡过程的观测

评价内容		分值	评分
目标认知程度	工作目标明确，工作计划具体，结合实际，具有可操作性	10	
学习态度	工作态度端正，注意力集中，能使用网络资源进行相关资料收集	10	
团队协作	积极与他人合作，共同完成工作任务	10	
专业能力要求	掌握换路定律，熟练进行初始值的计算，了解一阶电路的零输入、零状态响应；掌握时间常数的计算，掌握一阶电路全响应的两种分解；熟练应用三要素法计算一阶电路的响应	70	
总分			

学生自我总结：

指导老师评语：

项目完成人签字： 日期： 年 月 日

指导老师签字： 日期： 年 月 日

部分习题参考答案

项目一

1-1 35V；−30V

1-2 略

1-3 −11V；−2.39A

1-4 10.9Ω；10Ω

1-5 略

1-6 0.4A

1-7 6.25A

1-8 4.17V

1-9 −0.59A

项目二

2-1 $i=50\sqrt{2}\sin(100\pi t-30^\circ)$mA；$u=220\sqrt{2}\sin(100\pi t+30^\circ)$V

2-2 （1）$\dot{U}=220\angle 10^\circ$V；（2）$\dot{U}=50\sqrt{2}\angle -\frac{\pi}{3}$V；（3）$\dot{I}=15\angle \frac{3\pi}{4}$A；（4）$\dot{U}=24\sqrt{2}\angle -10^\circ$V

2-3 （1）$u=220\sqrt{2}\sin\omega t$V；（2）$u=500\sqrt{2}\sin(\omega t-143.1^\circ)$V；

（3）$u=440\sin\left(\omega t-\frac{2\pi}{3}\right)$V；（4）$i=5\sqrt{2}\sin(\omega t+180^\circ)$mA；

（5）$i=5\sin(\omega t+180^\circ)$mA

2-4 （1）$2\angle 36.9^\circ$；（2）$2\angle -36.9^\circ$；（3）$1\angle 90^\circ$；

（4）$1\angle 180^\circ$；（5）$1\angle -90^\circ$；（6）1

2-5 4+j；j7；$20\sqrt{2}\angle 8.1^\circ$；$0.8\sqrt{2}\angle 81.9^\circ$

2-6 $i=50\sqrt{2}\sin(100\pi t-53.1^\circ)$mA

2-7 $Z_N=4500\angle 60^\circ\Omega$

2-8 (0.8−j0.75)S

2-9 $\dot{I}=0.1$A

2-10 $\dot{I}=0.1\angle -\frac{\pi}{2}$A

2-11 $\dot{U}=90$V

2-12 （1）电容元件；（2）−j40Ω；（3）0.4J

2-13 32Ω

2-14 (30−j20)Ω

2-15 $(30+j80)\Omega$

2-16 $i=4.4\sqrt{2}\sin(100\pi t-53.1°)$A，感性

2-17 (a) 200V；(b) $100\sqrt{2}$V；(c) $100\sqrt{2}$V

2-18 0.06A

2-19 (3) 合理

2-20 $R=60\Omega$，$X_L=45\Omega$

2-21 (a) 7A；(b) 5A；(c) 5A

2-22 3A

2-23 60V；6.7A

2-24 20Ω

2-25 50Ω；2A

2-26 100Ω

2-27 0

2-28 500～1600kHz

2-29 60mA

2-30 120V

2-31 0.707

2-32 0.8

2-33 500V·A

2-34 0.707

2-35 580.8W；0.6

2-36 120Ω；0.287H

2-37 30Ω；0.127H

2-38 1060W；1050var；1492V·A；0.71

2-39 3.61μF

2-40 35kvar

项目三

3-1 (1) $u_B=220\sin(\omega t-145°)$ V；$u_C=220\sin(\omega t+95°)$ V

(2) $\dot{U}_A=220\angle-25°$V；$\dot{U}_B=220\angle-145°$V；$\dot{U}_C=220\angle 95°$V

(4) 0

3-2 $\dot{I}_A=12\angle-105°$A；$\dot{I}_A=12\angle-120°$A

3-3 (1) 对称；正序；(2) 0

3-4 负序

3-5 星形联结时，每相（每根）电阻丝的最大允许电流为 220/40=5.5A；三角形联结时，每相（每根）电阻丝的最大允许电流为 380/40=9.5A；故采用星形接法

3-6 $u_{AB}=380\sqrt{2}\sin(\omega t-60°)$V；$u_{BC}=380\sqrt{2}\sin(\omega t+180°)$V；$u_{CA}=380\sqrt{2}\sin(\omega t+60°)$V

3-7　$\dot{U}_A=220\angle -15°V$；$\dot{U}_B=220\angle -135°V$；$\dot{U}_C=220\angle 105°V$

3-8　$\dot{I}_A=17.32\angle 45°A$；$\dot{I}_B=17.32\angle -75°A$；$\dot{I}_C=17.32\angle 165°A$

3-9　△/Y

3-10　$\dot{U}_A=220\angle 30°V$；$\dot{U}_B=220\angle -90°V$；$\dot{U}_C=220\angle 150°V$

$\dot{I}_A=11\angle -45°A$；$\dot{I}_B=11\angle -165°A$；$\dot{I}_C=11\angle 75°A$；$Z=20\angle 75°\Omega$

3-11　1635.7A；后果：发电机绕组烧毁

3-12　(1) $U_P=220V$，$I_P=I_L=8.8A$；(2) $I_P=8.8\sqrt{3}A$，$I_L=26.4A$；(3) 1/3

3-13　$Z=(80+j60)\Omega$

3-14　Z_1 负载：$I_L=9.06A$，$I_P=5.23A$；Z_2 负载：$I_L=I_P=9.06A$

3-15　D

3-16　A

3-17　1，2，4 号为相线；3 号为中性线

3-18　方法一：可以，用验电笔分别测试每根导线，试电笔的氖泡较亮的为相线，较暗的为中性线；

方法二：用交流电压表分别测量每线之间的电压，电压 380V 的为相线，电压为 220V 的有一根为中性线，需要和其他线测量，若仍为 220V，则这根线为中线，另一根为相线

3-19　(1) 总中线上不能装熔断器；(2) 第一组灯泡不能接在两根相线上；

(3) 第二组灯泡的开关应该接在相线侧，不能接在中性线侧

3-20　10A

3-21　$\dot{I}_U=22\angle -36.9°A$，$\dot{I}_V=44\angle -66.9°A$，$\dot{I}_W=22\angle 120°A$；中线电流 $\dot{I}_N=42\angle -55.4°A$

3-22　B 相电源接反

3-23　30A

3-24　(1) $\dot{I}_A=20\angle 0°A$，$\dot{I}_B=10\angle -120°A$，$\dot{I}_C=10\angle 120°A$，$\dot{I}_N=10\angle 0°A$，$P=8800W$；

(2) $I_A=0$，$I_B=I_C=8.64A$；

(3) $U_{N'N}=220V$，$I_B=17.27A$，$I_C=17.27A$

3-25　不对称负载中性线突然断开

3-26　A

3-27　没有；不是，φ 是指相电压与相电流相位差

3-28　$I_P=11.49A$，$I_L=19.9A$

3-29　$I_P=38A$，$I_L=65.8A$，$P=43\ 320W$

3-30　(1) $I_L=6.06A$；(2) $Z_Y=36.3\angle 53.1°\Omega$；(3) $Z_\triangle=62.7\angle 53.1°\Omega$

3-31　$I=39.32A$；$P=25\ 920W$

3-32　(1) $Z=15+j16.1\Omega$；(2) $I_A=I_B=I_P=10A$，$I_C=I_L=17.3A$，$P=3000W$；

(3) $I_A=0$，$I_B=I_C=15A$，$P=2250W$

3-33　$U_L=380V$，$Q=1975var$，$Z=76\angle 36.9°$

项目四

4-1　$i_L(0_+)=0.5A$，$u_C(0_+)=7.5V$，$u_{R2}(0_+)=7.5V$，$u_{R3}(0_+)=-5V$，$i_C(0_+)=$

$-0.5\mathrm{A}$，$u_L(0_+)=-5\mathrm{V}$

4-2 $i_L(0_+)=0$，$u_C(0_+)=0$，$u_{R1}(0_+)=0$，$u_{R2}(0_+)=10\mathrm{V}$，$i_C(0_+)=1\mathrm{A}$，$u_L(0_+)=10\mathrm{V}$

4-3 (1) 100mA；(2) 367.9V，36.79mA

4-4 $R_f\leqslant 20\Omega$

4-5 $u_C(t)=15(1-\mathrm{e}^{-2t})$

4-6 $\tau=\left(R_1+R_2+\dfrac{R_3R_4}{R_3+R_4}\right)C$

4-7 $u_C(\mathrm{t})=15-10\mathrm{e}^{-2t}$，$i_C(t)=0.5+0.75\mathrm{e}^{-2t}$

4-8 $u(t)=0.22+0.18\mathrm{e}^{-5\times10^4t}$

4-9 16V；54.57kΩ

参 考 文 献

[1] 邱关源．电路．5版．北京：高等教育出版社，2006.
[2] 蔡元宇．电路及磁路基础．北京：高等教育出版社，2014.
[3] 张洪让．电工原理．北京：高等教育出版社，2000.
[4] 周南星．电工测量及实验．北京：中国电力出版社，2007.
[5] 程隆贵，谢红灿．电气测量．北京：中国电力出版社，2006.
[6] 瞿红．电工实验及计算机仿真．北京：中国电力出版社，2009.
[7] 瞿红，禹红．电路．北京：中国电力出版社，2008.
[8] 钟永安．电工测量．大连：大连理工大学出版社，2010.
[9] 王玉芳，瞿红．电工基础学习指导．北京：清华大学出版社，2011.